JN099960

入門 電気回路 基礎力アップ 問題集

牛田 啓太［著］

技術評論社

はじめに

本書を手に取られた方は，電気回路を学んでいる，または学んでいて苦手を感じている方だと思います。では，どのような点で苦手なのか（問題が解けないのか，試験で好成績があげられないのか），自覚はしていますか。

- **「公式が覚えられない」**：電気回路分野では公式は多くありません。ですが，少数の原理・原則から導かれることを組み合わせて使う場合が多くあります。これらの組み合わせは膨大ですから，それぞれを「公式」として覚えようとすると大変です。原理・原則に立ち返って，適切に運用できることが大切です。
- **「複雑な問題が解けない」**：まず，「公式」のようなものに代入して解ける問題ばかりではありません。先にも述べたように，原理・原則を「運用」する力が必要です。それから，解答までにいくつかのステップを踏まなければならないとき，問題を複数のステップに分割する分析力が養われていないのかもしれません。
- **「計算を頻繁に間違える」**：計算力を鍛えるのは必須です。もしかしたら，電気回路の問題を解くのに必要な数学の理解が不足しているかもしれません。それに気づいたら，数学の復習が必要になるでしょう。

本書は，これらの苦手が克服できるように編まれた，電気回路の問題集です。問題はごく平易なものに絞り，解き方や注意すべき事項を特に手厚く解説しています。

まず，代表的な問題については，「どう考えるのか，どう計算するのか」を十分に解説します。「その式はどこから出てきたのか」「その式変形はなぜなのか」という点で引っかからないように留意しました。少数の原理・原則を運用するやりかたを身につけてください。また，問題に対しての「答案の書き方」も注意してください。これは，途中の計算を書けばよいのではなく，解答者が解答に至る考え・筋道をおもに書いていきます。それから，電気回路の計算に必要な数学的事項にも触れました。これらが理解できていないと感じたら，数学の復習をすることをおすすめします。

本書を通じて，対応できる問題の幅を広げてください。または自身の弱点に気づけたら，その復習をして繰り返し挑んでください。苦手が克服できれば御の字ですが，苦手なりにも食い下がれる力を身につけましょう。期待しています。

2024 年 1 月

牛田啓太

本書の使い方

本書は，大学・高等専門学校・短期大学・専門学校向けの「電気回路」の問題集です。半年程度の学習内容をカバーしています。『電気回路 実力・得点力アップ問題集』の姉妹編として編まれました。

本書に収録した問題は，『電気回路 実力・得点力アップ問題集』よりも初歩的，基本的なものです。教科書の例題またはそれよりやさしいものから始まって，授業等での演習問題を解く足がかりになる程度の難易度の問題を扱っています。授業等で学んだはずなのに問題演習になるとどうしても解けない，教科書の例題と少し違ったタイプの問題になると手が詰まってしまうといった場合に取り組んでください。全問について不足がない程度の模範解答や詳しい解説を付けています。

本書を通じて理解不足の点を洗い出し，さまざまな問われ方の問題に慣れて，まずは「基本的な問題は解ける」ところを目指しましょう。

■本書の構成■

全 11 章から構成されています。各章は次のように構成されています。

- 本章の内容のまとめ
- 例題と練習問題
- 練習問題の解答

本章の内容のまとめ

その章で扱う事項をまとめています。教科書と併用し，問題を解く前の確認・復習に使ってください。

例題と練習問題

例題と，その関連問題数題が組になっています。

例題には，問題に続けて**解き方**として，その問題を解くのに必要な知識の復習から考え方，解答に至るプロセスを，紙幅の許す限り丁寧に解説しました。しかし，例題を解くにあたり，「解き方」に書かれたものをすべて答案として記す必要はありません。答案は，解答の筋道が追える程度に過不足がなければよいのです。例題に対して答案として必要最低限書くべきことは**模範解答**として記載しました。

ここで，一般に，**答案には計算の過程を細かく書くよりも解答に至る考え方・方針・手順を記すほうが重要**であることを意識してください。また，例題の随所に，理解を助けるイラストを入れています。視覚的イメージで理解する助けになればと思います。

例題は，それに続けて，関係のある**練習問題**を数題従えています。例題の類題，例題に基づくものの計算の工夫が必要な問題などを中心に収録しています。複数のステップを踏んで解く問題は，小問を細かく設定しているので，順を追って丁寧に解いてください。

練習問題の解答

練習問題には，全問について，答案として不足のない**解答**と，必要に応じて**解説**を付しています。この解答の答案は，最低限より少し詳しい（親切な）程度の書き方です。この程度の答案が書けることを目指しましょう。

別　解

例題・演習問題について，必要に応じて**別解**を示しています。模範解答にあるほかに，この別解に示された解き方でも，もちろんかまいません。

計算のポイント

必要と思われる箇所に，数学的事項を解説した**計算のポイント**のコーナーを作りました。特定の計算のしかたが必要になる問題が解けない，特定の計算でミスが多くなる，といった場合は，その**数学的事項の理解が不十分**であることも考えられます。まずは，計算のポイントの項で復習してください。それでも同様の計算が苦手なままであれば，関連する数学の復習をしましょう。

復習しよう

問題の中には，それまでの学習事項を前提とするものもあります。問題に手をつけられなかったら，**既習事項が身についているかも確認してください**。当該の問題で使う既習事項を**復習しよう**の項に示しているので，不安を覚えたら当該ページを復習しましょう。

■本書の問題と表記について■

- 数値は特に断りがない限り，有効数字を考えなくてかまいません（厳密値として計算してください）。必要な問題では，計算する桁数を指示します。
- 虚数単位は，電気工学の習慣に基づき，（i ではなく）j を使います。
- e は，自然対数の底（ネイピア数）です。
- 複素数で表す電圧・電流（フェーザ），およびインピーダンスは量記号の上にドットをつけずに表します（$\dot{V}$，$\dot{I}$，$\dot{Z}$ ではなく，V，I，Z と表します）。

■前提とする知識（特に数学）について■

次の前提知識があるものとして進めます。数学的事項は必要に応じて**計算のポイント**としてまとめていますので，参考にしてください。

- 全範囲について，中学校数学に加え，高校 1 年程度の数学（特に，式の計算，2 次関数，2 次方程式）を前提とします。
- 第 9 章以降は，三角関数・複素数・指数関数を使います。特に，複素数の表記では，高校数学の範囲外である，オイラーの公式を用いた「指数形式」を使いますので，手持ちの電気回路の教科書等で学習してください。
- 問題の解答に際して，微分（・積分）が必要なものはありません。ただし，微分を使用する別解が存在する問題があります。

目次

第 10 章 交流素子 ・・・・・・ 161

〔計算のポイント〕

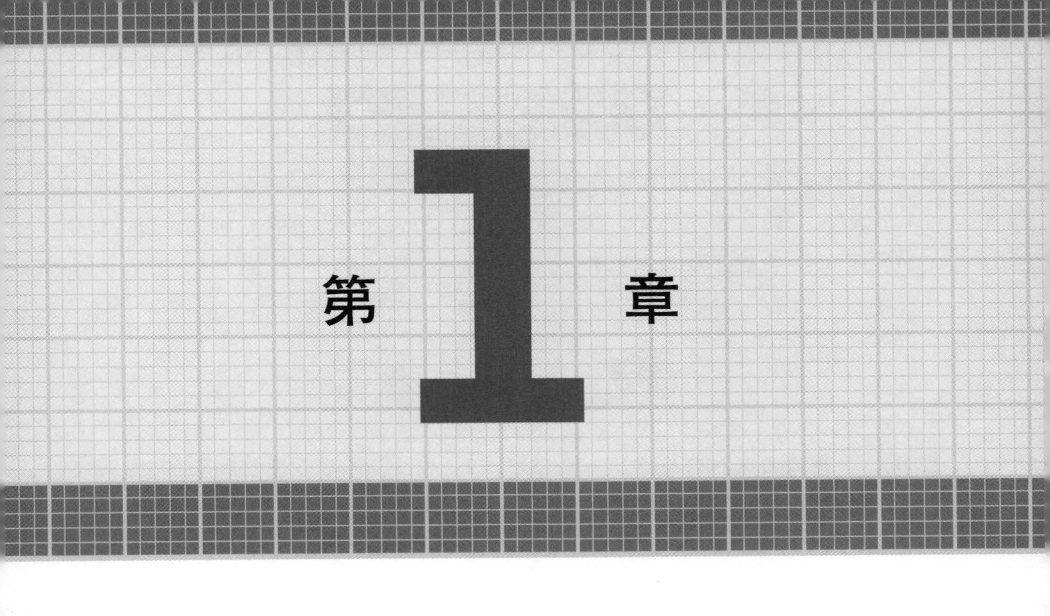

オームの法則と電気回路の基本

電気回路を学ぶ上でまず知らなければならないのは**オームの法則**です。ですが，これだけでは問題の多くには立ち向かえません。**電流の枝分かれ**に関する性質，**電圧が2点さえ決まればどの経路で計算しても同じになる**性質も使えるように訓練する必要があります。これらの性質は一見当たり前ですが，回路や問題の指示から確実に見抜けるようにすることが，解ける問題を増やしていくための大切な一歩です。

本章の内容のまとめ

オームの法則　抵抗 R に電流 I が流れているとき，加わっている電圧 V は $V = RI$。このとき，電流は電圧値（電位）が大きいほうから小さいほうに流れ，その向きを正の向きとする。

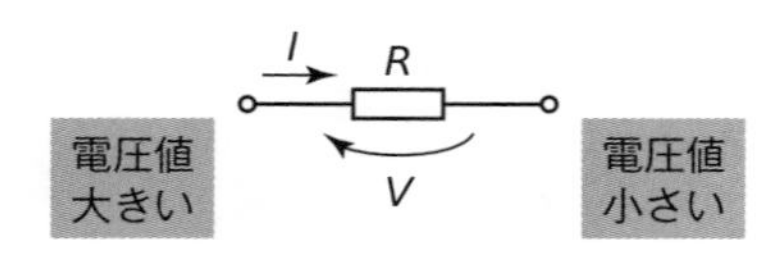

抵抗　**電流の流れにくさ**。単位は**オーム**（Ω）。同じ電圧が加わっているとき，抵抗が大きいほど電流は流れにくい。

コンダクタンス　抵抗と対になる概念で，**電流の流れやすさ**。単位は**ジーメンス**（S）。抵抗 R とコンダクタンス G には，$G = \frac{1}{R}$ の関係がある。

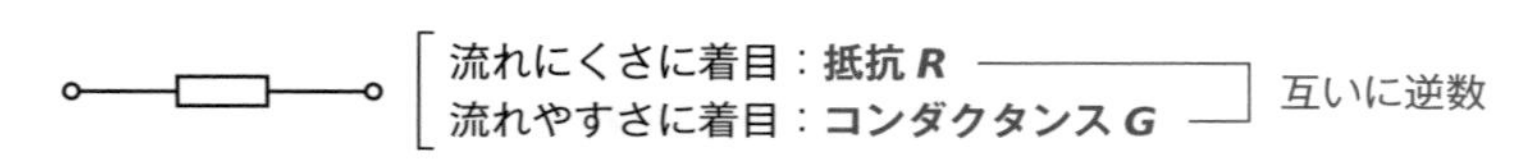

電流の性質　電流は，回路の途中で生まれたり消えたりしない（分岐がなければ一定である）。また，回路の 1 点について，流れ込む電流の和と流れ出す電流の和は等しい。

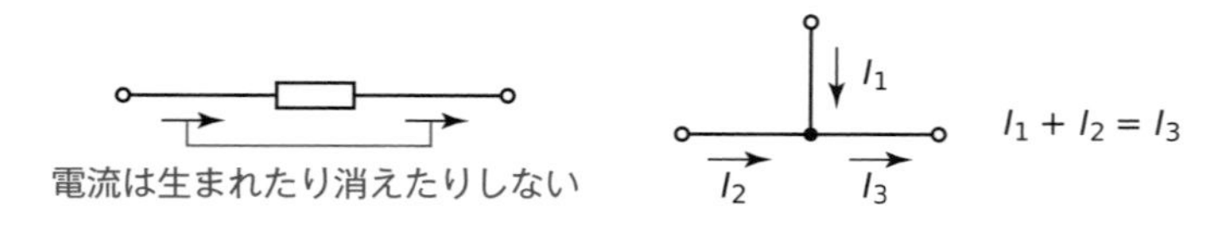

電流の向き　電流には**向き**がある。電流が負の値で求められたときには，考えていた（仮定した）向きと逆に流れているということ。

電圧の測り方　電圧は **2 点で測る**。一方が基準点となる。たとえば，「b 点を基準とした a 点の電圧 V_{ab}」のように測定される。

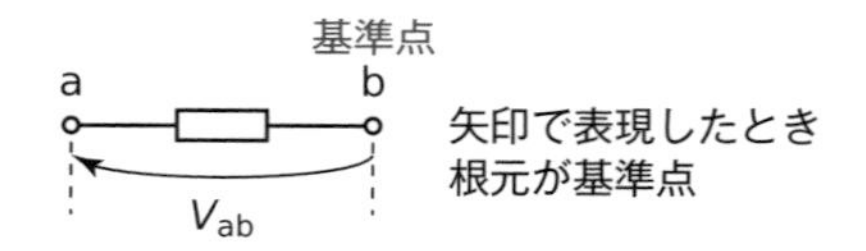

電圧の符号　電圧は，**基準点と測定点を入れ替えると符号が逆になる**。たとえば，b 点を基準とした a 点の電圧 V_{ab} が 4V であるとき，a 点を基準とした b 点の電圧 V_{ba} は，$V_{ba} = -V_{ab} = -4$〔V〕。

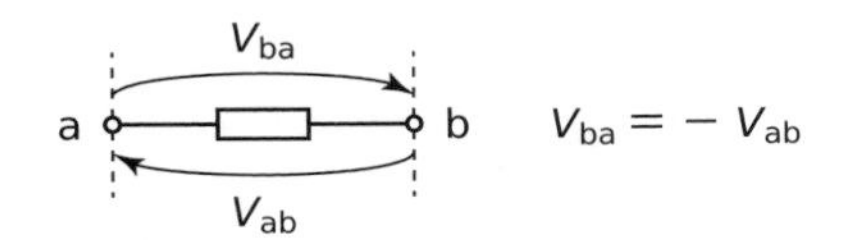

電圧は加算できる　電圧は各部分のものを加算できる。たとえば，図において，$V_{ac} = V_{ab} + V_{bc}$。

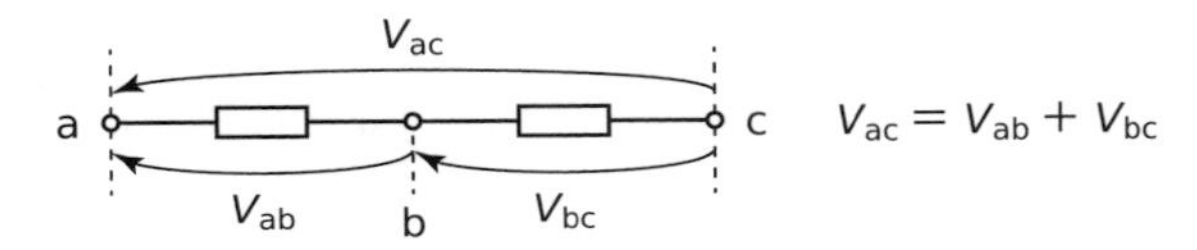

電圧は計算経路によらない　電圧は，基準点と測定点の**2 点が決まればどの経路で計算しても同じ**になる。たとえば，図において，b 点を基準とした a 点の電圧は，c 点を経由して計算しても d 点を経由して計算しても同じ値になる。

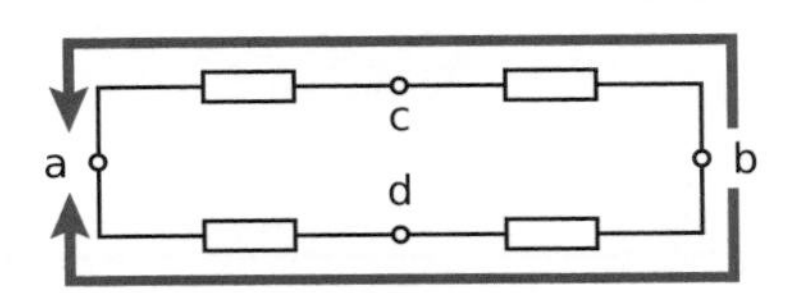

どの経路で電圧を計算しても
同じ値になる

例題 1.1：オームの法則

10 V の電圧を加えたとき 20 mA の電流が流れる抵抗の大きさを求めなさい。

解き方

オームの法則 $V = RI$ を使います。これを R について解いて，$R = \frac{V}{I}$ として使います。20 mA は 20×10^{-3}〔A〕であることに注意して，$R = \frac{V}{I} = \frac{10}{20\times10^{-3}} = \frac{10}{20} \times 10^3 = 0.5 \times 10^3 =$ **500**〔**Ω**〕。

模範解答

オームの法則より，$\frac{10}{20\times10^{-3}} = 500$〔Ω〕。

計算のポイント：SI 接頭語 (1)

キロ・ミリといった**SI 接頭語**を使いこなしましょう。ここで，**SI**（**国際単位系**）とは，国際的に広く使われている単位の集合（単位系）です。

その中で，単位の倍量や分量を表すのが SI 接頭語です。まず，**キロ**（**k**）は 10^3 倍（1000 倍），**ミリ**（**m**）は 10^{-3} 倍（1000 分の 1 倍，0.001 倍）を身につけましょう。たとえば，1.5 kΩ は 1500 Ω ですが，1.5×10^3〔Ω〕として計算を始め，最後に位取りを考慮するのもよいでしょう。

計算のポイント：指数法則

一般に，$x^a \times x^b = x^{a+b}$ です。また，$\frac{1}{x^a} = x^{-a}$ です。電気回路では，「$\times 10^a$」を含む計算で多く使うことになります。ミスを防ぐには，すべて分子に集めてから指数部分を加減算するとよいでしょう。たとえば，$\frac{2\times10^3}{4\times10^{-6}} = \frac{2}{4} \times 10^3 \times 10^6 = \frac{2}{4} \times 10^{3+6} = 0.5 \times 10^9$ のように計算します。

$$\frac{2\times10^3}{4\times10^{-6}} = \frac{2}{4}\times10^3\times10^6$$

練習問題 1.1.1

1.4 kΩ の抵抗に 7 mA の電流が流れているとき，抵抗に加わっている電圧を求めなさい。

練習問題 1.1.2

1.2 kΩ の抵抗に 24 V の電圧を加えたとき，流れる電流は何ミリアンペアか。

例題 1.2：コンダクタンス

5 V の電圧を加えたとき 0.1 A の電流が流れるコンダクタンスの大きさを求めなさい。

解き方

コンダクタンスを問われているので，**抵抗の逆数**である関係 $G = \frac{1}{R}$ を使います。また，問題で電圧と電流が与えられているので，オームの法則から抵抗を求め，それを使います。

まず，オームの法則より，$R = \frac{V}{I} = \frac{5}{0.1} = 50$〔Ω〕。これよりコンダクタンスは $G = \frac{1}{R} = \frac{1}{50} = \mathbf{0.02}$〔S〕（20 mS）。コンダクタンスの単位（ジーメンス）にも注

意します。

模範解答

抵抗は，オームの法則より $\frac{5}{0.1} = 50$〔Ω〕。コンダクタンスはその逆数で，$\frac{1}{50} = 0.02$〔S〕。

別　解

オームの法則 $R = \frac{V}{I}$ より，$G = \frac{1}{R} = \frac{I}{V}$。よって，$\frac{0.1}{5} = 0.02$〔S〕。

練習問題 1.2.1

10 Ω の抵抗のコンダクタンスを求めなさい。

練習問題 1.2.2

20 mS のコンダクタンスに 10 V の電圧を加えたときに流れる電流を求めなさい。

例題 1.3：電流の性質

回路のある接続点から，3 方向にそれぞれ 0.6 A，−0.2 A，I〔A〕の電流が流れ出している。電流 I を求めなさい。

解き方

状況を図に描きます。**回路の 1 点では流れ込む電流の和と流れ出す電流の和が等しい**のですが，本問では流れ込む電流はないので 0 とします。これから関係式を作ると，$0.6-0.2+I = 0$，これより $I = \mathbf{-0.4}$〔**A**〕となります。

I〔A〕
0.6 A　−0.2 A

ここで，条件の「−0.2 A」は実際には「流れ込む向きに 0.2 A」です。また，I は「流れ出す向きに −0.4 A」なので実際には「流れ込む向きに 0.4 A」です。ですが電流の向きが与えられているので，それに従ってそのまま計算します。

模範解答

$0.6 - 0.2 + I = 0$ より，$I = -0.4$〔A〕。

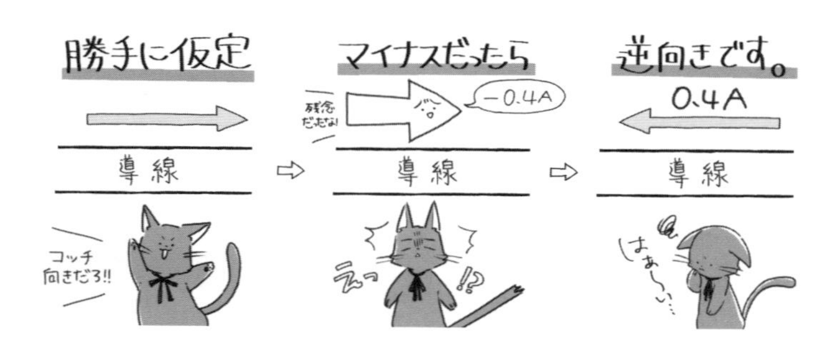

練習問題 1.3.1

回路のある T 字接続点の 2 本の枝について，0.3 A，0.2 A が流れ込んでいる。残り 1 本の枝から流れ出している電流を求めなさい。

練習問題 1.3.2

直流電源に，抵抗 R_1，R_2 が並列に接続されている。電源から 0.5 A の電流が供給されていて，R_1 に流れる電流が 0.2 A であるとき，R_2 に流れる電流を求めなさい。

例題 1.4：電圧の性質

回路中の 3 点 a，b，c について，b 点を基準にした a 点の電圧 V_{ab} は 7 V，c 点を基準にした a 点の電圧 V_{ac} は 4 V である。c 点を基準にした b 点の電圧 V_{bc} を求めなさい。

解き方

電圧の基準点に注意して，状況を図に描きます。**電圧は加算ができる**ことと，**2 点が決まれば経路によらない**ことを使います。本問では，たとえば c を基準にした a 点の電圧は，直接 c→a とたどっても，c→b→a とたどっても等しくなります。これと，電圧が加算できることを使えば，$V_{ac} = V_{ab} + V_{bc}$ です。これに与えられた値を代入すると，$4 = 7 + V_{bc}$，よって $V_{bc} = \mathbf{-3}$〔**V**〕です。

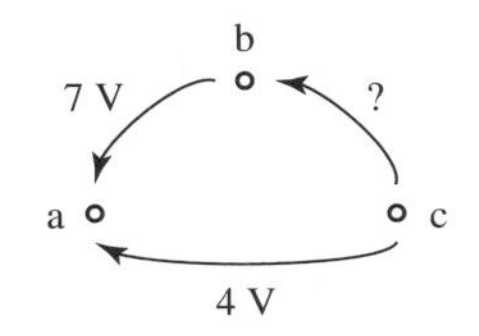

解答が負の値ですが，これは基準点と測定点を逆にして，「b 点を基準にした c 点の電圧」であれば 3 V（正の値）になります。**電圧は測る向きで符号が変わります。**

模範解答

$V_{ac} = V_{ab} + V_{bc}$ より，$V_{bc} = 4 - 7 = -3$〔V〕。

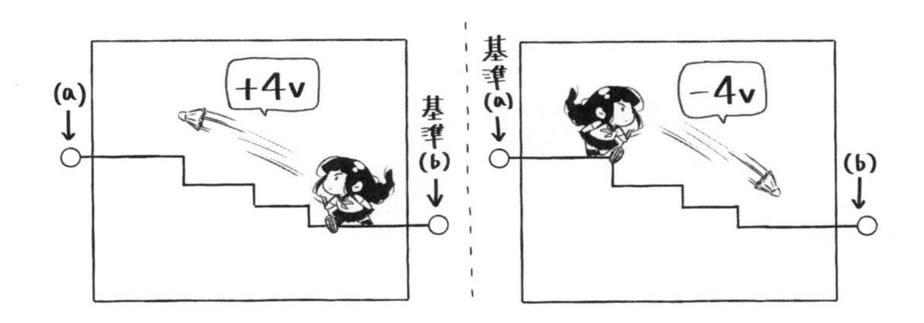

練習問題 1.4.1

回路中の 3 点 a，b，c について，a-b 間の電圧 V_{ab} が 3 V，c-b 間の電圧 V_{cb} が 5 V であるとき，a-c 間の電圧 V_{ac} を求めなさい。

練習問題 1.4.2

12 V の直流電源（電池）に，抵抗 R_1，R_2 が直列に接続されている。R_1 に加わっている電圧が 7 V のとき，R_2 に加わっている電圧を求めなさい。

例題 1.5：簡単な回路を解く (1)

直流電源（電池）に，抵抗 $R_1 = 200$〔Ω〕，$R_2 = 300$〔Ω〕が並列に接続されている。R_1 に流れる電流は 0.15 A である。

(1) R_1 に加わっている電圧を求めなさい。

(2) 電源電圧を求めなさい。

(3) R_2 に流れている電流の大きさを求めなさい。

(4) 電源から供給されている電流を求めなさい。

解き方

状況を図に描いて順に考えていきましょう。

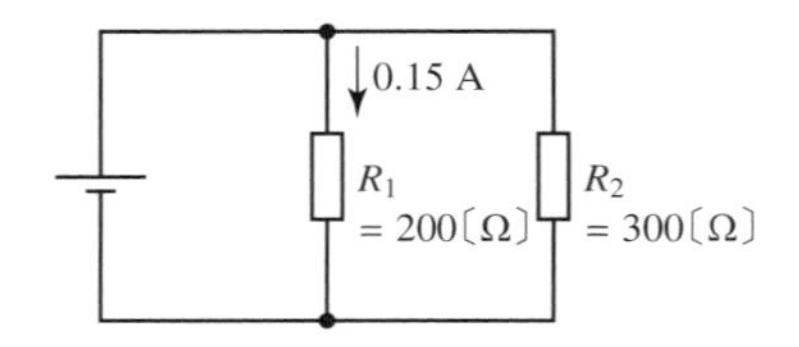

(1) は，200 Ω である R_1 に 0.15 A が流れていることからオームの法則で $200 \times 0.15 = \mathbf{30}$〔**V**〕と求められます。

(2) は，R_1 に加わっている電圧 30 V は，電源を経由しても同じになるので **30 V** と求められます（このことから，**並列接続されている部分には同じ電圧が加わる**ことがわかります）。

(3) は，(2) と同じ議論で R_2 にも 30 V が加わっていることがわかりますから，オームの法則より $\frac{30}{300} = \mathbf{0.1}$〔**A**〕。

(4) は，電源からの電流が R_1 に 0.15 A，R_2 に 0.1 A と枝分かれしていて流れていますから，$0.15 + 0.1 = \mathbf{0.25}$〔**A**〕です。

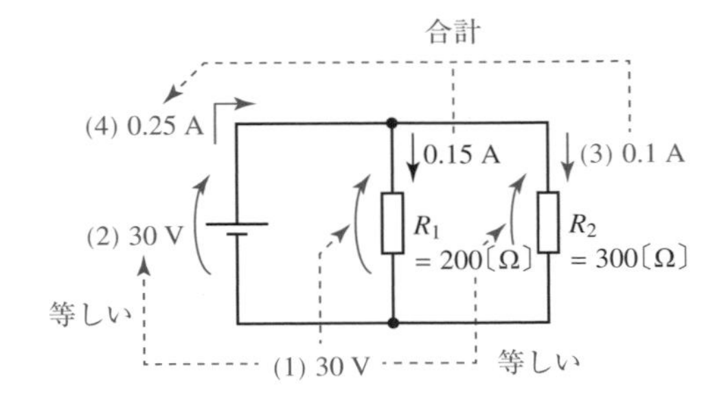

模範解答

(1) オームの法則より，$200 \times 0.15 = 30$〔V〕。**(2)** R_1 と電源は並列に接続されているので，30 V。**(3)** R_2 に加わる電圧も 30 V だから，オームの法則より，$\frac{30}{300} = 0.1$〔A〕。**(4)** $0.15 + 0.1 = 0.25$〔A〕。

練習問題 1.5.1

直流電源に，$R_1 = 200$〔Ω〕と $R_2 = 250$〔Ω〕の抵抗が並列に接続されている。R_1 に流れる電流は 50 mA である。

(1) 電源電圧を求めなさい。

(2) R_2 に流れている電流を求めなさい。

(3) 電源から供給されている電流を求めなさい。

練習問題 1.5.2

直流電源に，$R_1 = 300$〔Ω〕と $R_2 = 500$〔Ω〕の抵抗が直列に接続されている。R_1 に加わっている電圧は 3 V である。

(1) 回路を流れる電流を求めなさい。

(2) R_2 に加わっている電圧を求めなさい。

(3) 電源電圧を求めなさい。

例題 1.6：簡単な回路を解く (2)

図の回路について答えなさい。

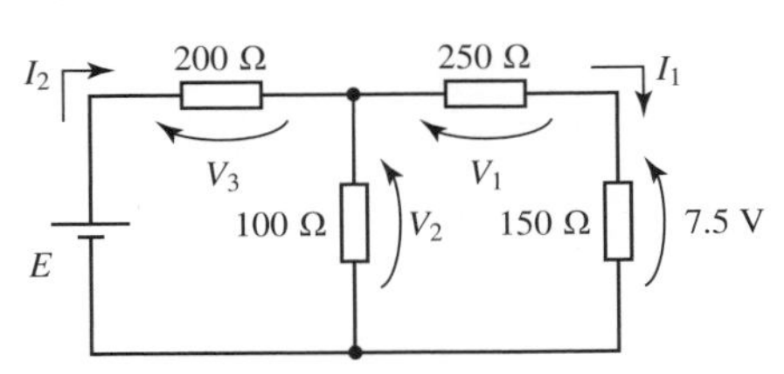

(1) 電流 I_1 を求めなさい。

(2) 電圧 V_1 を求めなさい。

(3) 電圧 V_2 を求めなさい。

(4) 電流 I_2 を求めなさい。

(5) 電圧 V_3 を求めなさい。

(6) 電源電圧 E を求めなさい。

解き方

オームの法則と，電流の性質，電圧の性質を駆使して解き進めていきます。電流が等しくなる部分，電圧が等しくなる部分に注目します。オームの法則でただちに電圧・電流が求められない（電圧・電流・抵抗のうち2つがわかっていない）ときは，電圧が等しくなる箇所がないか，電流の枝分かれ・合流で求められないか調べましょう。

(1) は，150 Ω の抵抗において加わる電圧がわかっていますから，オームの法則より $I_1 = \frac{7.5}{150} = \mathbf{0.05}$〔**A**〕（50 mA）。

(2) は，250 Ω の抵抗にも $I_1 = 0.05$〔A〕が流れていますから，オームの法則より $V_1 = 250\,I_1 = 250 \times 0.05 = \mathbf{12.5}$〔**V**〕。

(3) は，オームの法則からは求められません。100 Ω の抵抗と，「250 Ω と 150 Ω の抵抗を直列に接続した部分」が並列になっていて，電圧が等しいことを見抜きます。したがって，$V_2 = V_1 + 7.5 = 12.5 + 7.5 = \mathbf{20}$〔**V**〕。

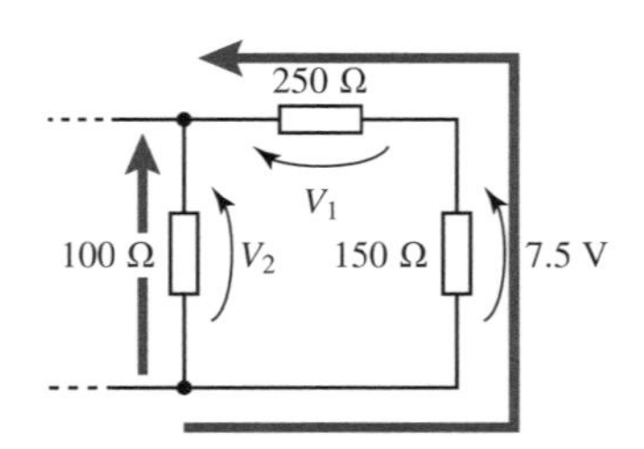

(4) の I_2 も，オームの法則では求められません。I_2 について，I_1 と「100 Ω の抵抗に流れる電流」に枝分かれしていることを見抜きます。後者は，$V_2 = 20$〔V〕と 100 Ω からオームの法則で $\frac{20}{100} = 0.2$〔A〕と求められます。これを I_1 と合計して，$I_2 = I_1 + 0.2 = 0.05 + 0.2 = \mathbf{0.25}$〔**A**〕。

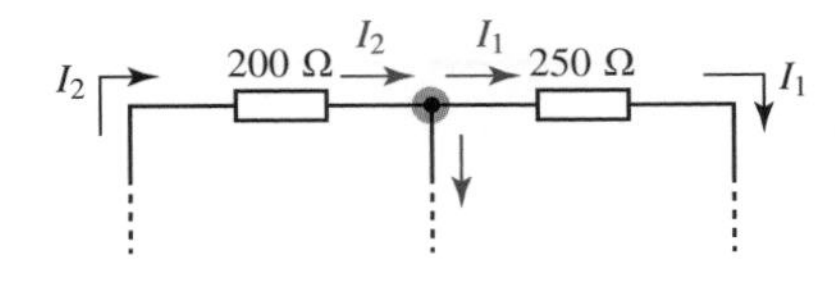

(5) は，I_2 が 0.25 A であることがわかっていますから，オームの法則で $V_3 = 200 \times 0.25 = \mathbf{50}$〔**V**〕。

(6) は，電源の負極から正極へ至るのに，100 Ω と 200 Ω の抵抗を経由する経路もあることを見抜きます。よって，$E = V_3 + V_2 = 50 + 20 = \mathbf{70}$〔**V**〕。

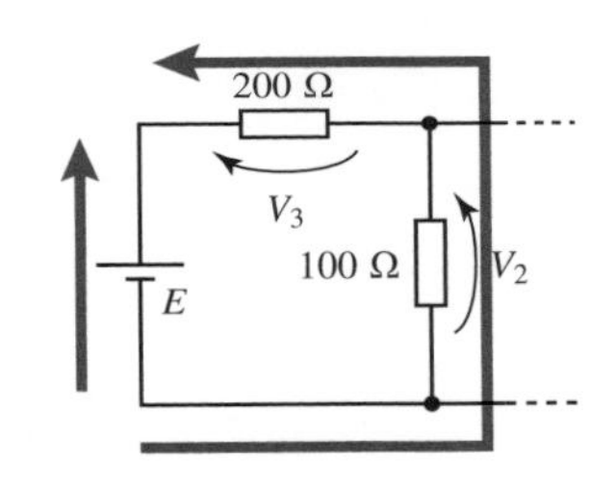

模範解答

(1) オームの法則より，$I_1 = \frac{7.5}{150} = 0.05$〔A〕。**(2)** オームの法則より，$V_1 = 250 \times 0.05 = 12.5$〔V〕。**(3)** $V_2 = V_1 + 7.5 = 12.5 + 7.5 = 20$〔V〕。**(4)** 100 Ω の抵抗には $\frac{20}{100} = 0.2$〔A〕流れているから，$I_2 = I_1 + 0.2 = 0.05 + 0.2 = 0.25$〔A〕。**(5)** オームの法則より，$V_3 = 200 \times 0.25 = 50$〔V〕。**(6)** $E = V_3 + V_2 = 50 + 20 = 70$〔V〕。

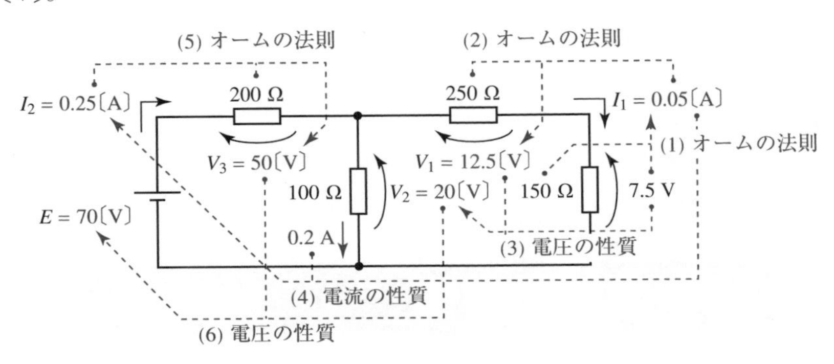

練習問題 1.6.1

図の回路について答えなさい。

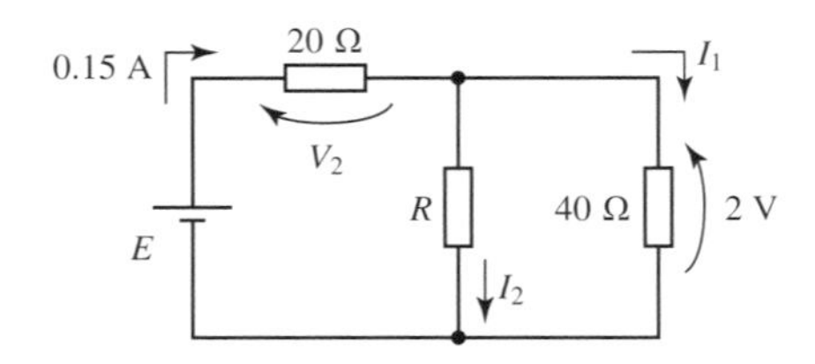

(1) 電流 I_1 を求めなさい。

(2) 電流 I_2 を求めなさい。

(3) 抵抗 R を求めなさい。

(4) 電圧 V_2 を求めなさい。

(5) 電源電圧 E を求めなさい。

練習問題 1.6.2

図の回路について答えなさい。

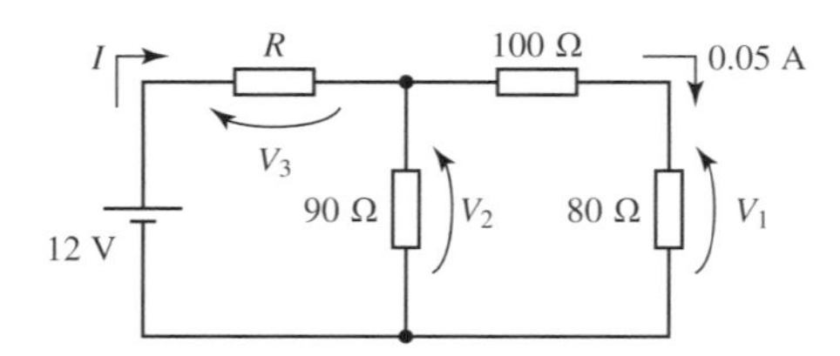

(1) 電圧 V_1 を求めなさい。

(2) 電圧 V_2 を求めなさい。

(3) 電圧 V_3 を求めなさい。

(4) 電流 I を求めなさい。

(5) 抵抗 R を求めなさい。

練習問題の解答

●練習問題 1.1.1（解答）●

オームの法則より，$\left(1.4 \times 10^3\right) \times \left(7 \times 10^{-3}\right) = \mathbf{9.8}$〔**V**〕。

●練習問題 1.1.2（解答）●

オームの法則より，$\frac{24}{1.2\times10^3}=0.02$〔A〕，よって，**20 mA**。

解　説　本問では「何ミリアンペアか」と問われているので，単位に注意して 20 mA と答えます。0.02 A では問題の指示に従って答えられていません。

●練習問題 1.2.1（解答）●

$\frac{1}{10}=\mathbf{0.1}$〔**S**〕。

●練習問題 1.2.2（解答）●

20 mS のコンダクタンスは $\frac{1}{20\times10^{-3}}=50$〔Ω〕。オームの法則より $\frac{10}{50}=\mathbf{0.2}$〔**A**〕。

別　解　オームの法則 $I=\frac{V}{R}=GV$ より，$\left(20\times10^{-3}\right)\times10=0.2$〔A〕。

●練習問題 1.3.1（解答）●

$0.3+0.2=\mathbf{0.5}$〔**A**〕。

解　説　状況は図に描きましょう。0.3 A と 0.2 A が流れ込んでいて，流れ出すのが求める電流しかないので，それらを合計すればよいことがわかります。

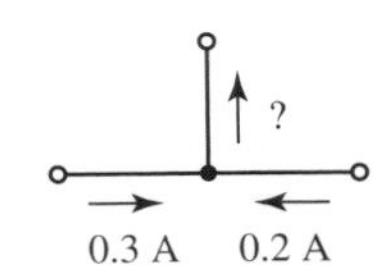

●練習問題 1.3.2（解答）●

$0.5-0.2=\mathbf{0.3}$〔**A**〕。

解　説　状況を図に描きましょう。電源からの 0.5 A が枝分かれして，R_1 に 0.2 A 流れるのですから，残り 0.3 A が R_2 に流れます。

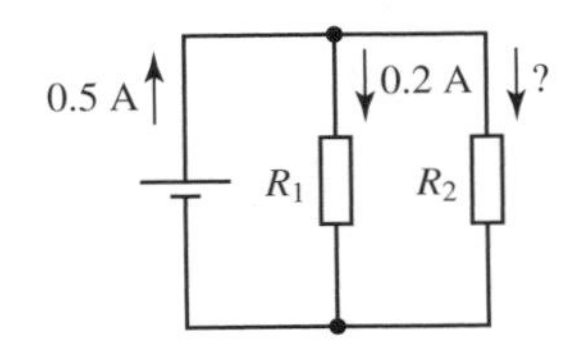

●練習問題 1.4.1（解答）●

$V_{ac}=V_{ab}+V_{bc}=V_{ab}-V_{cb}=3-5=\mathbf{-2}$〔**V**〕。

解　説　状況を図に描きましょう。$V_{ac} = V_{ab} + V_{bc}$ ですが，与えられているのは V_{bc} と逆向きの V_{cb} なので，$V_{bc} = -V_{cb}$ を利用して問題の条件が使えるようにします。

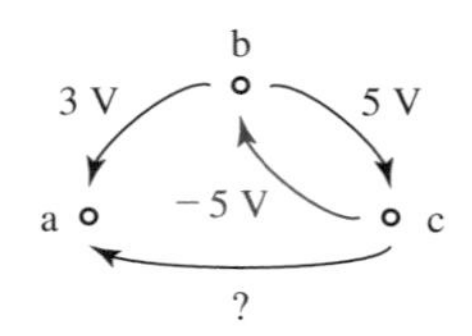

●練習問題 1.4.2（解答）●

12 − 7 = **5**〔**V**〕。

解　説　状況を図に描きましょう。電源は，**負極を基準に正極の電圧を測ったものが「電源電圧」**です。これが 12 V です。これが図の上の経路をたどって計算した電圧と等しくなりますから，求める電圧を V とすると，$12 = 7 + V$ となります。

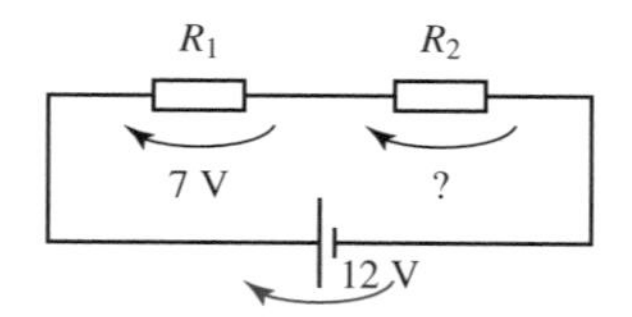

●練習問題 1.5.1（解答）●

(1) 電源電圧は，R_1 に加わる電圧と同じ。オームの法則より，$200 \times \left(50 \times 10^{-3}\right) =$ **10**〔**V**〕。**(2)** R_2 にも 10 V が加わっているから，オームの法則より，$\frac{10}{250} = \mathbf{0.04}$〔**A**〕（40 mA）。**(3)** $0.05 + 0.04 = \mathbf{0.09}$〔**A**〕（90 mA）。

解　説　図を描きながら考えます。**(1)** は，並列接続なので，R_1 に加わる電圧と電源電圧が同じであることを使います。抵抗と電流がわかっているのでオームの法則で求めます。**(2)** は，R_2 にも同じ 10 V が加わっていることを使います。**(3)** は，上部の接続点での流れ込む電流の和，流れ出す電流の和を考えましょう。

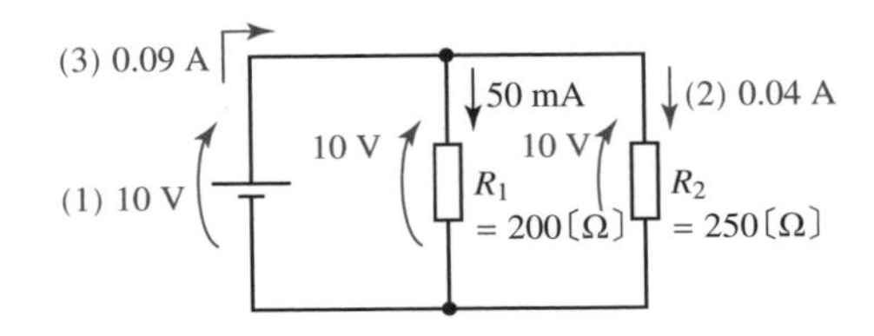

●練習問題 1.5.2（解答）●

(1) オームの法則より，$\frac{3}{300}$ = **0.01**〔**A**〕（10 mA）。**(2)** R_2 について，オームの法則より，500 × 0.01 = **5**〔**V**〕。**(3)** 3 + 5 = **8**〔**V**〕。

解　説　図を描きながら考えます。**(1) 電流は途中で生まれたり消えたりしません**から，R_1 に流れる電流を求めれば，これは R_2 にも電源にも流れている電流です。**(2)** R_2 にも 0.01 A 流れていますから，オームの法則で加わっている電圧が求められます。**(3) 電圧は 2 点が決まればどの経路で計算しても同じ**なので，抵抗側を経由した 3 + 5 = 8〔V〕と電源側を経由した電圧（= 電源電圧）と等しくなります。

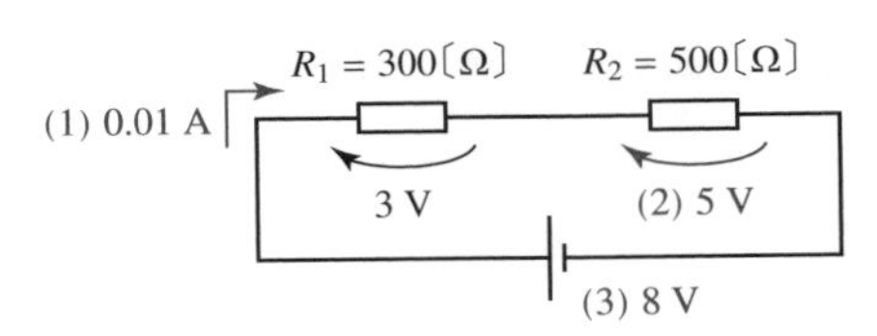

●練習問題 1.6.1（解答）●

(1) オームの法則より，$I_1 = \frac{2}{40}$ = **0.05**〔**A**〕（50 mA）。**(2)** 0.15 A が I_1 と I_2 に分かれているから，$I_2 = 0.15 - I_1 = 0.15 - 0.05 =$ **0.1**〔**A**〕。**(3)** 抵抗 R にも 2 V が加わっており，I_2 = 0.1〔A〕が流れているから，オームの法則より $R = \frac{2}{I_2} = \frac{2}{0.1} =$ **20**〔**Ω**〕。**(4)** オームの法則より，$V_2 = 20 \times 0.15 =$ **3**〔**V**〕。**(5)** $E = V_2 + 2 = 3 + 2 =$ **5**〔**V**〕。

解　説　求められた電流・電圧・抵抗を図に書き込みながら解き進めましょう。**(2)** はオームの法則からは求められず，電源からの電流 0.15 A が枝分かれしていることを用います。**(3)** は，抵抗 R と 40 Ω の抵抗が並列なので，R にも 2 V が加わっています。**(5)** は，抵抗側を経由して電圧を計算します。

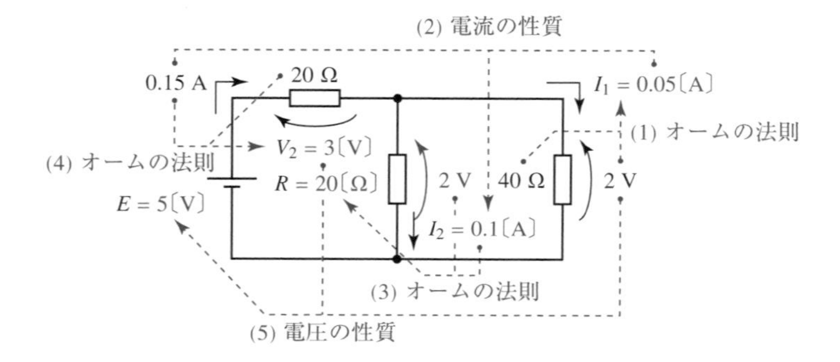

●練習問題 1.6.2（解答）●

(1) オームの法則より，$V_1 = 80 \times 0.05 = \mathbf{4}$〔**V**〕。**(2)** 電圧 V_2 は，V_1 と 100 Ω の抵抗に加わる電圧 $100 \times 0.05 = 5$〔V〕の和に等しいから，$V_2 = V_1 + 5 = 4 + 5 = \mathbf{9}$〔**V**〕。**(3)** $V_3 = 12 - V_2 = \mathbf{3}$〔**V**〕。**(4)** 電流 I は，0.05 A と，90 Ω の抵抗に流れる電流 $\frac{9}{90} = 0.1$〔A〕の和だから，$I = 0.05 + 0.1 = \mathbf{0.15}$〔**A**〕。**(5)** オームの法則より，$R = \frac{V_3}{I} = \frac{3}{0.15} = \mathbf{20}$〔**Ω**〕。

解　説　**(2)** は V_2 を 80 Ω・100 Ω の抵抗を経由して求めます。このとき，100 Ω の抵抗に加わる電圧がわかっていないので，オームの法則で求めておきます。**(3)** は電源の 12 V が $V_2 + V_3$ に等しくなることを見抜きます。**(4)** は，I を求めるのに，100 Ω・80 Ω の抵抗に流れる 0.05 A と，90 Ω の抵抗に流れる電流が必要です。後者はオームの法則で求めておきます。

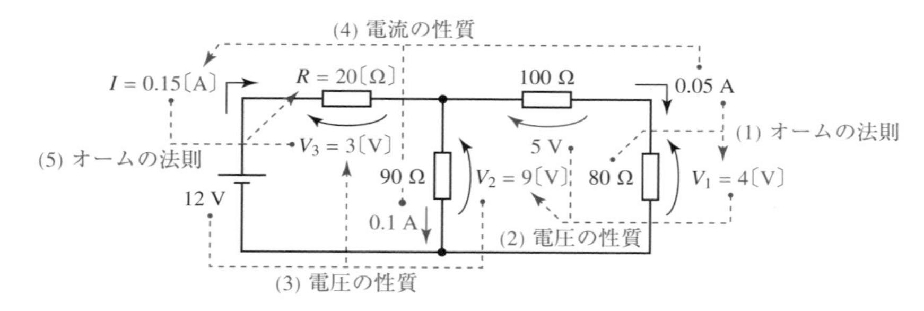

第2章

合成抵抗

合成抵抗は，複数の抵抗を，それらと同じ働きをする１個の抵抗に置き換えることです。直列・並列が組み合わさった複雑な合成抵抗を求めることもあります。このときは，**ただちに合成できる単純な直列・並列の部分を見つけて**まず合成します。この部分を１個の抵抗に置き換えたあと，同様にただちに合成できる部分を見つけて合成します。これを，全体が１個の抵抗に置き換わるまで続けます。手間がかかりますが，１ステップずつ確実に計算できることが重要です。

本章の内容のまとめ

直列合成抵抗　直列接続された抵抗の合成抵抗は，**そのまま加えて求める。**
次の図において，合成抵抗 R は $R = R_1 + R_2 + R_3$。

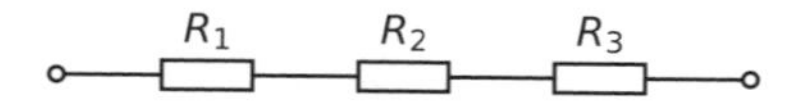

並列合成抵抗　並列接続された抵抗の合成抵抗は，その**逆数が，それぞれの抵抗値の逆数の和になる**。すなわち，**逆数の和を求めてから，その逆数を求める**。次の図の合成抵抗 R について，$\frac{1}{R} = \frac{1}{R_1} + \frac{1}{R_2} + \frac{1}{R_3}$。

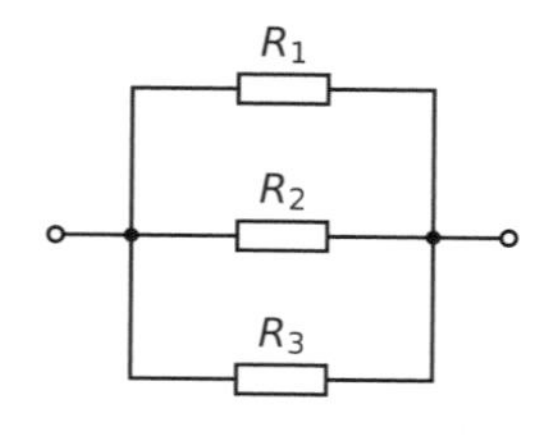

２個の並列合成抵抗　並列合成抵抗は，２個の場合に限り，$R = \frac{R_1 R_2}{R_1 + R_2}$ で求められる（$\frac{1}{R} = \frac{1}{R_1} + \frac{1}{R_2} = \frac{R_1 + R_2}{R_1 R_2}$ と計算して逆数をとったもの）。

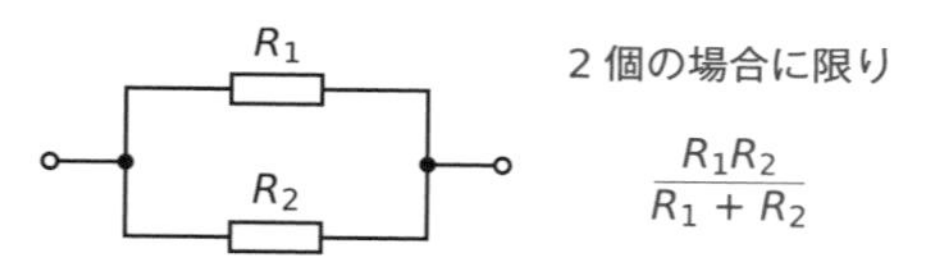

複雑な合成抵抗　複雑な合成抵抗は，ただちに求められる小さい部分から順に合成していく。

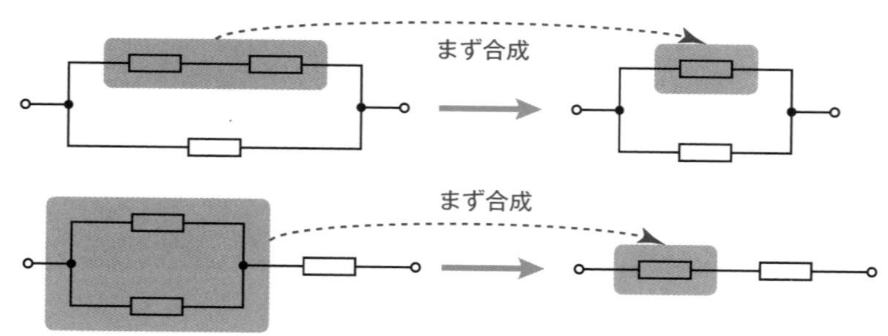

合成コンダクタンス　合成抵抗と同様に，合成コンダクタンスも考えられる。直列合成の場合は逆数が，それぞれのコンダクタンスの逆数の和になる（$\frac{1}{G} = \frac{1}{G_1} + \frac{1}{G_2} + \frac{1}{G_3}$）。並列合成の場合はそのまま加える（$G = G_1 + G_2 + G_3$）。

例題 2.1：直列合成抵抗

650 Ω，1.2 kΩ，350 Ω の抵抗が直列に接続されているときの合成抵抗を求めなさい。

解き方

直列合成抵抗では，**それぞれの抵抗の大きさの和**を求めます。単位をそろえることに注意して，1.2 kΩ を 1200 Ω に換算し，650 + 1200 + 350 = **2200**〔**Ω**〕(2.2 kΩ)。

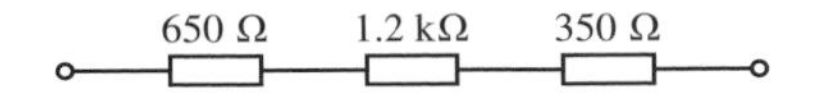

直列合成抵抗は，**合成前のどの抵抗値よりも大きくなります**。確かに 2200 Ω は，650 Ω よりも，1.2 kΩ よりも，350 Ω よりも大きい抵抗です。これを使って計算が妥当か確かめられます。

模範解答

650 + 1200 + 350 = 2200〔Ω〕。

計算のポイント：加減算は単位をそろえる

単位をそろえないと加減算はできません。表すものの種類が違う単位（たとえばメートルとリットル）が加減算できないのはもちろんのこと，表すものが同じ（たとえば電流）でも，SI 接頭語（キロやミリ）がついている場合，単位をそろえて（換算して）加減算しないといけません。たとえば，10 mA と 0.1 A は，単位をアンペアにそろえて 0.01 + 0.1 = 0.11〔A〕と計算するか，ミリアンペアにそろえて 10 + 100 = 110〔mA〕と計算します。

練習問題 2.1.1

大きさ $4R$，$6R$，$5R$ の抵抗が直列に接続されているときの合成抵抗を求めなさい。

練習問題 2.1.2

大きさ R の抵抗を n 個直列に接続したときの合成抵抗を求めなさい。

例題 2.2：並列合成抵抗

150 Ω，200 Ω，600 Ω の抵抗が並列に接続されているときの合成抵抗を求めなさい。

解き方

並列合成抵抗では，**それぞれの抵抗値の逆数の和**をまず求めます。そのあとで**さらに逆数を求める**と，合成抵抗の大きさになります。

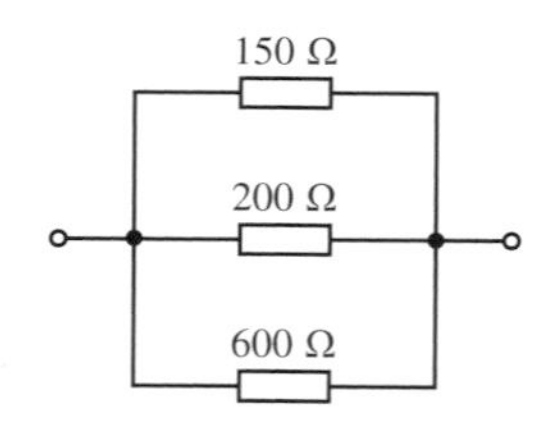

求める合成抵抗を R とすると，$\frac{1}{R} = \frac{1}{150} + \frac{1}{200} + \frac{1}{600} = \frac{4}{600} + \frac{3}{600} + \frac{1}{600} = \frac{8}{600} = \frac{1}{75}$。その逆数を求めると，$\boldsymbol{R = 75}$ **〔Ω〕**。

並列合成抵抗は，2 個であれば $\frac{R_1 R_2}{R_1 + R_2}$ と直接求められますが，3 個以上で直接求める式は（作れるものの）複雑なので，原則どおりに逆数の和から求めましょう。

なお，並列合成抵抗は，**合成前のどの抵抗よりも小さくなります**。確かに，本問の答え「75 Ω」はもとの 3 つのどの抵抗よりも小さくなっています。

模範解答

求める合成抵抗を R とすると，$\frac{1}{R} = \frac{1}{150} + \frac{1}{200} + \frac{1}{600} = \frac{1}{75}$。逆数を求めて，$R = 75$〔Ω〕。

練習問題 2.2.1

200 Ω，300 Ω，600 Ω の抵抗が並列に接続されているときの合成抵抗を求めなさい。

練習問題 2.2.2

大きさ R の抵抗を n 個並列に接続したときの合成抵抗を求めなさい。

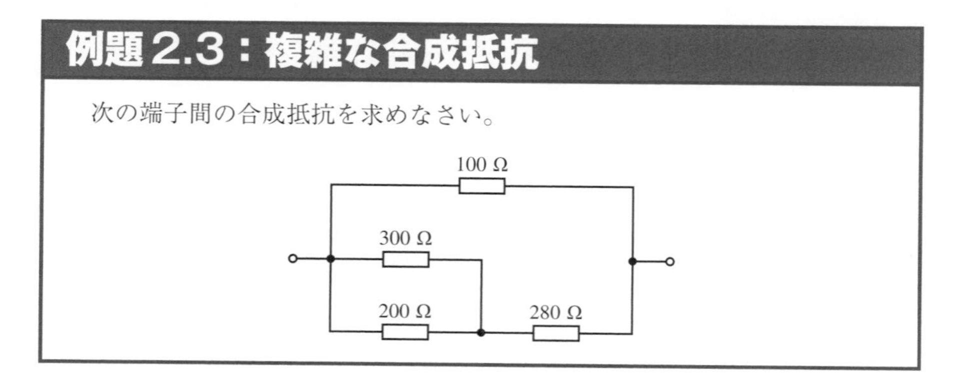

例題 2.3：複雑な合成抵抗

次の端子間の合成抵抗を求めなさい。

解き方

複雑な合成抵抗は，**ただちに求められる小さい部分から順に**合成していきます。

本問では，まず，300 Ω と 200 Ω の並列接続がそれにあたります。ここで，100 Ω の抵抗は，両端がその 2 つと同じ箇所に接続されているわけではないので同時には合成できません。300 Ω と 200 Ω の並列合成抵抗は，$\frac{300\times200}{300+200}=120$〔Ω〕です。2 つの抵抗を合成結果の 120 Ω に置き換えます（図①）。

次に，先ほどの合成結果である 120 Ω と，280 Ω の抵抗が直列に接続されているのがわかりますから，その部分の合成抵抗を $120+280=400$〔Ω〕と求めます。そして，2 つの抵抗を合成結果の 400 Ω に置き換えます（図②）。

すると，100 Ω と 400 Ω の並列接続になりますから，これを合成して，全体の合成抵抗は $\frac{400\times100}{400+100}=\mathbf{80}$〔Ω〕と求められます（図③）。

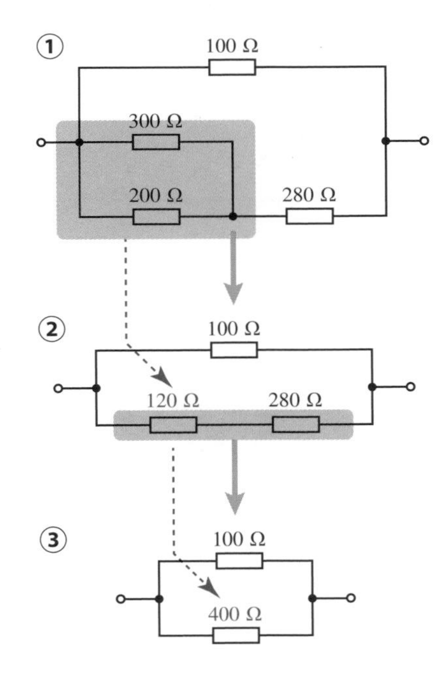

模範解答

まず，300 Ω と 200 Ω の並列部分は $\frac{300\times200}{300+200}=120$〔Ω〕。これに 280 Ω が直列接続されているから $120+280=400$〔Ω〕。これと 100 Ω が並列接続されているから，$\frac{400\times100}{400+100}=80$〔Ω〕。

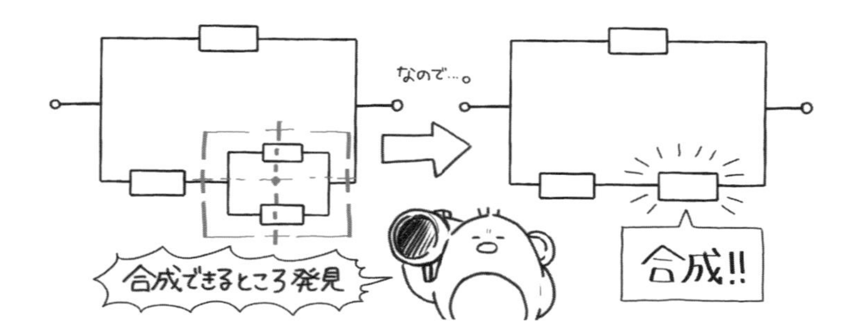

練習問題 2.3.1

次の端子間の合成抵抗を求めなさい。

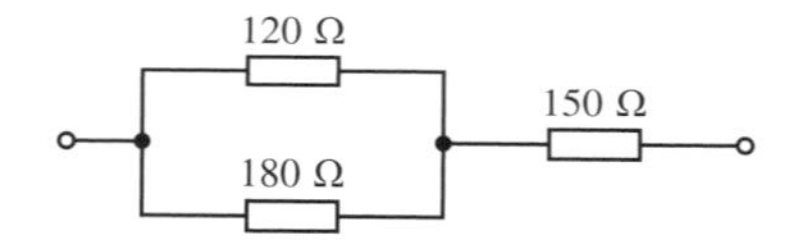

練習問題 2.3.2

次の端子間の合成抵抗を求めなさい。

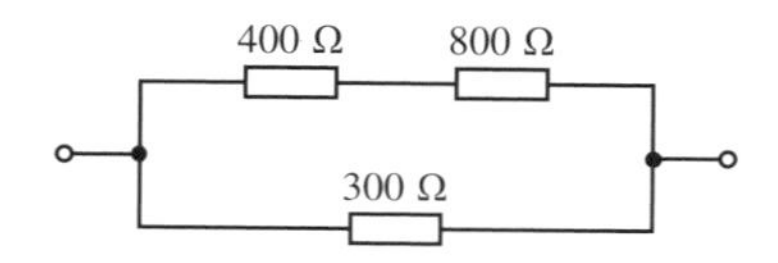

練習問題 2.3.3

次の端子間の合成抵抗を求めなさい。

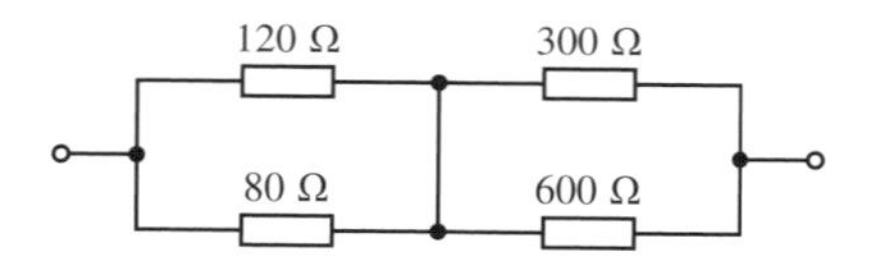

練習問題 2.3.4

次の端子間の合成抵抗を求めなさい。

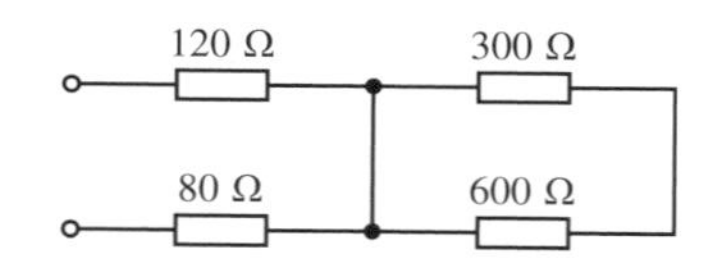

例題 2.4：合成抵抗の応用

ある2つの抵抗の直列合成抵抗は200Ω，並列合成抵抗は42Ωである。それぞれの抵抗の大きさを求めなさい。

解き方

本問は合成抵抗が与えられており，個々の抵抗を求めるよう指示されています。わからない値があるわけですから，これらを未知数とおいて与えられた条件を式に表します。

求めたい抵抗を R_1，R_2 とします。直列合成抵抗が200Ωですから，$R_1+R_2=200$（①）。並列合成抵抗が42Ωですから，$\frac{R_1R_2}{R_1+R_2}=42$（②）。これを解きます。

R_1，R_2 のいずれかの消去を目指します。②式を $R_1R_2=42(R_1+R_2)$ と変形して，右辺に①式を代入すれば $R_1R_2=42\times200=8400$ です。これに，①式を $R_1=200-R_2$ として代入すれば，$(200-R_2)R_2=8400$ が得られます。整理すると，$R_2^2-200R_2+8400=0$ です。2次方程式が得られましたから，$(R_2-140)(R_2-60)=0$ と因数分解して $R_2=140$，60 が求められます。解の公式を使って $R_2=\frac{200\pm\sqrt{200^2-4\times8400}}{2}=\frac{200\pm\sqrt{6400}}{2}=\frac{200\pm80}{2}=100\pm40$ と求めてもかまいません。

この解を①式に代入して R_1 を求めます。$R_2=140$ のとき $R_1=60$。$R_2=60$ のとき $R_1=140$。したがって，いずれにせよ **140Ω** と **60Ω** であることが求められます。

本問で，並列合成抵抗について $\frac{1}{R_1}+\frac{1}{R_2}=\frac{1}{42}$ と式を作った場合，直列合成抵抗の $R_1+R_2=200$ を代入して，$\frac{1}{200-R_2}+\frac{1}{R_2}=\frac{R_2+(200-R_2)}{(200-R_2)R_2}=\frac{200}{200R_2-R_2^2}=\frac{1}{42}$ から両辺に $42(200R_2-R_2^2)$ をかけると $200R_2-R_2^2=8400$，と同じ式が得られます。

模範解答

求める抵抗を R_1，R_2 とする。条件より，$R_1+R_2=200$，$\frac{R_1R_2}{R_1+R_2}=42$。これを解くと，$(R_1, R_2)=(140, 60), (60, 140)$。よって，140Ωと60Ω。

練習問題 2.4.1

90Ωと R〔Ω〕の並列合成抵抗が36Ωになった。R の値を求めなさい。

練習問題 2.4.2

大きさ R の抵抗に，大きさ kR の抵抗を並列接続したら，合成抵抗の大きさが $\frac{R}{4}$ になった。k の値を求めなさい。

練習問題 2.4.3

2 つの抵抗の直列合成抵抗が 150 Ω，並列合成抵抗が 24 Ω であるとき，それぞれの抵抗の大きさを求めなさい。

例題 2.5：合成コンダクタンス

20 mS と 30 mS の直列合成コンダクタンスを求めなさい。

解き方

合成コンダクタンスも合成抵抗と同様に求められますが，合成の式が直列の場合 $\frac{1}{G} = \frac{1}{G_1} + \frac{1}{G_2} + \cdots$，並列の場合 $G = G_1 + G_2 + \cdots$ になっています。また，単位にも注意しましょう。本問では「mS」（ミリジーメンス）です。ここでは，ミリジーメンスの単位で計算してみます。

求める合成コンダクタンスを G とすると，$\frac{1}{G} = \frac{1}{20} + \frac{1}{30} = \frac{1}{12}$ より，**12 mS**。

模範解答

求める合成コンダクタンスを G とすると，$\frac{1}{G} = \frac{1}{20} + \frac{1}{30} = \frac{1}{12}$ より，12 mS。

練習問題 2.5.1

1 mS と 15 mS の並列合成コンダクタンスを求めなさい。

練習問題 2.5.2

次の端子間の合成コンダクタンスを求めなさい。

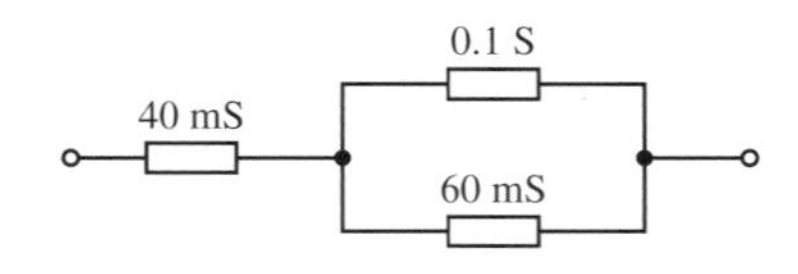

練習問題の解答

●練習問題 2.1.1（解答）●

直列合成なので，$4R + 6R + 5R = \mathbf{15R}$。

計算のポイント：単位に注意

数値や量が単位を伴って与えられている問題では，単位をつけて答えます。一方で本問のように単位を伴っていない場合は，解答に単位をつけてはいけません。本問で，「$15R$〔Ω〕」と解答した場合は誤りになります。

●練習問題 2.1.2（解答）●

n 個の直列合成なので，$\overbrace{R + R + \cdots + R}^{n\text{ 個}} = \boldsymbol{nR}$。

解　説　**同じ大きさの抵抗を n 個直列に接続すると合成抵抗は n 倍**になります。本問も単位を伴っていないので解答に単位はつきません。

●練習問題 2.2.1（解答）●

求める合成抵抗を R とすると，並列合成なので $\frac{1}{R} = \frac{1}{200} + \frac{1}{300} + \frac{1}{600} = \frac{1}{100}$。よって，$R = \mathbf{100}$〔**Ω**〕。

●練習問題 2.2.2（解答）●

求める合成抵抗を R_P とすると，n 個の並列合成なので $\frac{1}{R_P} = \overbrace{\frac{1}{R} + \frac{1}{R} + \cdots + \frac{1}{R}}^{n\text{ 個}} = \frac{n}{R}$。よって，$R_P = \boldsymbol{\frac{R}{n}}$。

解　説　**同じ大きさの抵抗を n 個並列に接続すると合成抵抗は n 分の 1 倍**になります。特に，「同じ大きさの抵抗の 2 並列は合成抵抗が半分になる」ことは覚えておくと便利です。

●練習問題 2.3.1（解答）●

まず並列部分の合成抵抗は，$\frac{120\times180}{120+180} = 72$〔Ω〕。これに 150 Ω の抵抗が直列に接続されているから，$72 + 150 = \mathbf{222}$〔**Ω**〕。

解　説　ただちに求められるのは120Ωと180Ωの並列部分ですので，ここから求めます。この部分に150Ωが直列に接続されているのを把握しましょう。

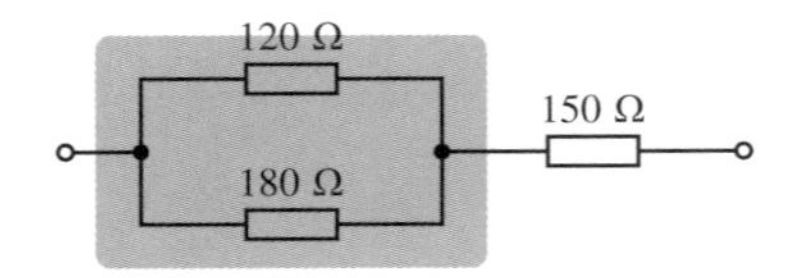

●練習問題 2.3.2（解答）●

上側の直列部分の合成抵抗は，$400 + 800 = 1200$〔Ω〕。これに300Ωの抵抗が並列に接続されているから，$\frac{1200\times300}{1200+300} = \mathbf{240}$〔**Ω**〕。

解　説　本問でただちに求められるのは上側の直列接続の部分です。これに，300Ωが並列接続されています。

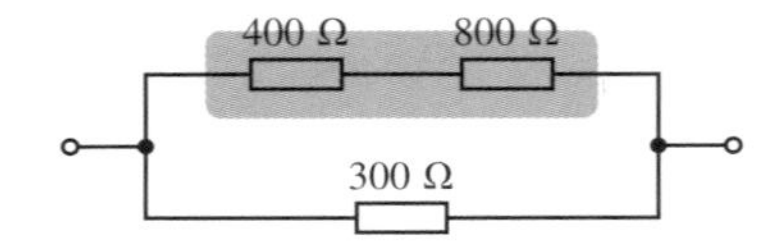

●練習問題 2.3.3（解答）●

左側の並列部分の合成抵抗は，$\frac{120\times80}{120+80} = 48$〔Ω〕。右側の並列部分の合成抵抗は，$\frac{300\times600}{300+600} = 200$〔Ω〕。これらが直列接続されているから，$48 + 200 = \mathbf{248}$〔**Ω**〕。

解　説　本問は，「120Ωと80Ωの並列」と「300Ωと600Ωの並列」が直列に接続されたものです。図①の青丸印で示した2つの接続点は，その間に何も接続されていないので1つの接続点と同じです。したがって，図②の回路に書き換えられます。

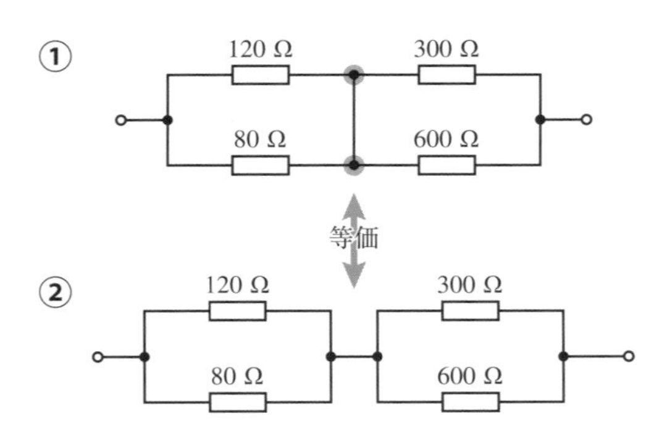

●練習問題 2.3.4（解答）●

短絡（たんらく）されているので，300 Ω と 600 Ω の抵抗には電流は流れない。よってこれは 120 Ω と 80 Ω の直列接続と同じだから，120 + 80 = **200〔Ω〕**。

解　説　本問の端子間に電源を接続することを考えます。上の端子からたどると，120 Ω の抵抗を通ったあと右と下に枝分かれしています。ここで，下の経路は抵抗を通ることなくそのまま 80 Ω の抵抗に接続されています。このとき，電流はこの「何もなく直接接続された経路」のみを流れ，その並列部分（本問では 300 Ω と 600 Ω の直列部分）には流れません。したがって，300 Ω と 600 Ω の抵抗は回路に関係なくなるので取り除いてかまいません。このように，**短絡**されて途中何もない経路が発生すると，**電流はすべてその経路を流れ，そこに並列な部分には電流は流れなくなります**。

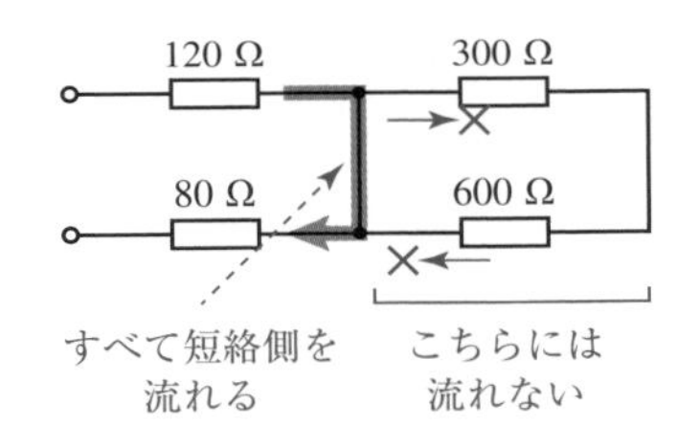

●練習問題 2.4.1（解答）●

並列合成抵抗の関係より，$\frac{1}{90}+\frac{1}{R}=\frac{1}{36}$。$\frac{1}{R}=\frac{1}{36}-\frac{1}{90}=\frac{1}{60}$ より，$\boldsymbol{R = 60}$ **〔Ω〕**。

別　解　$\frac{90R}{90+R}=36$ より，$90R=36(90+R)$。整理して，$54R=36\times 90$ より $R=60$〔Ω〕。

●練習問題 2.4.2（解答）●

並列合成抵抗の関係より，$\frac{1}{R}+\frac{1}{kR}=\frac{4}{R}$。整理して $\frac{1}{k}=3$。よって $\boldsymbol{k=\frac{1}{3}}$。

解　説　$\frac{1}{R}+\frac{1}{kR}=\frac{4}{R}$ は，両辺に R をかけて $1+\frac{1}{k}=4$ より $\frac{1}{k}=3$ です。

●練習問題 2.4.3（解答）●

求める 2 つの抵抗を R_1，R_2 とする。直列合成抵抗は $R_1+R_2=150$，並列合成抵抗は $\frac{R_1R_2}{R_1+R_2}=24$。これを解いて，$(R_1, R_2)=(30, 120), (120, 30)$。よって，**30 Ω** と **120 Ω**。

解　説　本問において，未知数の一方を消去した方程式は $R_2^2-150R_2+3600=0$ です。

●練習問題 2.5.1（解答）●

コンダクタンスの並列合成なので，$1+15=$ **16**〔**mS**〕。

解　説　コンダクタンスは並列合成のときに単なる和になります。解答では単位をミリジーメンスで計算しています。

●練習問題 2.5.2（解答）●

並列部分の合成コンダクタンスは $100+60=160$〔mS〕。これと 40 mS のコンダクタンスが直列に接続されているから，$\frac{160\times40}{160+40}=$ **32**〔**mS**〕。

解　説　合成抵抗のときと同じく，ただちに求められる小さい部分から合成していきます。まず 0.1 S と 60 mS の並列部分を計算し，それと 40 mS の直列合成コンダクタンスを求めています。直列合成コンダクタンスは，逆数がそれぞれのコンダクタンスの逆数の和になりますが，2 個の場合は $\frac{1}{G}=\frac{1}{G_1}+\frac{1}{G_2}=\frac{G_1+G_2}{G_1G_2}$ より $G=\frac{G_1G_2}{G_1+G_2}$ と直接求められます。なお，解答では単位をミリジーメンスにそろえています（0.1 S を 100 mS に換算しています）。

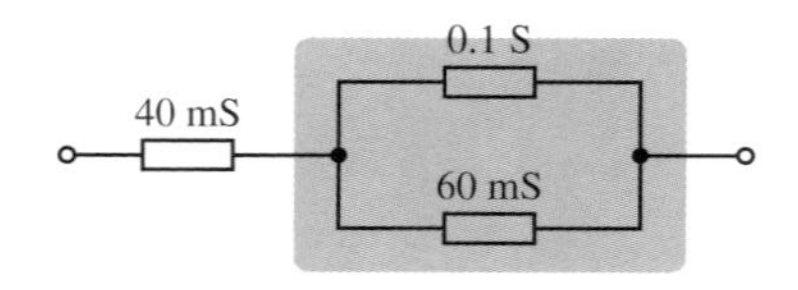

第3章

分圧・分流

直列接続において抵抗に加わる電圧の比が抵抗値の比になる**分圧**，並列接続において抵抗に流れる電流が抵抗値の逆数の比になる**分流**を扱います。**直列での電圧の比，並列での電流の比**についての性質であることをしっかり区別しましょう。注意しないといけないのは，分流では**抵抗値の逆数の比**を使うことです。比の計算が頻出しますから，比の性質と計算を復習しましょう。これらがどんな場面で使えるのかも演習を通じて身につけましょう。

本章の内容のまとめ

分圧（ぶんあつ）　直列接続された抵抗において，それぞれに加わる電圧の比は，**抵抗の大きさの比**になる。大きな抵抗ほど大きな電圧が加わる。なお，直列接続ではすべての抵抗に同じ電流が流れることにも注意。

R_1　R_2　R_3

V_1　V_2　V_3

$$V_1 : V_2 : V_3 = R_1 : R_2 : R_3$$

分流（ぶんりゅう）　並列接続された抵抗において，それぞれに流れる電流の比は，**抵抗の大きさの逆数の比**になる。小さな抵抗ほど大きな電流が流れる。なお，並列接続ではすべての抵抗に同じ電圧が加わることにも注意。

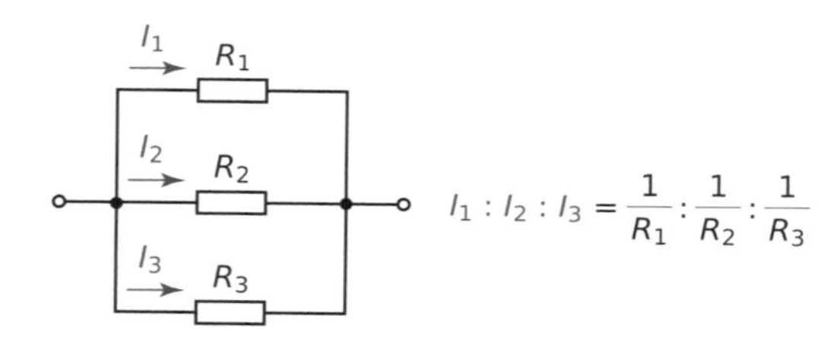

例題 3.1：分圧 (1)

$R_1 = 60$〔Ω〕, $R_2 = 40$〔Ω〕, $R_3 = 30$〔Ω〕の抵抗が直列に接続されている。R_1 に加わる電圧が 1.5 V であるとき，R_2，R_3 にそれぞれ加わる電圧 V_2，V_3 を求めなさい。

解き方

直列に接続された**素子**（そし）（回路の構成部品）について，電圧と抵抗値などが与えられたとき，ほかの電圧や素子の値を求めるには**分圧**を使うのが有効です。

抵抗の直列接続では，**電圧の比は抵抗値の比**になります。本問においては，$1.5 : V_2 : V_3 = 60 : 40 : 30$ です。

$R_1 = 60$〔Ω〕　$R_2 = 40$〔Ω〕　$R_3 = 30$〔Ω〕

1.5 V　V_2　V_3

$$1.5 : V_2 : V_3 = 60 : 40 : 30$$

すべて40倍

V_2, V_3 は，比の性質「$a:b:c = p:q:r$ のとき $\frac{a}{p} = \frac{b}{q} = \frac{c}{r} = k$」を用いて求めましょう。ここでは $k = \frac{1.5}{60} = \frac{1}{40}$ ですから，$V_2 = 40 \times \frac{1}{40} = \mathbf{1}$〔**V**〕，$V_3 = 30 \times \frac{1}{40} = \mathbf{0.75}$〔**V**〕と求められます。

後述の別解で示すように，オームの法則を用いて流れる電流から抵抗に加わる電圧を求めてもかまいません。

模範解答

分圧より $1.5 : V_2 : V_3 = 60 : 40 : 30$。よって，$V_2 = 1$〔V〕，$V_3 = 0.75$〔V〕。

別　解

流れている電流は，オームの法則より $\frac{1.5}{60} = 0.025$〔A〕。これより，オームの法則を用いて，$V_2 = 40 \times 0.025 = 1.0$〔V〕，$V_3 = 30 \times 0.025 = 0.75$〔V〕。

計算のポイント：比の計算

比の性質のその計算について復習しましょう。

- $a : b : c = ka : kb : kc$。これは，分流において（分数が現れる比が多いですから）簡単な整数比を得るのによく使います。
- $a : b : c = p : q : r$ について，$\frac{a}{p} = \frac{b}{q} = \frac{c}{r} = k$ と表せ，$a = kp$，$b = kq$，$c = kr$ と表せます。これは，比の一部が未知数のときに利用できます。
- $a : b = c : d$ のとき，$ad = bc$。比例式の一部が未知数のとき，この性質を用いて方程式を作って求めます。

- k を $a:b$ に分けると，$\frac{a}{a+b} \times k$ と $\frac{b}{a+b} \times k$。分圧・分流では，全体の電圧・電流がわかっているときに個々の電圧・電流を求める場面でよく使います。

練習問題 3.1.1

15 Ω と 60 Ω の抵抗が直列に接続されている。15 Ω の抵抗に加わっている電圧が 3 V のとき，60 Ω の抵抗に加わっている電圧を求めなさい。

練習問題 3.1.2

抵抗 R_1，R_2 が直列に接続されており，それぞれに加わる電圧は 4 V，7 V である。R_1 の大きさが 600 Ω であるとき，R_2 の大きさを求めなさい。

練習問題 3.1.3

120 Ω と 210 Ω の抵抗が直列に接続されている。前者に加わっている電圧が 6 V のとき，全体の電圧を求めなさい。

例題 3.2：分圧 (2)

$R_1 = 30$〔Ω〕と $R_2 = 20$〔Ω〕の抵抗が直列に接続されている。全体に加わっている抵抗が 10 V のとき，R_1，R_2 にそれぞれに加わっている電圧 V_1，V_2 を求めなさい。

解き方

分圧より，本問では $V_1 : V_2 = 30 : 20$ が成り立っています。また，全体の電圧，すなわち $V_1 + V_2 = 10$〔V〕が与えられています。よって，これを 30 : 20 に配分します。k を $a:b$ に配分すると $\frac{a}{a+b} \times k$ と $\frac{b}{a+b} \times k$ になることを用います。よって，$V_1 = \frac{30}{30+20} \times 10 = \frac{30}{50} \times 10 = \mathbf{6}$〔V〕，$V_2 = \frac{20}{30+20} = \frac{20}{50} \times 10 = \mathbf{4}$〔V〕と求められます。

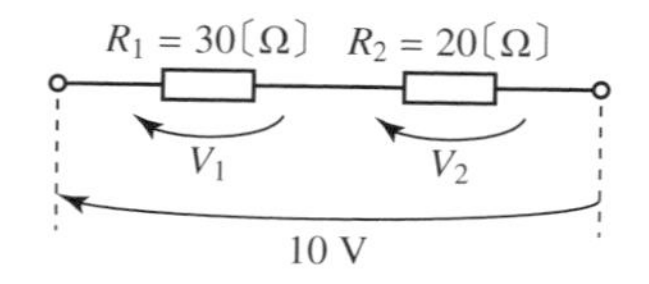

本問でも，後に示す別解のように，流れる電流を求めてからそれぞれの電圧を求めることもできます。ですが，分圧を使ったほうが早く求められます。

模範解答

分圧より，$V_1 = \frac{30}{30+20} \times 10 = 6$〔V〕，$V_2 = \frac{20}{30+20} = 4$〔V〕。

別　解

合成抵抗が $30+20 = 50$〔Ω〕であるから，流れる電流は，オームの法則より，$\frac{10}{50} = 0.2$〔A〕。それぞれの抵抗に加わる電圧は，オームの法則より，$V_1 = 30 \times 0.2 = 6$〔V〕，$V_2 = 20 \times 0.2 = 4$〔V〕。

練習問題 3.2.1

抵抗 R_1，R_2 が直列に接続されており，その合成抵抗は 240 Ω である。R_1，R_2 に加わっている電圧がそれぞれ 18 V，30 V であるとき，R_1，R_2 を求めなさい。

練習問題 3.2.2

抵抗 $R_1 = 420$〔Ω〕，$R_2 = 540$〔Ω〕が直列に接続されており，全体の電圧が 16 V であるとする。このとき，R_1，R_2 それぞれに加わる電圧 V_1，V_2 を求めなさい。

練習問題 3.2.3

抵抗 R_1，R_2，R_3 が直列に接続されており，それぞれに 6 V，3 V，9 V の電圧が加わっている。合成抵抗が 600 Ω のとき，それぞれの抵抗の大きさを求めなさい。

例題 3.3：分流 (1)

$R_1 = 100$〔Ω〕，$R_2 = 300$〔Ω〕，$R_3 = 700$〔Ω〕の抵抗が並列に接続されている。R_1 に 42 mA 流れているとき，R_2，R_3 に流れる電流 I_2，I_3 を求めなさい。

解き方

並列に接続された素子の電流と抵抗値などが与えられたとき，ほかの電流や素子の値を求めるには**分流**が利用できます。

抵抗の並列接続では，**電流の比は抵抗値の逆数の比**になります。本問においては（次ページの図参照），$42 : I_2 : I_3 = \frac{1}{100} : \frac{1}{300} : \frac{1}{700}$ です。ここで，**分流においては，分数の比が現れることが多いので，簡単な整数比に直します**。分母にある，100，300，700 の最小公倍数 2100 をかけると，$\frac{1}{100} : \frac{1}{300} : \frac{1}{700} = 21 : 7 : 3$ になります。$42 : I_2 : I_3 = 21 : 7 : 3$ で，左辺は右辺の 2 倍になっていますから，$I_2 = 7 \times 2 = \mathbf{14}$〔**mA**〕，$I_3 = 3 \times 2 = \mathbf{6}$〔**mA**〕。本問ではミリアンペアの単位で計算していることに注意してください。

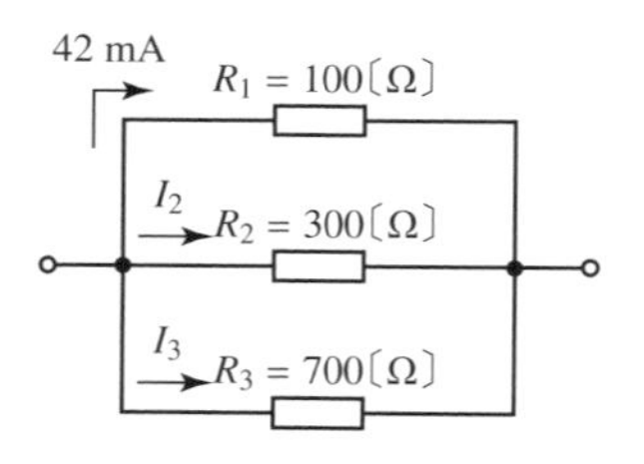

後に示す別解のように，加わる電圧を求めてから電流を求めることもできます。分流を使うとかえって計算が複雑になったり，ステップを踏んで計算したほうがよかったりする場合はその解き方でもよいでしょう。

模範解答

分流より，$42 : I_2 : I_3 = \frac{1}{100} : \frac{1}{300} : \frac{1}{700} = 21 : 7 : 3$。よって，$I_2 = 14$〔mA〕，$I_3 = 6$〔mA〕。

別　解

抵抗に加わる電圧は，オームの法則より，$100 \times 42 = 4200$〔mV〕。よって，それぞれの電流の大きさは，オームの法則より，$I_2 = \frac{4200}{300} = 14$〔mA〕，$I_3 = \frac{4200}{700} = 6$〔mA〕。

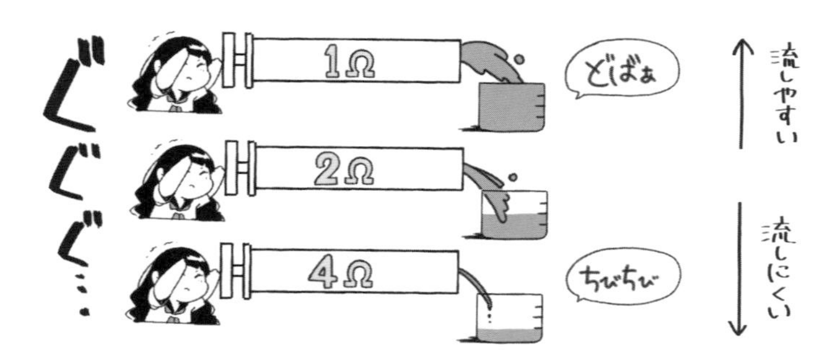

練習問題 3.3.1

200 Ω と 100 Ω の抵抗が並列に接続されている。200 Ω の抵抗に 10 mA 流れているとき，100 Ω の抵抗に流れている電流を求めなさい。

練習問題 3.3.2

抵抗 R_1，R_2 が並列に接続されており，R_1 には 50 mA，R_2 には 70 mA 流れている。R_1 の大きさが 350 Ω であるとき，R_2 の大きさを求めなさい。

練習問題 3.3.3

100 Ω と 400 Ω の抵抗が並列に接続されている。100 Ω の抵抗に 0.2 A の電流が流れているとき，全体の電流を求めなさい。

練習問題 3.3.4

抵抗 R_1，R_2，R_3 が並列に接続されており，それぞれ 40 mA，30 mA，90 mA の電流が流れている。R_1 の大きさが 180 Ω であるとき，R_2，R_3 の大きさを求めなさい。

例題 3.4：分流 (2)

抵抗 $R_1 = 60$〔Ω〕，$R_2 = 40$〔Ω〕，$R_3 = 24$〔Ω〕が並列に接続されている。全体の電流が 0.1 A であるとき，R_1，R_2，R_3 それぞれに流れる電流 I_1，I_2，I_3 を求めなさい。

解き方

分流より，$I_1 : I_2 : I_3 = \frac{1}{60} : \frac{1}{40} : \frac{1}{24}$ です。右辺を分母の最小公倍数 120 をかけて簡単にすると，2 : 3 : 5 です。$I_1 + I_2 + I_3 = 0.1$〔A〕ですから，0.1 A をこの比で配分します。

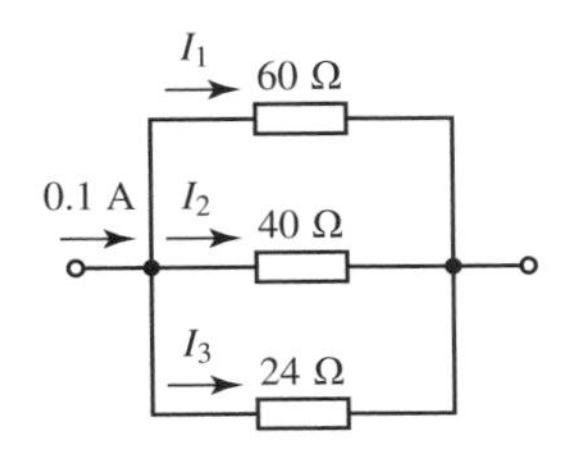

$I_1 = \frac{2}{2+3+5} \times 0.1 = \frac{2}{10} \times 0.1 = \mathbf{0.02}$〔A〕(20 mA)，$I_2 = \frac{3}{2+3+5} \times 0.1 = \frac{3}{10} \times 0.1 = \mathbf{0.03}$〔A〕(30 mA)，$I_3 = \frac{5}{2+3+5} \times 0.1 = \frac{5}{10} \times 0.1 = \mathbf{0.05}$〔A〕(50 mA)。

模範解答

分流より，$I_1 : I_2 : I_3 = \frac{1}{60} : \frac{1}{40} : \frac{1}{24} = 2 : 3 : 5$。よって，$I_1 = \frac{2}{2+3+5} \times 0.1 = 0.02$〔A〕，$I_2 = \frac{3}{2+3+5} \times 0.1 = 0.03$〔A〕，$I_3 = \frac{5}{2+3+5} = 0.05$〔A〕。

別　解

合成抵抗を R とすると，$\frac{1}{R} = \frac{1}{60} + \frac{1}{40} + \frac{1}{24} = \frac{1}{12}$ より，$R = 12$〔Ω〕。加わっている電圧は，オームの法則より，$12 \times 0.1 = 1.2$〔V〕。よって，求める電圧は，オームの法則より，$I_1 = \frac{1.2}{60} = 0.02$〔A〕，$I_2 = \frac{1.2}{40} = 0.03$〔A〕，$I_3 = \frac{1.2}{24} = 0.05$〔A〕。

練習問題 3.4.1

抵抗 $R_1 = 260$〔Ω〕，$R_2 = 120$〔Ω〕が並列に接続されており，これらに流れる電流の合計は 0.19 A である。R_1，R_2 それぞれに流れる電流 I_1，I_2 を求めなさい。

練習問題 3.4.2

抵抗 R_1，R_2 が並列に接続されており，これらに流れる電流の合計は I である。R_1，R_2 それぞれに流れる電流 I_1，I_2 を求めなさい。

練習問題 3.4.3

抵抗 R_1，R_2 が並列に接続されており，それぞれ 26 mA，39 mA の電流が流れている。2 つの抵抗の合成抵抗が 12 Ω であるとき，R_1，R_2 の大きさを求めなさい。

例題 3.5：簡単な回路を解く (3)

図の回路について答えなさい。

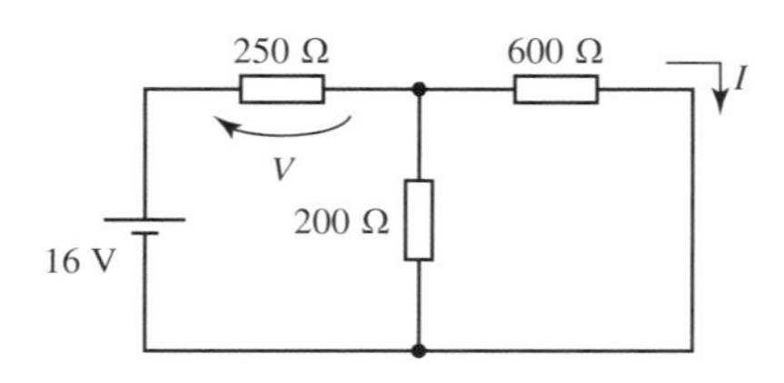

(1) 電源から見た合成抵抗を求めなさい。

(2) 電圧 V を求めなさい。

(3) 電流 I を求めなさい。

解き方

オームの法則がただちに適用できない回路を解く場面があります。そのときは，分圧・分流・合成抵抗を駆使して解いていきます。本問では，どの抵抗についても，その抵抗値・電圧・電流のうち 2 つがわかっているものはありません。

問題に従って解いていきましょう。**(1)** について，合成抵抗ならばただちに求められます。600 Ω と 200 Ω の抵抗が並列に接続され，それに 250 Ω の抵抗が直列に接続されています。ですから，並列部分は $\frac{600 \times 200}{600+200} = 150$〔Ω〕で，それに直列の 250 Ω を加えて $250 + 150 = \mathbf{400}$〔**Ω**〕です。

(2) では，本問の回路が 250 Ω と 150 Ω（600 Ω と 200 Ω の並列合成）の抵抗が直列接続されていることから，分圧が使えます。全体 400 Ω のうち 250 Ω に加わる電圧なので，$V = \frac{250}{400} \times 16 = \mathbf{10}$〔**V**〕。

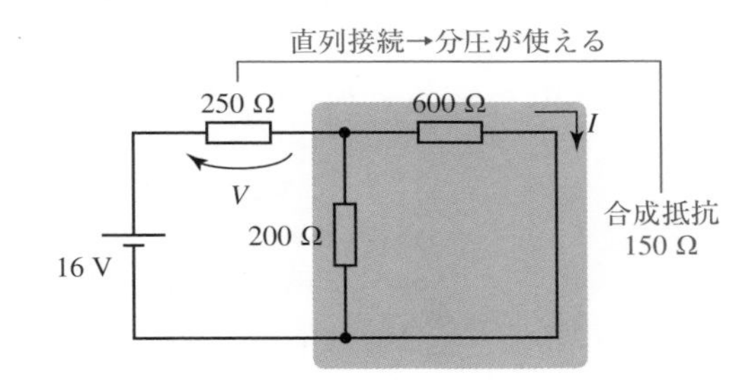

(3) は，600 Ω の抵抗に加わる電圧がわかればオームの法則で I が求められます。これは，電圧の性質より，(2) で求めた V の値を用いて $16 - 10 = 6$〔V〕です。よって，オームの法則より $I = \frac{6}{600} = \mathbf{0.01}$〔**A**〕と求められます。

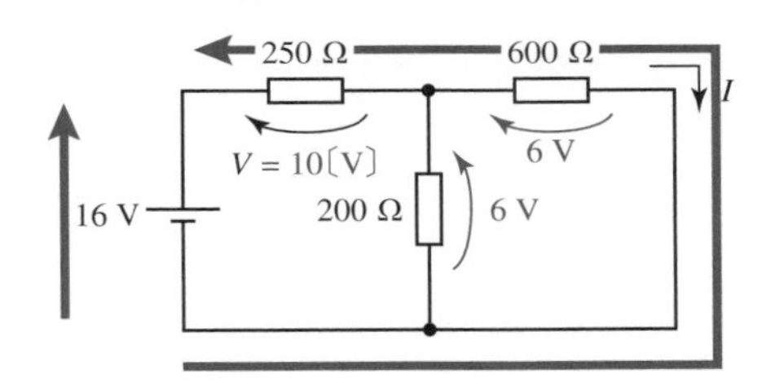

(2) 以降は次のようにも解けます（あとに示す別解）。

(2) は，250 Ω の抵抗に流れる電流がわかれば V が求められます。(1) で合成抵抗を求めたことで，本問の回路は 16 V の電源に 400 Ω の抵抗が接続されている状況と同じですから，電源から供給される電流として 250 Ω の抵抗に流れる電流がオームの法則より $\frac{16}{400} = 0.04$〔A〕と求められ，$V = 250 \times 0.04 = 10$〔V〕と求められます。

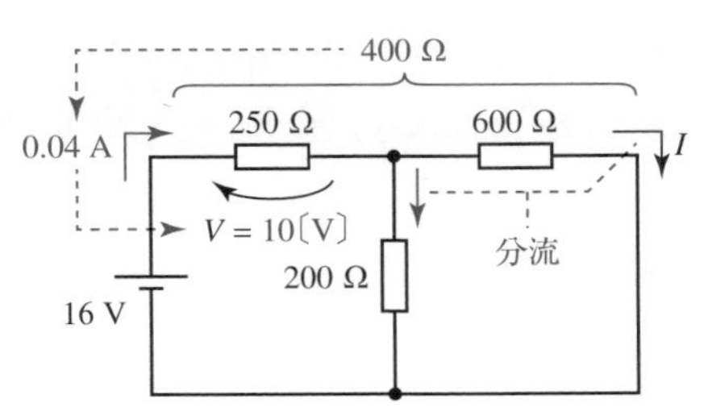

(3) の I は，(2) の途中で求めた 0.04 A が 600 Ω と 200 Ω の抵抗に分流していると考えて求めます。電流の比は，$\frac{1}{600} : \frac{1}{200} = 1 : 3$ です。よって，$\frac{1}{1+3} \times 0.04 =$ 0.01〔A〕。

模範解答

(1) $250+\frac{600\times200}{600+200}=250+150=400$〔Ω〕。**(2)** 分圧より，$\frac{250}{400}\times16=10$〔V〕。**(3)** 600 Ω の抵抗には，$16-10=6$〔V〕が加わっているから，オームの法則より $\frac{6}{600}=0.01$〔A〕。

別　解

(2) 電源から流れている電流は，オームの法則より $\frac{16}{400}=0.04$〔A〕。250 Ω の抵抗について，オームの法則より，$V=250\times0.04=10$〔V〕。**(3)** 分流より 600 Ω と 200 Ω の抵抗には $\frac{1}{600}:\frac{1}{200}=1:3$ で電流が流れる。全体の電流が 0.04 A だから，$I=\frac{1}{1+3}\times0.04=0.01$〔A〕。

練習問題 3.5.1

図の回路について答えなさい。

(1) 電源から見た合成抵抗を求めなさい。

(2) 電流 I_1 を求めなさい。

(3) 電圧 V_1 を求めなさい。

(4) 電圧 V_2 を求めなさい。

(5) 電流 I_2 を求めなさい。

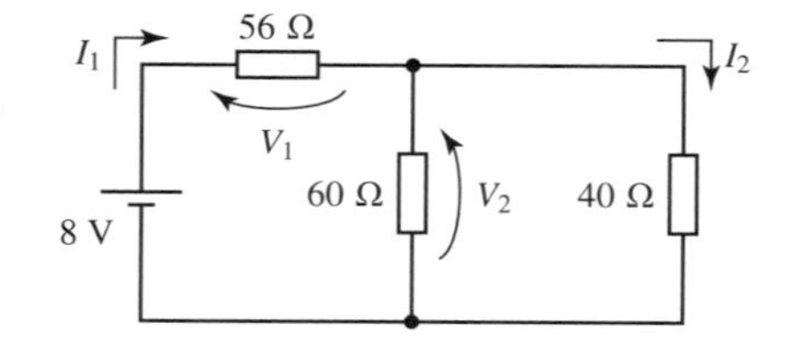

練習問題 3.5.2

図の回路について答えなさい。

(1) 電源から見た合成抵抗を求めなさい。

(2) 電流 I_1 を求めなさい。

(3) 電圧 V を求めなさい。

(4) 電流 I_2 を求めなさい。

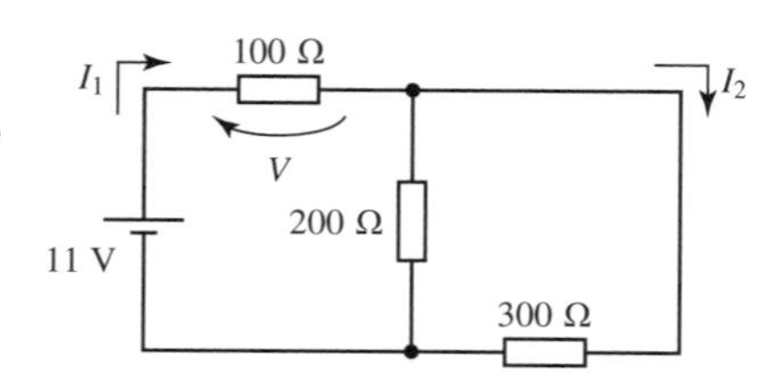

練習問題の解答

●練習問題 3.1.1（解答）●

求める電圧を V とすると，分圧より，$3:V=15:60$。よって $15V=3\times60$，$V=$ **12**〔**V**〕。

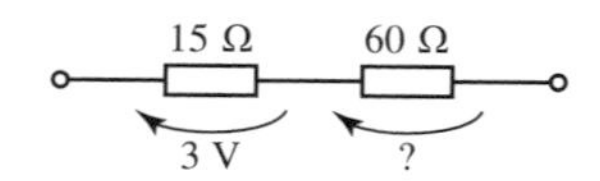

別　解　流れている電流は，オームの法則より $\frac{3}{15} = 0.2$〔A〕。60 Ω の抵抗について，オームの法則より $60 \times 0.2 = 12$〔V〕。

解　説　比の性質「$a : b = c : d$ のとき $ad = bc$」を使っています。

●練習問題 3.1.2（解答）●

分圧より，$4 : 7 = 600 : R_2$。よって $4R_2 = 7 \times 600$，$R_2 =$ **1050〔Ω〕**（1.05 kΩ）。

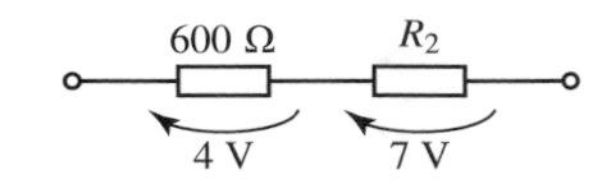

別　解　流れている電流は，オームの法則より $\frac{4}{600} = \frac{2}{300}$〔A〕。これより，オームの法則より $R_2 = \frac{7}{\frac{2}{300}} = 1050$〔Ω〕。

●練習問題 3.1.3（解答）●

210 Ω の抵抗に加わっている電圧を V とすると，分圧より $6 : V = 120 : 210$，$120V = 6 \times 210$，$V = 10.5$〔V〕。よって求める電圧は，$6 + 10.5 =$ **16.5〔V〕**。

別　解　流れている電流は，オームの法則より $\frac{6}{120} = 0.05$〔A〕。合成抵抗は $120 + 210 = 330$〔Ω〕なので，求める電圧は $330 \times 0.05 = 16.5$〔V〕。

解　説　本問では，全体の電圧を求めるよう指示されていますから，210 Ω の抵抗に加わる電圧を求めて，120 Ω に加わる 6 V と足し合わせます。

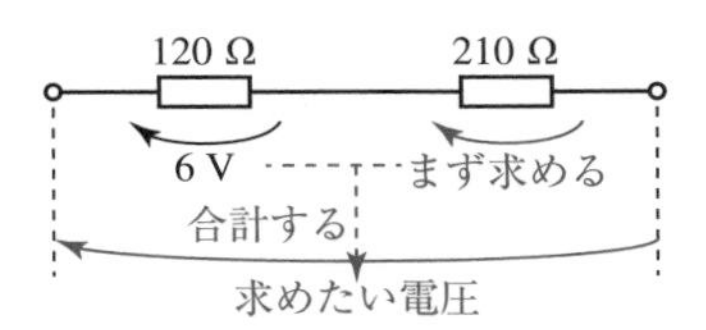

●練習問題 3.2.1（解答）●

分圧より，$18 : 30 = R_1 : R_2$。$R_1 + R_2 = 240$ より，$R_1 = \frac{18}{18+30} \times 240 =$ **90〔Ω〕**，$R_2 = \frac{30}{18+30} \times 240 =$ **150〔Ω〕**。

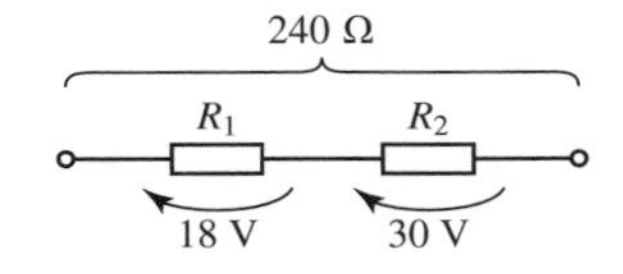

別　解　流れている電流は，オームの法則より，$\frac{18+30}{240} = 0.2$〔A〕。よって，

オームの法則より，$R_1 = \frac{18}{0.2} = 90$〔Ω〕，$R_2 = \frac{30}{0.2} = 150$〔Ω〕。

解　説　求める2つの抵抗値の和が240Ωになりますから，それを分圧を用いて電圧の比18 : 30で配分します。

●練習問題 3.2.2（解答）●

分圧より，$V_1 : V_2 = 420 : 540$。$V_1 + V_2 = 16$ より，$V_1 = \frac{420}{420+540} \times 16 = \mathbf{7}$〔**V**〕，$V_2 = \frac{540}{420+540} \times 16 = \mathbf{9}$〔**V**〕。

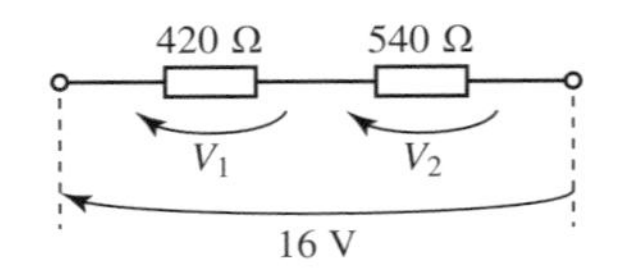

別　解　流れている電流は，オームの法則より，$\frac{16}{420+540} = \frac{1}{60}$〔A〕。よって，オームの法則より，$V_1 = 420 \times \frac{1}{60} = 7$〔V〕，$V_2 = 540 \times \frac{1}{60} = 9$〔V〕。

解　説　求める2つの電圧の和が16Vですから，これを抵抗の比420 : 540で配分します。

●練習問題 3.2.3（解答）●

分圧より，$6 : 3 : 9 = R_1 : R_2 : R_3$。$R_1 + R_2 + R_3 = 600$ より，$R_1 = \frac{6}{6+3+9} \times 600 = \mathbf{200}$〔**Ω**〕，$R_2 = \frac{3}{6+3+9} \times 600 = \mathbf{100}$〔**Ω**〕，$R_3 = \frac{9}{6+3+9} \times 600 = \mathbf{300}$〔**Ω**〕。

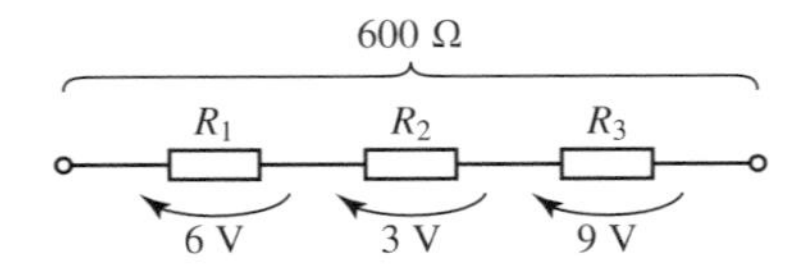

別　解　流れている電流は，オームの法則より，$\frac{6+3+9}{600} = 0.03$〔A〕。よって，$R_1 = \frac{6}{0.03} = 200$〔Ω〕，$R_2 = \frac{3}{0.03} = 100$〔Ω〕，$R_3 = \frac{9}{0.03} = 300$〔Ω〕。

●練習問題 3.3.1（解答）●

求める電流を I とすると，分流より $10 : I = \frac{1}{200} : \frac{1}{100} = 1 : 2$。よって $\boldsymbol{I} = \mathbf{20}$〔**mA**〕。

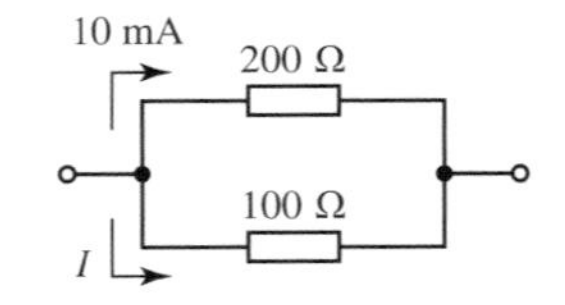

別　解　加わっている電圧は，オームの法則より $10 \times 200 = 2000$〔mV〕。よって求める電流は，オームの法則より，$\frac{2000}{100} = 20$〔mA〕。

●練習問題 3.3.2（解答）●

分流より，$50 : 70 = \frac{1}{350} : \frac{1}{R_2} = R_2 : 350$。よって $70\,R_2 = 50 \times 350$, $R_2 = \mathbf{250}$〔**Ω**〕。

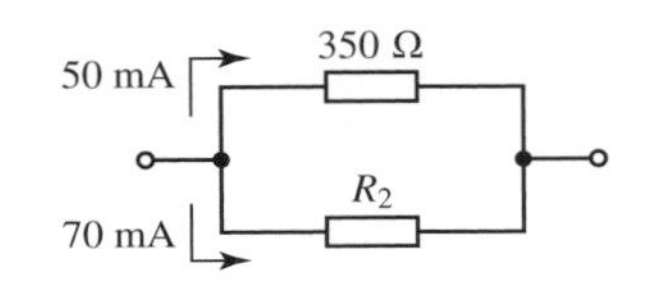

別　解　加わっている電圧は，オームの法則より $50 \times 350 = 17500$〔mV〕。よって，オームの法則より，$R_2 = \frac{17500}{70} = 250$〔Ω〕。

解　説　$\frac{1}{350} : \frac{1}{R_2}$ に対して，$350\,R_2$ をかけて $R_2 : 350$ にしています。2 項のみの比例式は，分数と未知数が現れていても簡単な比に直すのは容易です。

●練習問題 3.3.3（解答）●

400 Ω の抵抗に流れる電流を I とすると，分流より，$0.2 : I = \frac{1}{100} : \frac{1}{400} = 4 : 1$。$4I = 0.2$ より，$I = 0.05$〔A〕。よって全体の電流は，$0.2 + 0.05 = \mathbf{0.25}$〔**A**〕。

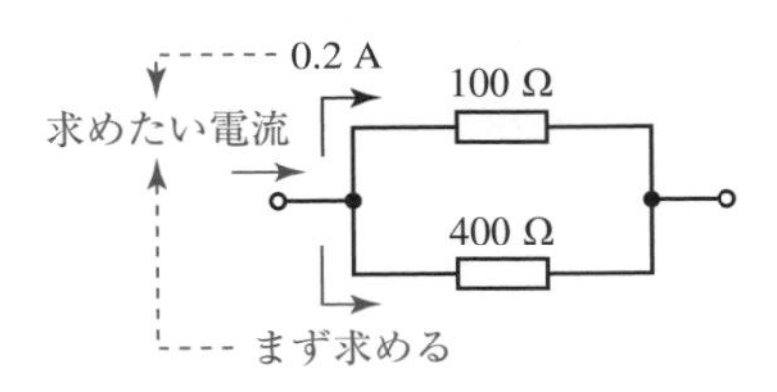

別　解　加わっている電圧は，オームの法則より $100 \times 0.2 = 20$〔V〕。400 Ω の抵抗には，オームの法則より $\frac{20}{400} = 0.05$〔A〕流れているから，全体の電流は，$0.2 + 0.05 = 0.25$〔A〕。

解　説　本問では，全体の電流を求めるよう指示されていますから，まず 400 Ω の抵抗に流れる電流を求めて，100 Ω の抵抗に流れる 0.2 A と合計します。

●練習問題 3.3.4（解答）●

分流より，$40:30:90=\frac{1}{180}:\frac{1}{R_2}:\frac{1}{R_3}$，これは $\frac{1}{40}:\frac{1}{30}:\frac{1}{90}=9:12:4=180:R_2:R_3$ と整理できる。よって，$R_2=\mathbf{240}$〔Ω〕，$R_3=\mathbf{80}$〔Ω〕。

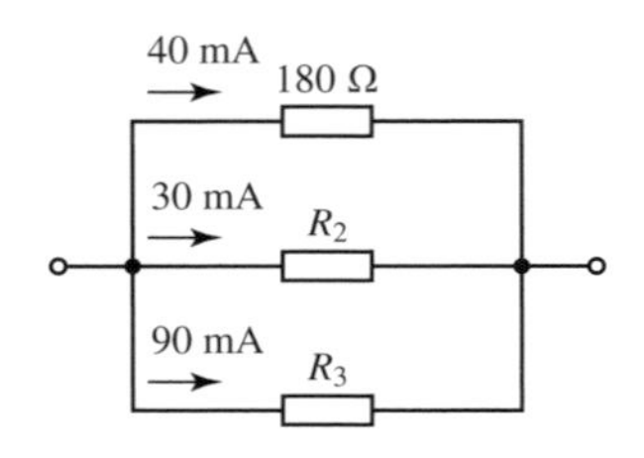

別　解　加わっている電圧は，オームの法則より $180\times40=7200$〔mV〕。よって，オームの法則より，$R_2=\frac{7200}{30}=240$〔Ω〕，$R_3=\frac{7200}{90}=80$〔Ω〕。

解　説　$a:b:c=p:q:r$ であれば，$\frac{1}{a}:\frac{1}{b}:\frac{1}{c}=\frac{1}{p}:\frac{1}{q}:\frac{1}{r}$ です。本問では，$\frac{1}{180}:\frac{1}{R_2}:\frac{1}{R_3}$ に分母の最小公倍数 $180R_2R_3$ をかけて整理すると，$R_2R_3:180R_3:180R_2$ と求めにくい形になってしまいます。模範解答のように比例式の各項の逆数を求めるわけですが，これに考え至らなかったら別解のように電圧から求めましょう。

●練習問題 3.4.1（解答）●

分流より，$I_1:I_2=\frac{1}{260}:\frac{1}{120}=6:13$。$I_1+I_2=0.19$〔A〕より，$I_1=\frac{6}{6+13}\times0.19=\mathbf{0.06}$〔A〕(60 mA)，$I_2=\frac{13}{6+13}\times0.19=\mathbf{0.13}$〔A〕。

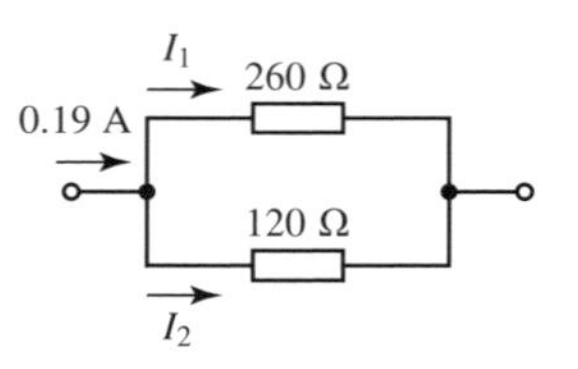

別　解　合成抵抗は，$\frac{260\times120}{260+120}=\frac{1560}{19}$〔Ω〕。オームの法則より，加わっている電圧は $\frac{1560}{19}\times0.19=15.6$〔V〕，よってオームの法則より，$I_1=\frac{15.6}{260}=0.06$〔A〕，$I_2=\frac{15.6}{120}=0.13$〔A〕。

●練習問題 3.4.2（解答）●

分流より，$I_1:I_2=\frac{1}{R_1}:\frac{1}{R_2}=R_2:R_1$。$I_1+I_2=I$ より，$I_1=\boldsymbol{\frac{R_2}{R_1+R_2}I}$，$I_2=\boldsymbol{\frac{R_1}{R_1+R_2}I}$。

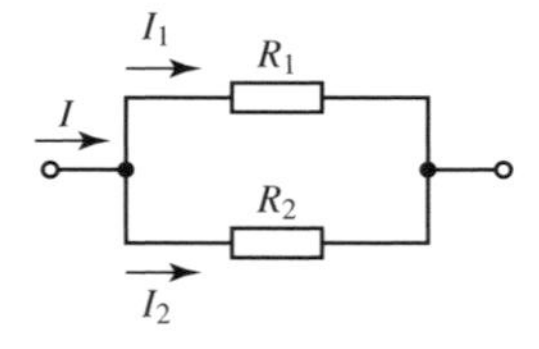

別　解　合成抵抗は，$\frac{R_1R_2}{R_1+R_2}$。オームの法則より，加わっている電圧は，$\frac{R_1R_2}{R_1+R_2}I$，よって，オームの法則より，$I_1 = \frac{R_1R_2}{R_1+R_2}I \times \frac{1}{R_1} = \frac{R_2}{R_1+R_2}I$，$I_2 = \frac{R_1R_2}{R_1+R_2}I \times \frac{1}{R_2} = \frac{R_1}{R_1+R_2}I$。

解　説　分流による電流の配分を文字式で解いています。ここで，R_1に流れる電流の分子にはR_2があり，R_2に流れる電流の分子にはR_1があることに注意してください。分圧と混同して$I_1 = \frac{R_1}{R_1+R_2}I$のように書き出してしまいがちです。原則に従って計算しましょう。

●練習問題 3.4.3（解答）●

分流より，$26 : 39 = \frac{1}{R_1} : \frac{1}{R_2}$。合成抵抗について，$\frac{1}{R_1}+\frac{1}{R_2} = \frac{1}{12}$だから，$\frac{1}{R_1} = \frac{26}{26+39} \times \frac{1}{12} = \frac{1}{30}$より$R_1$ $=$ **30〔Ω〕**，$\frac{1}{R_2} = \frac{39}{26+39} \times \frac{1}{12} = \frac{1}{20}$より$R_2 =$ **20〔Ω〕**。

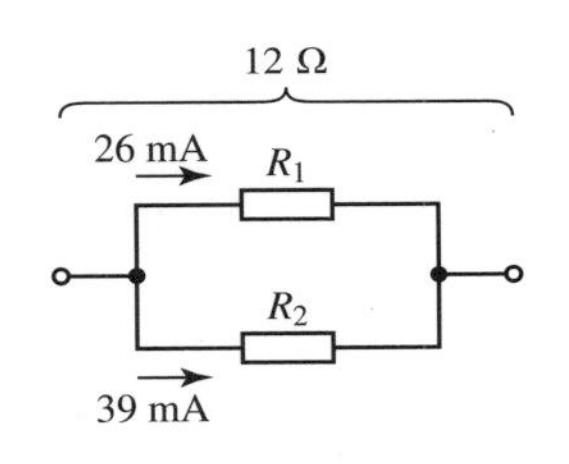

別　解　全体の電流は$26+39 = 65$〔mA〕だから，加わっている電圧はオームの法則より$12 \times 65 = 780$〔mV〕。よって，オームの法則より，$R_1 = \frac{780}{26} = 30$〔Ω〕，$R_2 = \frac{780}{39} = 20$〔Ω〕。

解　説　本問では合成抵抗がわかっていますが，並列合成抵抗は単なる和ではないので，ただちに配分できません。ですが，抵抗値の逆数は和になるので，これが配分に使えます。合成抵抗の逆数$\frac{1}{12}$を，$\frac{1}{R_1}$と$\frac{1}{R_2}$に$26 : 39$で配分します。別解のほうがわかりやすいかもしれません。

●練習問題 3.5.1（解答）●

(1) $\frac{60 \times 40}{60+40}+56 =$ **80〔Ω〕**。(2) オームの法則より，$I_1 = \frac{8}{80} =$ **0.1〔A〕**。(3) オームの法則より，$V_1 = 56 \times 0.1 =$ **5.6〔V〕**。(4) $V_2 = 8 - V_1 =$ **2.4〔V〕**。(5) 40 Ω の抵抗にも 2.4 V 加わっているから，$\frac{2.4}{40} =$ **0.06〔A〕**（60 mA）。

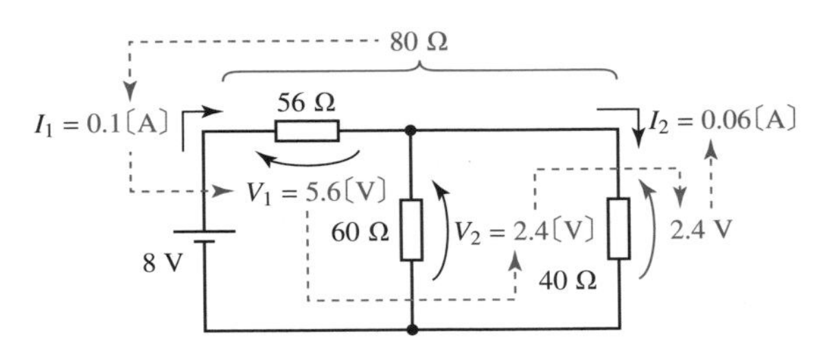

解　説　(1) 60 Ω と 40 Ω の並列部分 $\frac{40\times60}{40+60}$〔Ω〕に 56 Ω が直列に接続されています。

復習しよう　複雑な合成抵抗（p. 30），電圧は計算経路によらない（p. 15），電圧は加算できる（p. 15）

●練習問題 3.5.2（解答）●

(1) $\frac{200\times300}{200+300}+100=$ **220**〔**Ω**〕。(2) オームの法則より，$I_1=\frac{11}{220}=$ **0.05**〔**A**〕（50 mA）。(3) オームの法則より，$V=100\times0.05=$ **5**〔**V**〕。(4) 300 Ω の抵抗に加わる電圧は $11-5=6$〔V〕なので，$I_2=\frac{6}{300}=$ **0.02**〔**A**〕（20 mA）。

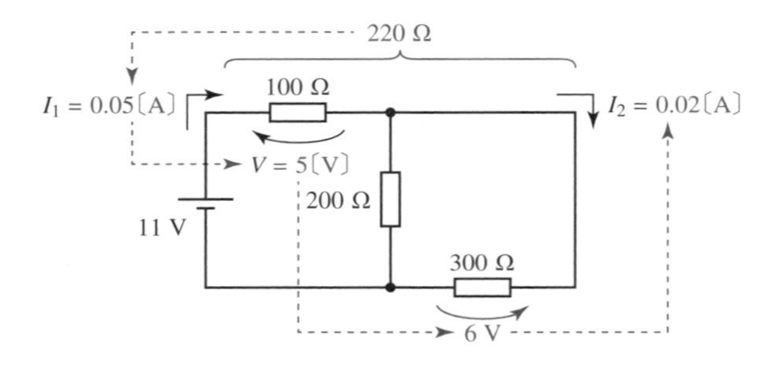

別　解　(4) $I_1=0.05$〔A〕が，200 Ω と 300 Ω の抵抗で $\frac{1}{200}:\frac{1}{300}=3:2$ に分流するから，$I_2=\frac{2}{3+2}\times0.05=0.02$〔A〕。

解　説　(1) 200 Ω と 300 Ω の並列部分 $\frac{200\times300}{200+300}$〔Ω〕に 100 Ω が直列に接続されています。

復習しよう　複雑な合成抵抗（p. 30），電圧は加算できる（p. 15）

第4章

分圧・分流の応用

分圧と分流は，複雑な回路を効率よく計算するのに欠かせません。また，回路を設計する多くの場面でも活かされます。分圧においては，**それぞれの抵抗値と電圧の関係だけでなく，全体の電圧や合成抵抗が関わってくる**単純でない場合でも，ステップを踏んだり方程式を活用したりして解けるよう訓練しましょう。同様に，分流においても，**それぞれの抵抗値と電流の関係だけでなく，全体の電流や合成抵抗が関わってくる**場合に対応できるよう，演習を積みましょう。

本章の内容のまとめ

電圧計と内部抵抗　電圧計は，測定したい部分に**並列に**接続する。理想的には電圧計は開放（何も接続しない）に置き換える（抵抗無限大とみなす）。厳密に考えるときは，大きな値の内部抵抗があると考える（大きな値の抵抗に置き換える）。

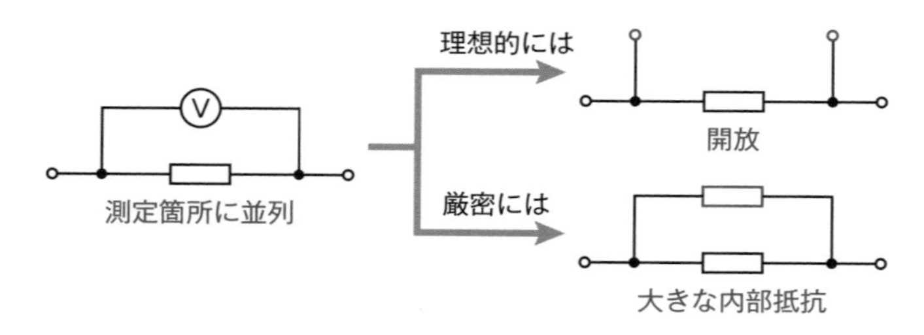

電流計と内部抵抗　電流計は，測定したい部分に**直列に**挿入する。理想的には電流計は短絡（そのまま接続）に置き換える（抵抗ゼロとみなす）。厳密に考えるときは，小さな値の**内部抵抗**があると考える（小さな値の抵抗に置き換える）。

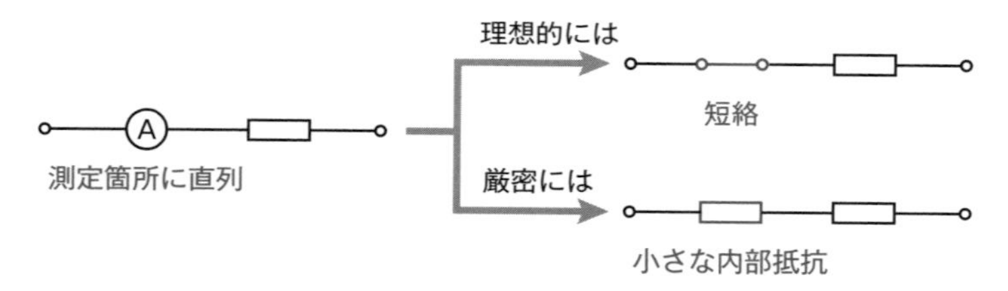

倍率器　電圧計に**直列に**抵抗を接続すると測定範囲を広げられる。たとえば，電圧計に，その内部抵抗の 9 倍の抵抗を直列接続して測定すると，分圧により電圧計の読みは測定箇所の電圧の 10 分の 1 になる。つまり，電圧計の読みを 10 倍すれば測定したい箇所の電圧になっている（測定範囲が 10 倍になっている）。

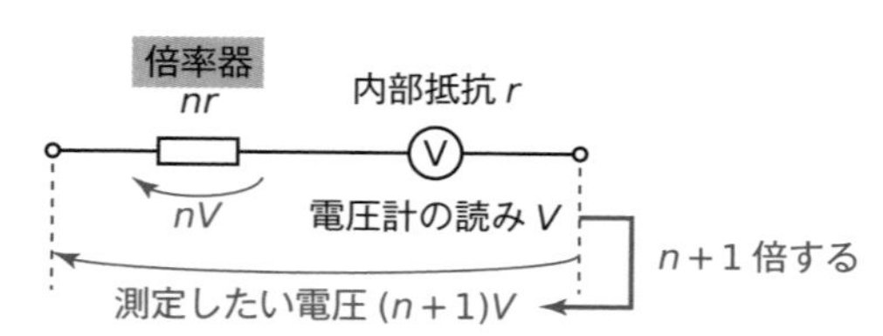

分流器（ぶんりゅうき）　電流計に**並列に**抵抗を接続すると測定範囲を広げられる。たとえば，電流計に，その内部抵抗の9分の1の抵抗を並列接続して測定すると，分流により電流計の読みは測定箇所の電流の10分の1になる。つまり，電流計の読みを10倍すれば測定したい箇所の電流になっている（測定範囲が10倍になっている）。

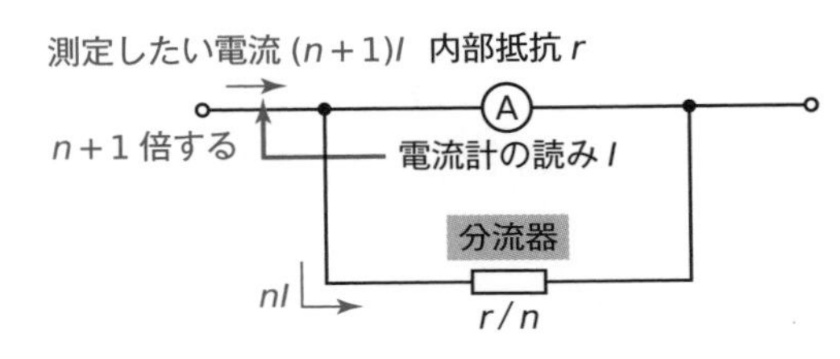

電源の内部抵抗　現実の電源は，接続した**負荷**（ふか）（電気エネルギーを消費するもの，抵抗など）によって端子間電圧が変わる。また，短絡しても無限に電流を取り出せるわけではない。電圧源では，これを理想的な電圧源に直列に接続された**内部抵抗**としてモデル化する。

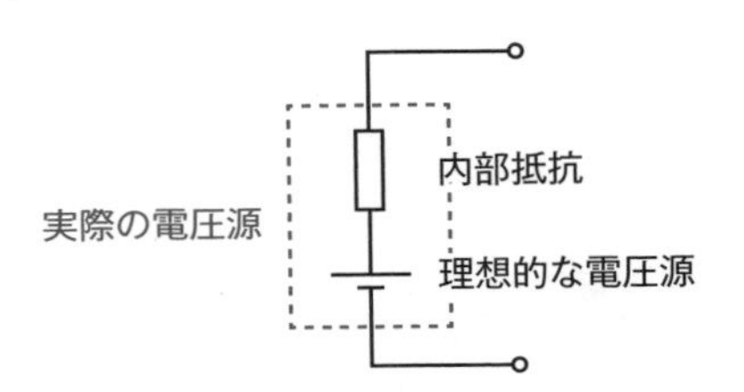

電流源　一定の電圧を回路に加える電圧源に対し，一定の電流を回路に流す**電流源**がある。電圧源は一定の電圧を回路に加えるが，流す電流は変化する。電流源は一定の電流を回路に流すが，その両端の電圧は変化する。

例題 4.1：倍率器

図のように，内部抵抗が r である電圧計に直列に抵抗 R（倍率器）を接続して測定範囲を 20 倍にしたい。

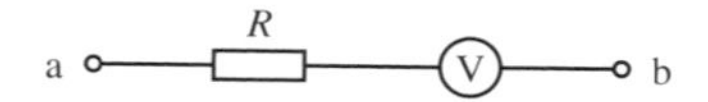

(1) R を適切に設定できたとして，a-b 間を測定したい箇所に接続して電圧を測定したら，電圧計が 5 V を示した。このときの a-b 間の電圧 V_{ab} を求めなさい。

(2) R が適切に設定されているとき，電圧計に加わる電圧（電圧計の読み）を V として，V_{ab} を V の式で表しなさい。

(3) (2) と同じ条件において，抵抗 R に加わる電圧を V の式で表しなさい。

(4) 電圧計の測定範囲を 20 倍にするための R を，r の式で表しなさい。

解き方

倍率器は電圧計の測定範囲を広げるために直列に接続する抵抗です。分圧を使って，測定したい全体の電圧の一部だけが電圧計に加わるようにし，電圧計が示した電圧から全体の電圧を逆算します。

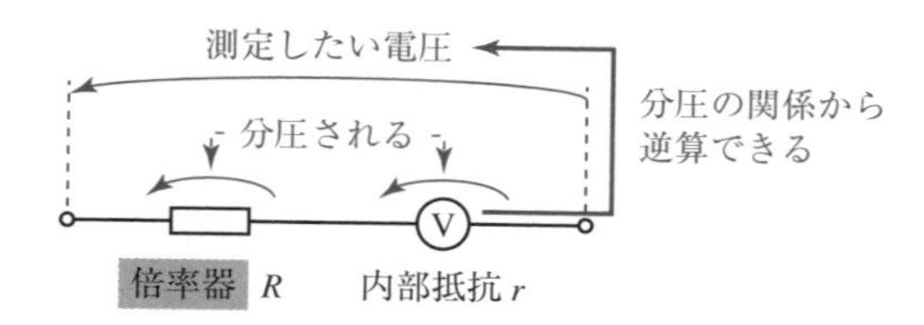

問題の指示に従って解いていきます。

(1) は，R が適切に設定できているということは，測定範囲が 20 倍になっているということです。ですので，$V_{\mathrm{ab}} = 5 \times 20 = \mathbf{100}$〔**V**〕。

(2) は，(1) の状況を一般化します。それは，電圧計の読み V の 20 倍が a-b 間の電圧になるということですから，$V_{\mathrm{ab}} = \mathbf{20}\boldsymbol{V}$ です。

(3) は，抵抗 R に加わる電圧は V_{ab} から V を引いた残りですから，求める電圧を V_R とすると，$V_R = V_{\mathrm{ab}} - V = 20V - V = \mathbf{19}\boldsymbol{V}$。

(4) は，(2)(3) の答えと分圧より，$V_R : V = 19 : 1 = R : r$ です。よって，$\boldsymbol{R} = \mathbf{19}\boldsymbol{r}$。

すなわち，本問の設定では，倍率器として電圧計の内部抵抗の 19 倍の抵抗を直列に接続すれば，もとの電圧計が 20 倍の範囲まで測れるようになるということです。ただし，電圧計を読んだら 20 倍しなければなりません。

模範解答

(1) 測定範囲が 20 倍になるから，$V_{ab} = 5 \times 20 = 100$〔V〕。**(2)** $V_{ab} = 20V$。**(3)** $V_{ab} - V = 20V - V = 19V$。**(4)** 分圧より，$19V : V = R : r$ になるから，$R = 19r$。

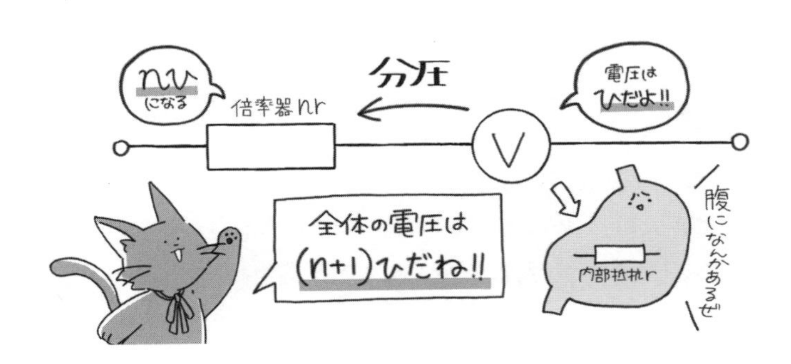

練習問題 4.1.1

図のように，内部抵抗が r である電圧計に直列に抵抗（倍率器）R を接続した。

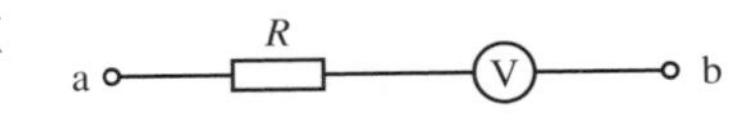

(1) 電圧計が v を示しているとき，a-b 間の電圧 V_{ab} を v，r，R の式で表しなさい。

(2) $r = 5$〔kΩ〕のとき，電圧計の読みを 10 倍すると V_{ab} が求められるように，抵抗 R の大きさを定めなさい。

練習問題 4.1.2

図のように，内部抵抗が r である電圧計に抵抗（倍率器）R を接続し，測定範囲を広げたい。

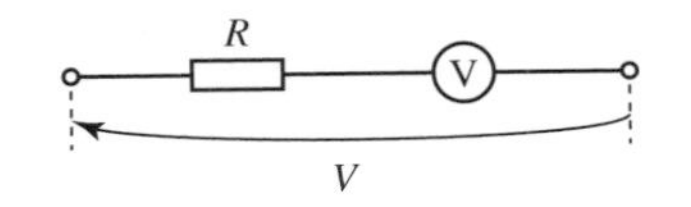

(1) 測定範囲を n 倍したいときに定めるべき R を，r と n の式で表しなさい。

(2) r が 5 kΩ，R が 20 kΩ のとき，電圧計は 3 V を指した。これをもとに測定できたことになる電圧 V を求めなさい。

例題 4.2：分流器

図のように，電流計に並列に抵抗 R（分流器）を接続し，測定範囲を 10 倍にしたい。これは，電流 I を電流計と抵抗 R に分けて流し，電流計の読みを 10 倍すれば I の大きさになるように R を定めることである。

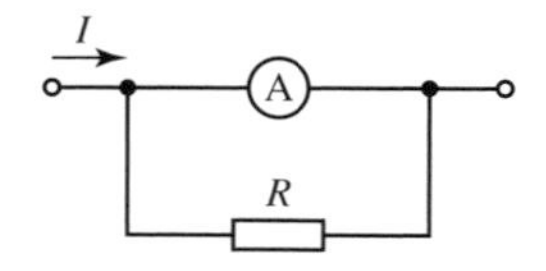

(1) R が適切に定められているとする。I が 1 A のとき，電流計の読みはいくらになると期待されるか。

(2) (1) のとき，抵抗 R に流れている電流を求めなさい。

(3) 電流計の内部抵抗の大きさが 4.5 Ω のとき，抵抗 R の大きさを定めなさい。

解き方

分流器は，電流計の測定範囲を広げるために並列に接続する抵抗です。分流を使って，測定したい全体の電流の一部だけを電流計に流し，電流計が示した電流の大きさから全体の電流を逆算します。電圧計の測定範囲を広げる倍率器が電圧計に直列に接続するものであることとの違いに注意しましょう。

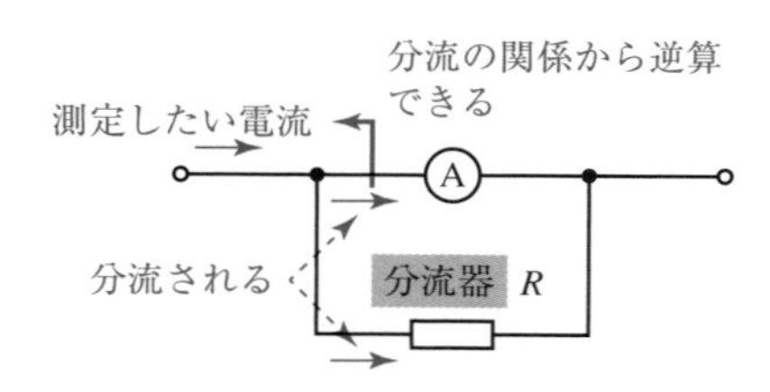

問題の指示に従って解いていきます。

(1) は，電流計の読みの 10 倍が I になるようにしたいのですから，言い換えれば I の 10 分の 1 が電流計に流れることになります。したがって，$1 \times \frac{1}{10} = \mathbf{0.1}$〔**A**〕。

(2) は，I（1 A）が，電流計（0.1 A）と抵抗 R に分かれて流れますから，$1 - 0.1 = \mathbf{0.9}$〔**A**〕。

(3) は，(1)(2) の結果と分流より，$0.1 : 0.9 = \frac{1}{4.5} : \frac{1}{R} = R : 4.5$ です。比の性質から，$0.45 = 0.9R$ ですから，$R = \mathbf{0.5}$〔**Ω**〕。

これより，電流計の内部抵抗の 9 分の 1 の抵抗を並列に接続すると，測定範囲が 10 倍になるということです。このとき，電流計の読みは 10 倍して使います。

模範解答

(1) 電流計の読みを 10 倍すれば $I = 1$〔A〕になるから，求める電流は 0.1 A。

(2) $1 - 0.1 = 0.9$〔A〕。**(3)** 分流より，$0.1 : 0.9 = \frac{1}{4.5} : \frac{1}{R} = R : 4.5$。よって，$R = 0.5$〔Ω〕。

別　解

(3) 加わっている電圧は，$4.5 \times 0.1 = 0.45$〔V〕。オームの法則より，$R = \frac{0.45}{0.9} = 0.5$〔Ω〕。

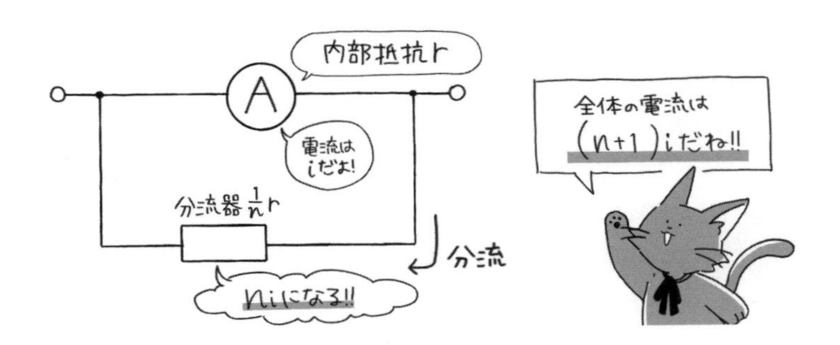

練習問題 4.2.1

図のように，電流計の測定範囲を 30 倍に広げたく，電流計に並列に抵抗 R（分流器）を接続した。

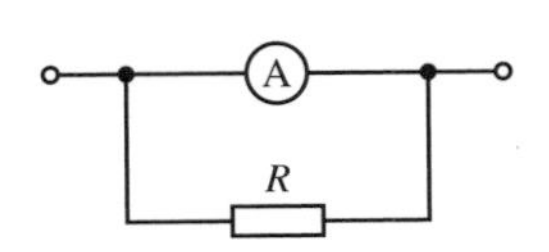

(1) このとき，電流計に流れる電流と，抵抗（分流器）に流れる電流の比はいくらになればよいか。

(2) 定めるべき抵抗 R の大きさを，電流計の内部抵抗 r を用いた式で表しなさい。

練習問題 4.2.2

図のように，内部抵抗が r である電流計に並列に抵抗（分流器）R を接続し，測定範囲を広げたい。

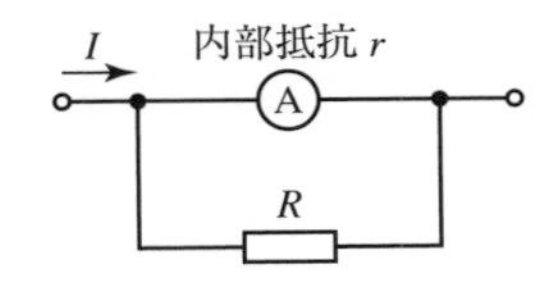

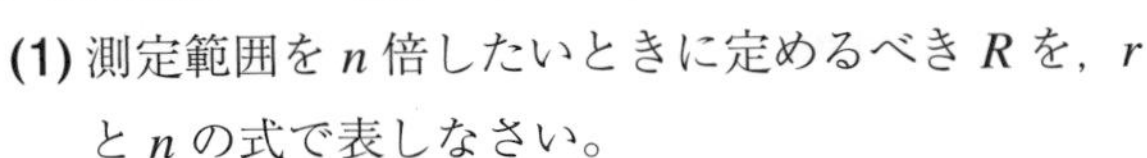

(1) 測定範囲を n 倍したいときに定めるべき R を，r と n の式で表しなさい。

(2) r が 6 Ω，R が 2 Ω のとき，電流計は 50 mA を指した。これをもとに測定できたことになる電流 I を求めなさい。

例題 4.3：電源の内部抵抗

起電力が E〔V〕，内部抵抗が r〔Ω〕である直流電圧源に，① 70 Ω の抵抗を接続したら 0.1 A の電流が流れた。また，② 120 Ω の抵抗を接続したら 60 mA の電流が流れた。

(1) ①・②の状況を表す関係式を作りなさい。

(2) (1) で作った方程式を解いて，E と r を求めなさい。

解き方

一般に，**「電気回路」で扱われる電気回路は理想的**です。現実には，たとえば導線に抵抗があったり，状況によって素子の値が変化したりもします。電源についても同様で，直流電圧源の場合，理想的には短絡（たんらく）すれば無限に電流が流れ，いつでも端子間電圧は起電力と等しくなりますが，現実にはそうではありません。現実の電圧源の振る舞いを考える必要があるときは，**理想的な電圧源に直列に内部抵抗が接続されたもの**として考えます。このモデルで考えると，電源端子を短絡しても内部抵抗の働きで無限に電流が流れることはありませんし，抵抗を接続すると内部抵抗による**電圧降下**のために端子間電圧は起電力より目減りします。

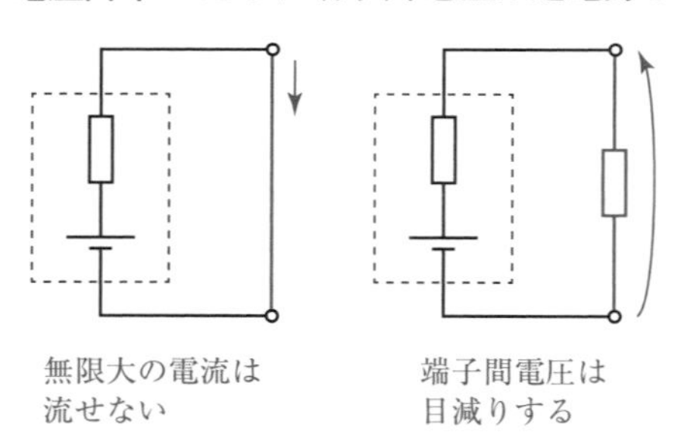

本問は，直流電圧源に内部抵抗があるとして，**起電力**（理想的な電源電圧）と内部抵抗を求めるものです。**(1)** は，①・②それぞれ回路を流れる電流が同じことを用いて電圧の関係の式を作ります。①は 70 Ω の抵抗と内部抵抗 r に加わる電圧の和が E に等しくなるのですから，$E = 0.1r + 0.1 \times 70$ より $\boldsymbol{E = (r + 70) \times 0.1}$ です。同様に，②では $\boldsymbol{E = (r + 120) \times 0.06}$ です（60 mA を 0.06 A に換算しています）。

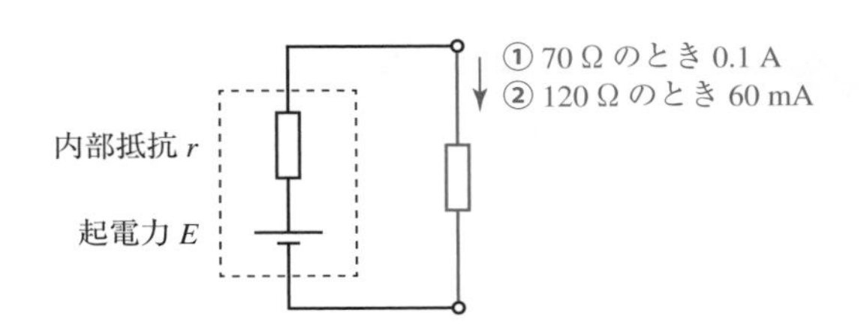

(1) で得られた 2 つの式は，E と r についての連立方程式です。これを解けば E と r が得られ，**(2)** の答えとなります。①・②は一方を他方に代入すれば容易に E が消去できて，$0.1(r+70)=0.06(r+120)$ です。展開して $0.1r+7=0.06r+7.2$，移項して整理すると $0.04r=0.2$ ですから，$r=\mathbf{5}$〔Ω〕が求められます。これを，①・②のいずれの式でもよいので代入すれば（たとえば①に代入すれば），$E=0.1\times(5+70)=\mathbf{7.5}$〔V〕が求められます。

本問の電圧源を考えると，起電力が求めたとおり 7.5 V の理想的な電源ならば，70 Ω の抵抗を接続したときに $\frac{7.5}{70}=0.107...$〔A〕と本問の条件より大きい電流が流れるはずです。電流が目減りしているのは内部抵抗の影響です。また，本問の電圧源は，70 Ω の抵抗を接続したときに加わっている電圧は $70\times0.1=7$〔V〕で，7.5 V よりも内部抵抗の影響で目減りしています。

模範解答

(1) ① $E=0.1(r+70)$，② $E=0.06(r+120)$。**(2)** (1) で作った方程式を解いて，$E=7.5$〔V〕，$r=5$〔Ω〕。

別　解

(1) 流れる電流に注目すると，オームの法則より，①合成抵抗は $70+r$〔Ω〕なので，$\frac{E}{r+70}=0.1$。②合成抵抗は $120+r$〔Ω〕なので，$\frac{E}{r+120}=0.06$。

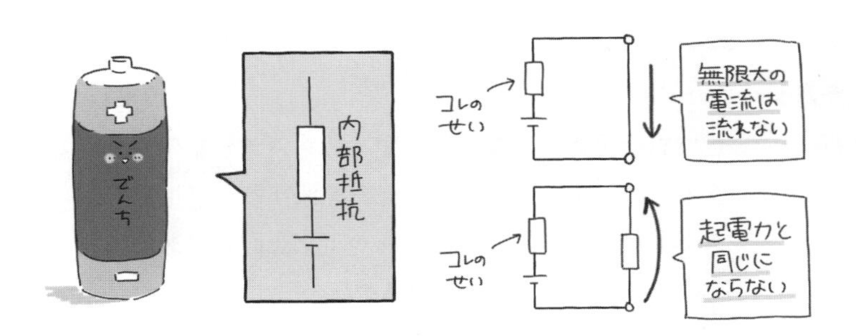

練習問題 4.3.1

内部抵抗がある直流電圧源の開放電圧を測定したら 15 V であった。また，110 Ω の抵抗を接続したところ 125 mA の電流が流れた。

(1) この電源の起電力を求めなさい。

(2) この電源の内部抵抗を求めなさい。

練習問題 4.3.2

図のように，起電力が E〔V〕，内部抵抗が r〔Ω〕である直流電圧源に抵抗を接続し，その大きさをさまざまに変えながら，流れる電流 I〔A〕と抵抗に加わる電圧 V〔V〕を測定した。測定結果として，$V = 90$〔V〕のとき $I = 1$〔A〕，および，$V = 98$〔V〕のとき $I = 0.2$〔A〕が得られた。

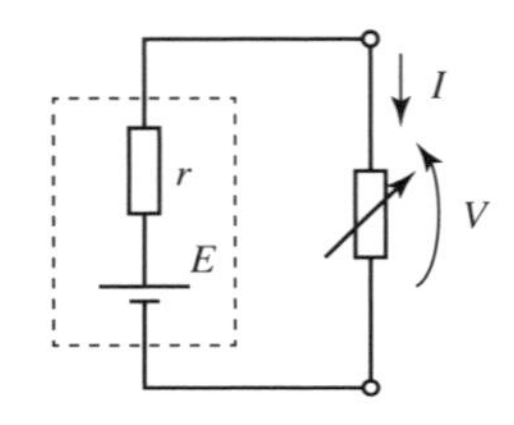

(1) E と r を求めるための連立方程式を作りなさい。

(2) (1) で作った方程式を解いて，E と r の値を求めなさい。

例題 4.4：電流源

500 mA の電流を流す直流電流源に，200 Ω と 300 Ω の抵抗を並列に接続した。

(1) それぞれの抵抗に流れる電流を求めなさい。

(2) 電源の両端の電圧を求めなさい。

解き方

電流源は，**設定された電流を流す電源**です。設定された電圧を加える電圧源と対になる素子です。電流源は，設定された電流を流すために回路に加える電圧が変化します。これも，負荷によって電流が変わる電圧源と対照的です。

本問では，電流源によって回路に 500 mA が流されるのは決まっているので，並列に接続された 200 Ω と 300 Ω の抵抗でこれが分流されることになります。

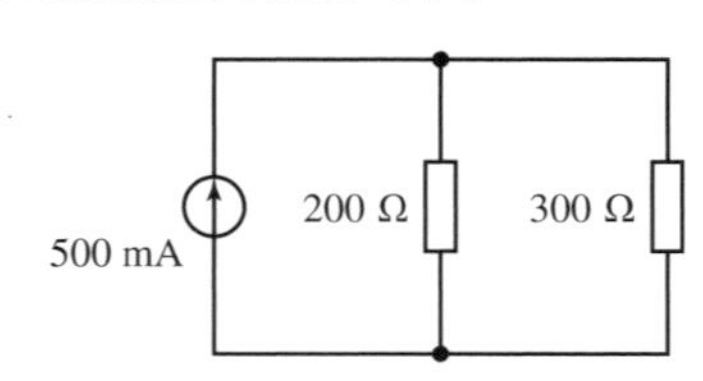

(1) について，200 Ω と 300 Ω の抵抗に流れる電流を I_1，I_2 とおくと，分流より，$I_1 : I_2 = \frac{1}{200} : \frac{1}{300} = 3 : 2$ です。500 mA を 3 : 2 に配分しますから，$I_1 = \frac{3}{3+2} \times 500 =$ **300**〔**mA**〕，$I_2 = \frac{2}{3+2} \times 500 =$ **200**〔**mA**〕。

(2) は，電流源では，電圧源と異なり，回路に加わる電圧が変わるのでこれを求めます。本問では，2 つの並列に接続された抵抗に加わる電圧が電源が加えている電圧になりますから，オームの法則より，$200 \times 0.3 =$ **60**〔**V**〕（300 mA を 0.3 A に換算しています）。

模範解答

(1) 分流より，$\frac{1}{200} : \frac{1}{300} = 3 : 2$ で流れるから，200 Ω の抵抗には，$\frac{3}{3+2} \times 500 = 300$〔mA〕，300 Ω の抵抗には $\frac{2}{3+2} \times 500 = 200$〔mA〕流れる。(2) 抵抗に加わる電圧は，オームの法則より $200 \times 0.3 = 60$〔V〕，これは電源の両端の電圧でもある。

練習問題 4.4.1

70 mA を流す直流電流源に，450 Ω と 600 Ω の抵抗を並列に接続した。

(1) それぞれの抵抗に流れる電流を求めなさい。

(2) 電源の両端の電圧を求めなさい。

練習問題 4.4.2

30 mA を流す直流電流源に，150 Ω と 300 Ω の抵抗を直列に接続した。それぞれの抵抗に加わる電圧を求めなさい。

練習問題の解答

●練習問題 4.1.1（解答）●

(1) 分圧より，$(V_{ab} - v) : v = R : r$。よって $r(V_{ab} - v) = vR$ より，$\boldsymbol{V_{ab} = \frac{R}{r}v + v}$ $\left(\left(\frac{R}{r} + 1\right)v\right)$。(2) $V_{ab} = 10v$ だから，分圧より，$(V_{ab} - v) : v = (10v - v) : v = 9v : v = 9 : 1 = R : 5$。よって，$R =$ **45**〔**kΩ**〕。

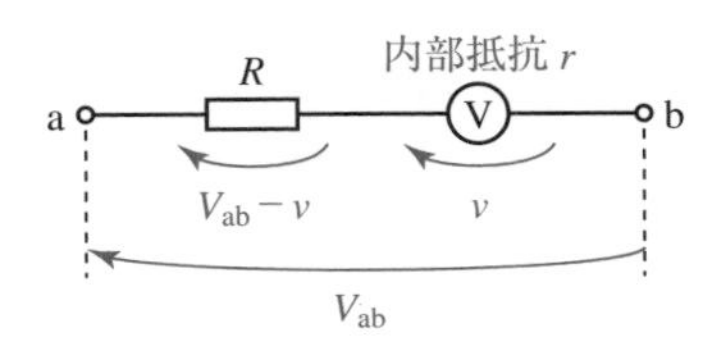

別　解　(1) 流れる電流は，オームの法則より $\frac{v}{r}$。抵抗 R に加わる電圧は，オームの法則より $\frac{v}{r}R$。V_{ab} はこれと v の和になるので，$V_{ab} = \frac{v}{r}R + v$。

解　説　(1) で，抵抗 R に加わる電圧は $V_{ab}-v$ です。これから分圧の式が作れて，V_{ab} が求められます。(2) は，条件から抵抗 R に電圧計の 9 倍の電圧が加わることがわかれば，分圧より $R=9r=45$〔kΩ〕と求められます。

復習しよう　分圧（p. 42），電圧は加算できる（p. 15）

●練習問題 4.1.2（解答）●

(1) 電圧計に加わる電圧（電圧計の読み）を v とすると，$V=nv$。分圧より，$(V-v):v=(n-1)v:v=(n-1):1=R:r$。よって，$\boldsymbol{R=(n-1)r}$。**(2)** (1) の答え $R=(n-1)r$ に，$r=5$〔kΩ〕，$R=20$〔kΩ〕を代入して，$20=(n-1)\times 5$，これを解いて $n=5$。測定範囲は 5 倍になっている。よって，$V=3\times 5=$ **15〔V〕**。

解　説　(1) は抵抗に加わる電圧が $V-v$ になることを使って分圧の式を作ります。(2) は (1) の結果を使って n の値を求めれば，$V=nv$ を使って求められます。

復習しよう　分圧（p. 42）

●練習問題 4.2.1（解答）●

(1) 電流計に流れる電流を i とすると，全体の電流は $30i$ となればよい。このためには抵抗には $30i-i=29i$ 流れればよい。したがって，**1 : 29**。

(2) 分流より，$1:29=\frac{1}{r}:\frac{1}{R}=R:r$。よって，$\boldsymbol{R=\frac{1}{29}r}$。

復習しよう　電流の性質（p. 14），分流（p. 42）

●練習問題 4.2.2（解答）●

(1) 電流計に流れる電流を i とすると，全体の電流は ni で，抵抗には $ni-i=(n-1)i$ 流れる。分流より，$i:(n-1)i=\frac{1}{r}:\frac{1}{R}=R:r$ だから，$\boldsymbol{R=\frac{1}{n-1}r}$。

(2) (1) で求めた式に $r=6$〔Ω〕，$R=2$〔Ω〕を代入すると，$n=4$ だから，電流計の読みを 4 倍すれば I になる。したがって，$I=50\times 4=$ **200〔mA〕**（0.2 A）。

復習しよう　電流の性質（p. 14），分流（p. 42）

●練習問題 4.3.1（解答）●

(1) 開放電圧がそのまま起電力として測定できるから，**15 V**。**(2)** 内部抵抗を r〔Ω〕とすると，$15=(r+110)\times 0.125$，これを解いて，$r=$ **10〔Ω〕**。

解　説　**開放電圧**は，**端子間に何も接続せずに（開放して）測定する電圧**です。**(1)** の開放電圧の測定においては，端子間に電流は流れず，内部抵抗での電圧降下はありませんから（**電流が流れなければ電圧も加わらない**），起電力がそのまま開放電圧として測定できます。**(2)** では，内部抵抗を未知数 r とおいて合成抵抗とオームの法則で方程式を解くのが簡単です。**わからない量は未知数とおいて，わかりやすい関係で方程式を作って解く**戦略を身につけましょう。

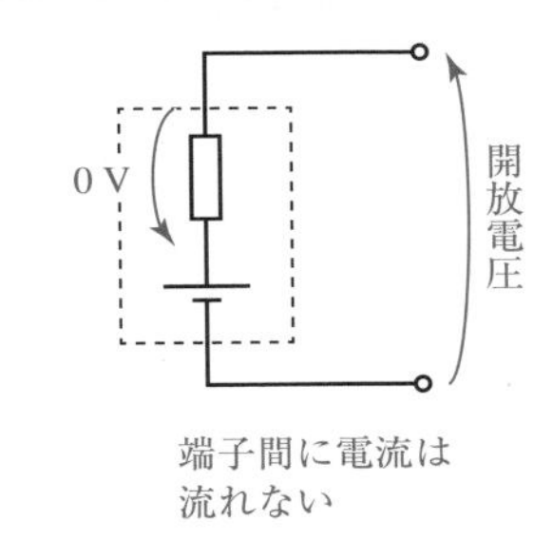

復習しよう　直列合成抵抗（p. 30）

●練習問題 4.3.2（解答）●

(1) $E = 90 + r$，$E = 98 + 0.2r$。**(2)** $E = 100$〔V〕，$r = 10$〔Ω〕。

解　説　問題に現れた図記号は**可変抵抗**です。抵抗値を変化させられる抵抗です。同様に，素子の記号に**斜めの矢印がつくと，その素子の値が可変である**ことを表します。

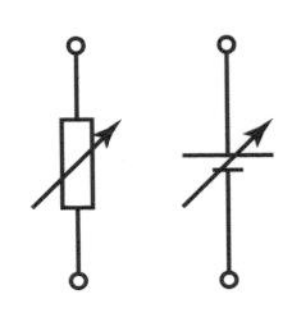

(1) の方程式は，負荷抵抗と内部抵抗に加わる電圧の和が起電力に等しくなることから作れます。負荷抵抗に加わる電圧は，問題文で端子間電圧として与えられています。また，内部抵抗に加わる電圧は，流れる電流からオームの法則で求められます。$I = 1$〔A〕のときは $1 \times r = r$〔V〕，$I = 0.2$〔A〕のときは $0.2 \times r = 0.2r$〔V〕です。**(2)** はまず E を消去すると $90 + r = 98 + 0.2r$ が得られますから，これから r を求め，はじめの式に代入して E を求めます。

復習しよう　電圧は加算できる（p. 15）

●練習問題 4.4.1（解答）●

(1) 分流より，$\frac{1}{450}:\frac{1}{600}=4:3$ で流れるから，450 Ω の抵抗には $\frac{4}{4+3}\times 70=$ **40**〔**mA**〕，600 Ω の抵抗には $\frac{3}{4+3}\times 70=$ **30**〔**mA**〕流れる。**(2)** 抵抗に加わる電圧は，オームの法則より $450\times 0.04=$ **18**〔**V**〕，これは電源の両端の電圧でもある。

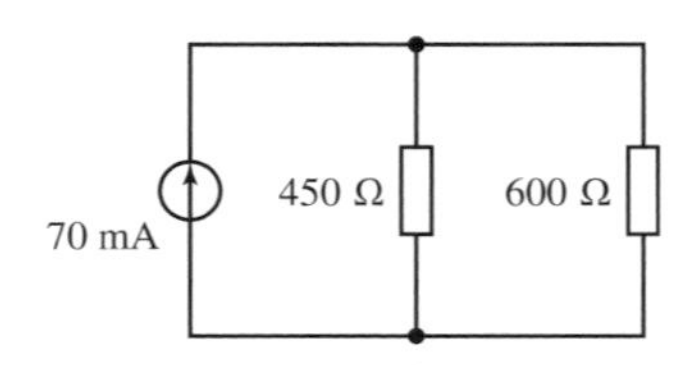

解　説　**(2)** は，600 Ω の抵抗に着目して $600\times 0.03=18$〔V〕と求めてもかまいません。

復習しよう　分流（p. 42），電圧は計算経路によらない（p. 15）

●練習問題 4.4.2（解答）●

いずれの抵抗にも 30 mA が流れているから，オームの法則より，150 Ω の抵抗には $150\times 0.03=$ **4.5**〔**V**〕，300 Ω の抵抗には $300\times 0.03=$ **9**〔**V**〕が加わっている。

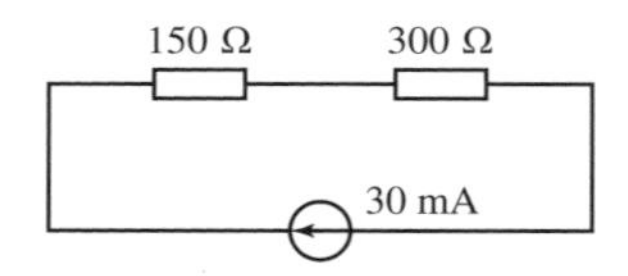

復習しよう　電流の性質（p. 14）

第5章

直流電力

電気回路は，電気エネルギーを熱・光・動力などに変換します。その，**単位時間あたり**に変換（消費）されたエネルギーが**消費電力**（**電力**）です。この電力について見落としやすいのが，**抵抗が同じであれば電流または電圧の2乗に比例して大きくなる**性質です。また，（ある時間の間に）消費されたエネルギーが**電力量**です。電力量は，電力が一定ならば，これに時間を乗じたものです。電力が単位時間あたりの量であることとの違いに注意しましょう。

本章の内容のまとめ

直流電力　抵抗に電圧 V が加わっていて，電流 I が流れているとき，消費されている**電力** P は $P = VI$。電力の単位は，電圧がボルト，電流がアンペアのとき，**ワット**（W）。電力は，**単位時間あたりのエネルギー**と言い換えられる。

電力は電流・電圧の２乗に比例　電力 $P = VI$ に，オームの法則 $V = RI$ を代入すると，$P = I^2R$ と $P = \frac{V^2}{R}$ が得られる。すなわち，抵抗が一定のとき，**電圧・電流に対して，電力はその２乗に比例**する。

最大電力問題　内部抵抗がある直流電源に負荷抵抗を接続したとき，その負荷抵抗で消費される電力は**負荷抵抗が電源の内部抵抗に等しいときに最大**になる。これは，負荷抵抗が小さいときは内部抵抗の働きで大きな電圧が加わらず，負荷抵抗が大きいときは電流が大きくならないためである。

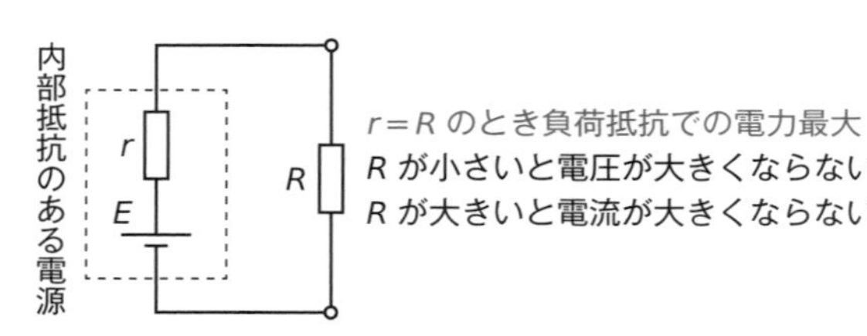

電力量　単位時間あたりのエネルギーである電力に対して，時間を乗じて得られるエネルギーのこと。電力を P，時間を t とすると**電力量** $W = Pt$。単位は，電力がワット，時間が秒のとき，**ワット秒**（W·s）。

例題 5.1：直流電力 (1)

200 Ω の抵抗に 40 mA の電流が流れているときの電力を求めなさい。

解き方

直流電力 P は，電圧 V，電流 I に対して $P = VI$ です。これに，オームの法則を代入して，$P = I^2R$（$V = RI$ を代入した V がない形），$P = \frac{V^2}{R}$（$I = \frac{V}{R}$ を代入した I がない形）もよく使われます。本問では，抵抗と電流が与えられているので，$P = I^2R$ を使うのが最適です。

40 mA は 0.04 A ですから，電力は，$0.04^2 \times 200 =$ **0.32**〔**W**〕。単位の**ワット**（**W**）にも注意してください。この単位記号は大文字で書きます。

本問において，電流の単位をミリアンペアで計算する場合は単位に注意しましょう。この場合，$40^2 \times 200 = 320000$〔μW〕（マイクロワット）になります。10^{-3} の接頭語ミリを 2 回乗じていますから，SI 接頭語は $10^{-3} \times 10^{-3} = 10^{-6}$ の**マイクロ**（**μ**）になります。

模範解答

$0.04^2 \times 200 = 0.32$〔W〕。

別　解

オームの法則より，加わっている電圧は，$200 \times 0.04 = 8$〔V〕。電力は，$8 \times 0.04 = 0.32$〔W〕。

練習問題 5.1.1

抵抗に，6 V の電圧が加わっており，300 mA の電流が流れているとき，消費電力を求めなさい。

練習問題 5.1.2

抵抗値 50 Ω の電熱線に 100 V の電圧を加えたときの消費電力を求めなさい。

例題 5.2：直流電力 (2)

ある電熱線に 100 V の電圧を加えたところ 50 W が消費された。この電熱線に 80 V を加えたときの電力を求めなさい。

解き方

電力は，電圧・電流の 2 乗に比例します。すなわち，電圧または電流が 2 倍，3 倍，…，になると，電力は 4 倍，9 倍，…，になります。このことは，一見直感に反するかもしれません。ですが，電力の式 $P = I^2R = \frac{V^2}{R}$ を見ると，確かに電圧または電流の 2 乗に比例しています。では $P = VI$ の形で考えるとどうかというと，オームの法則において電圧と電流は比例しますから，電圧が 2 倍になる

$$P = VI$$

オームの法則より，
一方が 2 倍になると
もう一方も 2 倍になる

と同時に電流も 2 倍になることを忘れてはいけません。すなわち，**同じ抵抗に対しては，電圧が 2 倍になれば同時に電流も 2 倍になるので電力は 4 倍**になるのです。$P = VI$ の形では，そのことが式の上から明示的に見えないので注意します。

本問では，電熱線に加わる電圧が 100 V から 80 V に下げられます。電圧が 0.8 倍になったから電力は 0.8 倍，には前記の理由でなりません。解いていきます。

電熱線の抵抗を R〔Ω〕とすると，最初の状況は $\frac{100^2}{R} = 50$ と表せます。この条件で電圧を 80 V にした電力，すなわち $\frac{80^2}{R}$ の値を求めます。最初の式（$\frac{100^2}{R} = 50$）から $\frac{1}{R} = \frac{50}{100^2}$ ですから，代入して，$80^2 \times \frac{50}{100^2} = \left(\frac{80}{100}\right)^2 \times 50 = 0.8^2 \times 50 =$ **32〔W〕**です。0.8 倍ではなく $0.8^2 = 0.64$ 倍になります。

本問を，電流を I〔A〕とおいて解くと誤ります。$I = \frac{50}{100} = 0.5$〔A〕はよいのですが，これから $P = VI$ に代入すると $P = 80 \times 0.5 = 40$〔W〕，これは誤りです。電圧が 100 V から 80 V になったことで，電流も変化したことが加味されていない（0.5 A のまま計算している）からです。電圧が 80 V になると，電流はオームの法則から 0.8 倍の 0.4 A になります。これを加味して，$80 \times 0.4 = 32$〔W〕とすると正しく求められます。

模範解答

電熱線の抵抗を R とすると，$\frac{100^2}{R} = 50$。電圧が 80 V のときの電力は $\frac{80^2}{R}$ と表せるから，代入して $80^2 \times \frac{50}{100^2} = 32$〔W〕。

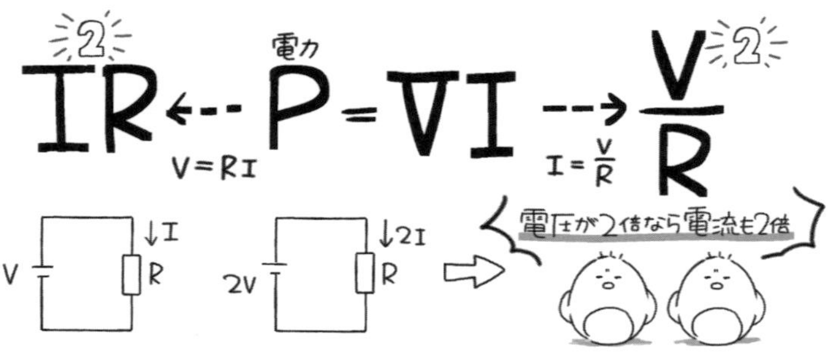

練習問題 5.2.1

ある電熱線に 0.2 A の電流を流したら 60 W 消費された。この電熱線に 0.3 A の電流を流したときの電力を求めなさい。

練習問題 5.2.2

同じ規格の電熱線が 2 本ある。電源を用意し，電熱線を 1 本接続したときの電力を P_1，2 本直列に接続したときの電力を P_2 とする。P_1 と P_2 の関係を求めなさい。

練習問題 5.2.3

ある電熱線に電圧 V_1 を加えた。この電熱線に加える電圧を V_2 に変化させたところ，消費電力が 2 倍になった。V_2 を V_1 の式で表しなさい。

5

直流電力

例題 5.3：最大電力問題

図のように，起電力が E，内部抵抗が r である直流電圧源に，可変抵抗 R を接続した。

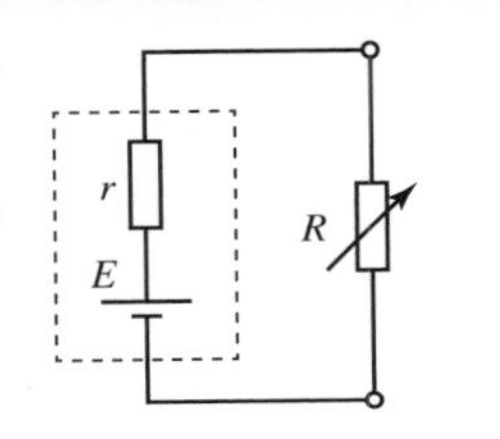

(1) 抵抗 R で消費される電力 P を，E，r，R の式で表しなさい。

(2) R の大きさを変化させたときの P の最大値，および，P が最大になるときの R を，E，r のうち必要なものを用いた式で表しなさい。

解き方

内部抵抗がある電源からは，**負荷に供給できる電力に上限**があります。これを求める問題です。

(1) は，抵抗 R で消費される電力を求めます。そのためには，電流または電圧がわからないといけません。たとえば電流は，合成抵抗が $r+R$ ですから，オームの法則より $\frac{E}{r+R}$ です。これがわかれば，$P=\left(\frac{E}{r+R}\right)^2 R$ と求められます。もしくは電圧を分圧を使って求めます。電圧 E を $r:R$ に分けますから，R に加わる電圧は $\frac{R}{r+R}E$ です。よって，$P=\frac{1}{R}\left(\frac{R}{r+R}E\right)^2=\frac{R}{(r+R)^2}E^2$。このように，分圧を「$\dfrac{\textbf{注目している抵抗の値}}{\textbf{直列接続部分の合成抵抗}}$ × **全体の電圧**」と使って一部分の電圧を求めるのは頻繁に使用する方法です。

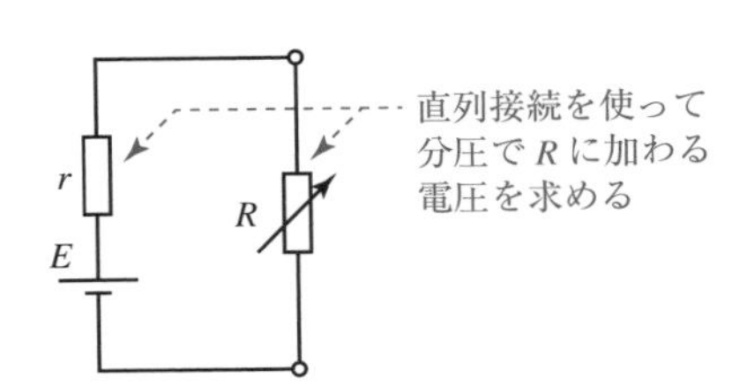

(2) では，R が変化したときの P の最大値を求めます。すなわち，P を R の関数とみて（r，E は定数）最大値を求めます。関数の最大値を調べる一般的な方法は**微分**ですが，(1) で求めた関数は式変形により微分を使わず最大値が求められます。P の式は分母にも分子にも R が含まれています。分母・分子を R で割って，$P=\frac{R}{(r+R)^2}E^2=\frac{R}{r^2+2rR+R^2}E^2=\frac{1}{\frac{r^2}{R}+2r+R}E^2$ と変形できます。すると，E^2 は定数ですから，分母の $\frac{r^2}{R}+2r+R$ を最小化すれば P が最大化できることがわかります。ここで，$\frac{r^2}{R}+R$ の部分は，**相加平均・相乗平均の関係**（$a>0$，$b>0$ のとき $a+b\geq 2\sqrt{ab}$）が有効に使える形をしていて，というのは $\frac{r^2}{R}$ と R の積をとると変数である R が消えて定数になるからです（$\frac{r^2}{R}\times R=r^2$）。つまり，$r$ も R も正であることに注意して，$\frac{r^2}{R}+R\geq 2\sqrt{\frac{r^2}{R}\cdot R}=2\sqrt{r^2}=2r$ が成り立ち，最小値が $2r$ になります。両辺に $2r$ を加えてもとの形に戻すと，$\frac{r^2}{R}+2r+R\geq 2r+2r=4r$，分母の最小値は $4r$，これを P の式に代入すると最大値 $P=\frac{E^2}{4r}$ が得られます。最大値を与える R は，相加平均・相乗平均の関係において等号が成り立つ $\frac{r^2}{R}=R$ のとき，すなわち $r^2=R^2$ のときです。r，R ともに正ですから，$\boldsymbol{R=r}$ のときです。あとに示す別解には微分を用いて解く方法を 2 つ示しておきました。

このように，内部抵抗がある電源に抵抗を接続して電力を消費させようとしたときは，**負荷抵抗が内部抵抗に等しいとき最大の電力が取り出せます**。R と P の関係をグラフに表すと図のようになります。直感的には，

・R が小さいと加わる電圧が大きくならないので電力が大きくならない

・R が大きいと流れる電流が小さくなるので電力が大きくならない

ために「ちょうどよいところ」で電力が最大になるというわけです。

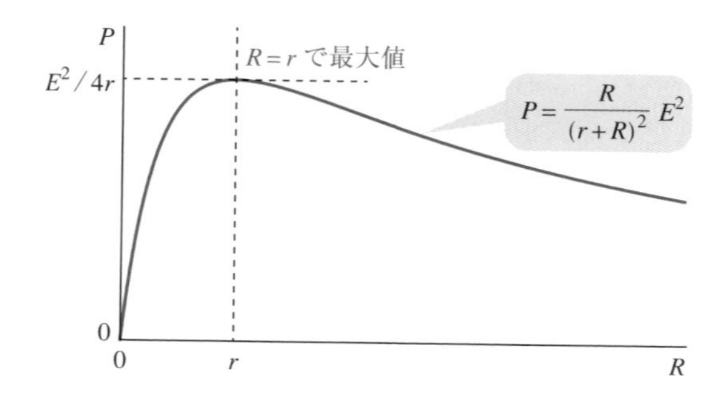

模範解答

(1) 流れる電流は，オームの法則より $\frac{E}{r+R}$。よって，$P=\left(\frac{E}{r+R}\right)^2 R$。**(2)** $P=\frac{R}{(r+R)^2}E^2=\frac{1}{\frac{r^2}{R}+2r+R}E^2$ より，分母について相加平均・相乗平均の関係より $\frac{r^2}{R}+2r+R\geq 2\sqrt{\frac{r^2}{R}\cdot R}+2r=2r+2r=4r$，$4r$ が最小となる。このとき P は $\frac{E^2}{4r}$ の最大値となる。電力が最大になるのは，$\frac{r^2}{R}=R$ より $r^2=R^2$ となり，抵抗値は負でないから $R=r$ のときである。

別　解

(1) 分圧より，抵抗 R に加わる電圧は $\frac{R}{r+R}E$。よって $P=\frac{1}{R}\left(\frac{R}{r+R}E\right)^2=\frac{R}{(r+R)^2}E^2$。
(2) $\frac{dP}{dR}=\frac{(r+R)^2-2(r+R)R}{(r+R)^4}E^2=\frac{(r+R)-2R}{(r+R)^3}E^2=\frac{r-R}{(r+R)^3}E^2$。この増減は表 5-3-1 のようになり，$R=r$ で最大値 $P=\frac{E^2}{4r}$ をとる。**(2)** $P=\frac{1}{\frac{r^2}{R}+2r+R}E^2$ より，分母を $f(R)=\frac{r^2}{R}+2r+R$ とおくと，$f'(R)=-\frac{r^2}{R^2}+1$ より，増減は表 5-3-2 のようになる。よって $R=r$ で最小値 $f(r)=4r$ をとる。このとき P は最大値 $\frac{E^2}{4r}$ となる。

▼表 5-3-1

R	$\cdots$	r	$\cdots$
dP/dR	+	0	−
P	↗	極大	↘

▼表 5-3-2

R	$\cdots$	r	$\cdots$
$f'(R)$	−	0	+
$f(R)$	↘	極小	↗

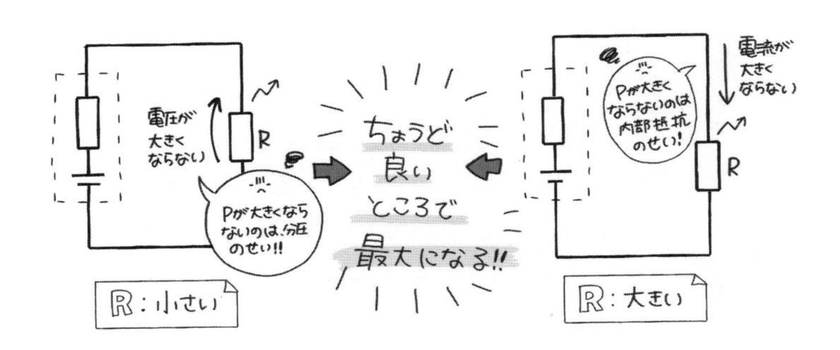

計算のポイント：相加平均・相乗平均の関係

$a > 0$, $b > 0$ のとき，相加平均 $\frac{a+b}{2}$ と相乗平均 $\sqrt{ab}$（2 つの数の和に関する平均は $\frac{1}{2}$ をかけることですが，積に関する平均は $\frac{1}{2}$ 乗すること，すなわち平方根を求めることです）の間には，$\frac{a+b}{2} \geq \sqrt{ab}$ の関係があります。多くの場合，両辺を 2 倍した，$a + b \geq 2\sqrt{ab}$ の形で使います。a と b の**積が定数になる場合**に重宝されます。相乗平均 $\sqrt{ab}$（定数になる）によって $a + b$ の最小値が求められるからです。等号が成立するのは，$a = b$ のときです。たとえば，$x > 0$ のとき，$x + \frac{1}{x}$ の最小値は，相加平均・相乗平均の関係より，$x + \frac{1}{x} \geq 2\sqrt{x \cdot \frac{1}{x}} = 2$ です。最小値は，$x = \frac{1}{x}$ のとき，$x^2 = 1$ で $x = \pm 1$，さらに $x > 0$ ですから $x = 1$ のときに与えられます。

相加平均・相乗平均の関係は，$a > 0$，$b > 0$ について，$\left(\sqrt{a} - \sqrt{b}\right)^2 = a - 2\sqrt{ab} + b \geq 0$（実数の 2 乗は必ず 0 以上）を移項して，$a + b \geq 2\sqrt{ab}$ と示せます。

練習問題 5.3.1

図の回路について答えなさい。

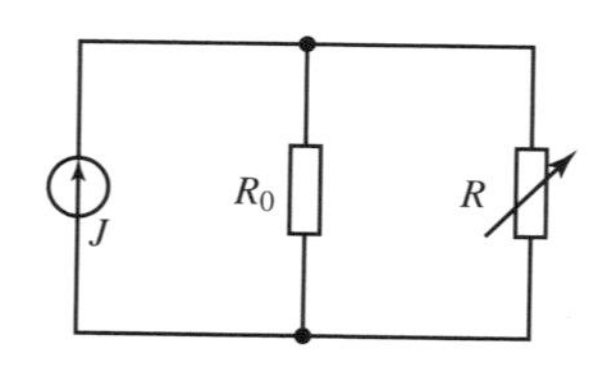

(1) 抵抗 R に流れている電流を，J，R_0，R の式で表しなさい。

(2) 抵抗 R で消費されている電力 P を，J，R_0，R の式で表しなさい。

(3) R の大きさを変化させたときの P の最大値，および，P が最大になるときの R の値を，J，R_0 の必要なものを用いて表しなさい。

練習問題 5.3.2

図の回路において，並列接続された 2 つの抵抗は，その和が R となるように $0 < k < 1$ の範囲で調整される。

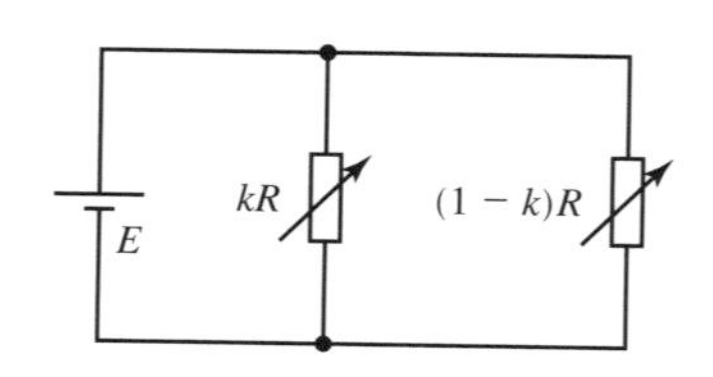

(1) 2 つの抵抗で消費される電力の和 P を，E，k，R の式で表しなさい。

(2) P が最小になるときの k の値を求めなさい。

例題 5.4：電力量

100 V の電圧が加わっている電熱線に 0.2 A の電流が流れている。この電熱線での 2 分間の消費電力量は何キロワット秒か。

解き方

電力量は**消費されるエネルギー**で，電力（これは単位時間あたりの量でした）に時間を乗じたものです。電力 P，時間 t に対して電力 W は $W = Pt$ です。電力 P として電圧 V，電流 I，抵抗 R を使った $P = VI = I^2R = \frac{V^2}{R}$ もありますから，これらを代入して求めることもできます。

本問では，電力そのものは与えられていませんから，電圧と電流から求めます。$100 \times 0.2 = 20$〔W〕です。これに時間「2 分」を乗じれば電力量が求められますが，問題はキロワット秒の単位を指示しています。ですから 2 分を 120 秒に換算して $20 \times 120 = 2400$〔W·s〕，さらにキロワット秒に換算して **2.4 kW·s** です。電力量は「電力 × 時間」なので，単位記号も電力（W など）と時間（s など）の積になります。

本問は，単位の指定がなければ $20 \times 2 = 40$〔W·min〕（ワット分）と答えてもかまいません。電力量の計算では，時間の単位が時・分・秒などになるので，互いの換算に 60 や 3600 をかけたり割ったりすることに注意します。

模範解答

$100 \times 0.2 \times 120 = 2400$〔W·s〕より，2.4 kW·s。

練習問題 5.4.1

1 時間で 10.8 kW·s の電力量を消費した電熱線の消費電力を求めなさい。

練習問題 5.4.2

ある電熱線に電流 I を時間 T だけ流したとき，電力量は W であった。この電熱線に $2I$ の電流を流して W の電力量を得るのに必要な時間を T の式で表しなさい。

練習問題の解答

●練習問題 5.1.1（解答）●

$6 \times 0.3 = \mathbf{1.8}$〔**W**〕。

●練習問題 5.1.2（解答）●

$\frac{100^2}{50} = \mathbf{200}$〔**W**〕。

別　解　流れる電流は，オームの法則より $\frac{100}{50} = 2$〔A〕。よって電力は，$100 \times 2 = 200$〔W〕。

解　説　電圧と抵抗から電力を求めるので，$P = VI$ にオームの法則を代入した $P = \frac{V^2}{R}$ の関係を使うのが最適です。

●練習問題 5.2.1（解答）●

電熱線の抵抗値を R〔Ω〕とすると，$0.2^2R = 60$。求める電力は，$0.3^2 \times \frac{60}{0.2^2} = \mathbf{135}$〔**W**〕。

解　説　2 つの条件下で変化しない抵抗値を未知数とおいて解き進めます。電流と抵抗を使った $P = I^2R$ を使うのが最適です。電流が 0.2 A から 0.3 A へと 1.5 倍になっているので，電力は 1.5^2 の 2.25 倍になっています。

●練習問題 5.2.2（解答）●

電源の電圧を V，電熱線の抵抗値を R とする。$P_1 = \frac{V^2}{R}$，2 本直列に接続したときの合成抵抗は $2R$ なので，$P_2 = \frac{V^2}{2R}$。代入して，$\boldsymbol{P_2 = \frac{1}{2}P_1}$。

解　説　電源電圧と抵抗値の具体的な情報が一切ないので，あとで消去されることを期待して未知数としておきましょう。

復習しよう　直列合成抵抗（p. 30）

●練習問題 5.2.3（解答）●

電熱線の抵抗値を R とする。電圧 V_1，V_2 のときの電力は，それぞれ $\frac{V_1^2}{R}$，$\frac{V_2^2}{R}$。後者が前者の 2 倍になるから，$2\frac{V_1^2}{R} = \frac{V_2^2}{R}$ より，$2V_1^2 = V_2^2$。よって，$\boldsymbol{V_2 = \sqrt{2}V_1}$（$V_1 \geq 0$，$V_2 \geq 0$ より）。

解　説　2 つの条件で共通している抵抗値を R とおいて電力を求め，関係式を作って解きます。電力は電圧の 2 乗に比例するのですから，一般に電力が k 倍になったとき電圧（または電流）は $\sqrt{k}$ 倍です。

●練習問題 5.3.1（解答）●

(1) 電源電流 J が $\frac{1}{R_0} : \frac{1}{R} = R : R_0$ に分流するから，$\boldsymbol{\frac{R_0}{R_0+R}J}$。

(2) $P = \boldsymbol{\left(\frac{R_0}{R_0+R}J\right)^2 R}$。

(3) $P = \frac{R_0^2 R}{(R_0+R)^2}J^2 = \frac{1}{\frac{R_0^2}{R}+2R_0+R}R_0^2 J^2$ の分母を最小化すればよい。相加平均・相乗平均の関係より，$\frac{R_0^2}{R} + 2R_0 + R \geq 2\sqrt{\frac{R_0^2}{R} \cdot R} + 2R_0 = 4R_0$。よって，$\frac{R_0^2}{R} = R$ が成り立つ $\boldsymbol{R = R_0}$ のとき P は最大となり，そのときの値は $\boldsymbol{\frac{R_0}{4}J^2}$。

解　説　**(1)** は分流を用いて電流を求めます。**電流の比は抵抗の逆数の比**になることを復習してください。**(2)** は，(1) で求めた電流から $P = I^2 R$ を用います。**(3)** は，分母を展開して，分母・分子を R で割ると，分母が相加平均・相乗平均の関係で最小値を求められる形になります。なお，P をそのまま微分した場合は，$\frac{dP}{dR} = \frac{(R_0+R)^2-2(R_0+R)R}{(R_0+R)^4}R_0^2 J^2 = \frac{R_0-R}{(R_0+R)^3}R_0^2 J^2$ です。これでも $R = R_0$ で P が最大になることが求められます。

復習しよう　分流（p. 42）

●練習問題 5.3.2（解答）●

(1) $P = \boldsymbol{\frac{E^2}{kR} + \frac{E^2}{(1-k)R}}$。**(2)** $P = \left(\frac{1}{k} + \frac{1}{1-k}\right)\frac{E^2}{R} = \frac{1}{k(1-k)} \cdot \frac{E^2}{R}$ の最小値を求める。$\frac{1}{k(1-k)}$ の分母について，$k(1-k) = k - k^2 = -\left(k - \frac{1}{2}\right)^2 + \frac{1}{4}$ より，$k = \frac{1}{2}$ のとき最大値 $\frac{1}{4}$ となる。したがって，P は $\boldsymbol{k = \frac{1}{2}}$ のとき最小値 $\boldsymbol{\frac{4E^2}{R}}$ となる。

解　説　**(1)** 2 つの抵抗は並列接続されているので，両方に電圧 E が加わっています。電圧と抵抗がわかっているので，$\frac{V^2}{R}$ で電力を求めて合計します。**(2)** P の式を整理すると分子が定数，分母が k の 2 次式になりますから，分母を**平方完成**すればその最大値が求められ，これから P の最小値を求められます。なお，P をそのまま微分すると，$\frac{dP}{dk} = \frac{2k-1}{(k-k^2)^2} \cdot \frac{E^2}{R}$ です。これでも $k = \frac{1}{2}$ で P が最小になることが求められます。

復習しよう　電圧は計算経路によらない（p. 15）

計算のポイント：平方完成

2 次関数 $f(x) = ax^2 + bx + c$（$a \neq 0$）について，最大値・最小値を求めるのに**平方完成**（へいほうかんせい）が使えます。$f(x) = a(x-p)^2 + q$ の形に変形できれば，実数の 2 乗は必ず 0 以上であることを使い，

・$a > 0$ ならば $x = p$ のとき最小値 $f(p) = q$

・$a < 0$ ならば $x = p$ のとき最大値 $f(p) = q$

がわかります。

手順は，$f(x) = ax^2 + bx + c = a(x^2 + \frac{b}{a}x + \frac{c}{a})$ として無理やり 2 乗の因数分解を使える形を作り出します。$f(x) = a(x^2 + \frac{b}{a}x + \frac{b^2}{4a^2} - \frac{b^2}{4a^2} + \frac{c}{a})$ とすればかっこ内の 3 項めまでを $x^2 + \frac{b}{a}x + \frac{b^2}{4a^2} = \left(x + \frac{b}{2a}\right)^2$ と因数分解できます（展開したときに定数項になる分を見込んで足しておいて，帳尻を合わせるために引いたわけです）。これで $f(x) = a\left\{\left(x + \frac{b}{2a}\right)^2 - \frac{b^2}{4a^2} + \frac{c}{a}\right\} = a\left(x + \frac{b}{2a}\right)^2 - \frac{b^2}{4a} + c$ と平方完成できました。$x = -\frac{b}{2a}$ のとき最大値または最小値 $-\frac{b^2}{4a} + c$ となります。

なお，最大値または最小値そのものでなく，最大値または最小値をもたらす x の値だけ欲しいならば $x = -\frac{b}{2a}$ だけを求めてしまえばよいわけです。

●練習問題 5.4.1（解答）●

求める電力を P〔W〕とすると，1 時間は 3600 秒だから，$3600P = 10800$，よって $\boldsymbol{P = 3}$〔**W**〕。

●練習問題 5.4.2（解答）●

電熱線の抵抗を R，求める時間を T' とする。$W = I^2RT$ であり，$W = (2I)^2RT'$ である。これより，$\boldsymbol{T' = \frac{1}{4}T}$。

解　説　電力が電流の 2 乗に比例するのですから，電力量も電流の 2 乗に比例します。電流が 2 倍になれば電力は 2^2 の 4 倍になりますから，同じ電力量を得るために必要な時間は 4 分の 1 で済む，ということです。

第6章

キルヒホッフの法則

キルヒホッフの法則は，電流・電圧の性質を一般化したもので，これを使って一般の回路を計算できます。この法則を使って回路を計算するときに注意すべきなのは，**電圧や電流の向き（符号）**です。電圧降下は**回路をたどる向きと電流の向きで符号が決まります**し，回路を計算する方程式も**回路をたどる向きに注意して**作らなくてはなりません。この，符号に注意して式を作ることと，連立方程式を解く計算力を身につけることが，キルヒホッフの法則で回路を計算するのに必要です。

本章の内容のまとめ

電圧降下　抵抗に電流が流れると，抵抗を通る前の点と通った後の点では，（任意に基準点を決めたとき）電圧が下がっている。これを**電圧降下**という。電圧降下は，電流の向きと回路をたどる向きとによって符号が決まり，**電流の向きと回路をたどる向きが同じとき正**となる（逆ならば負になる）。

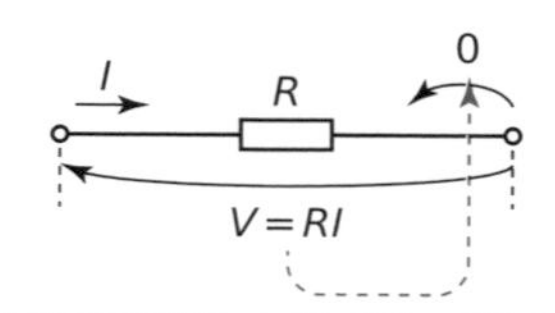

抵抗を通過した後では，電圧（オームの法則で計算できる）が下がっている

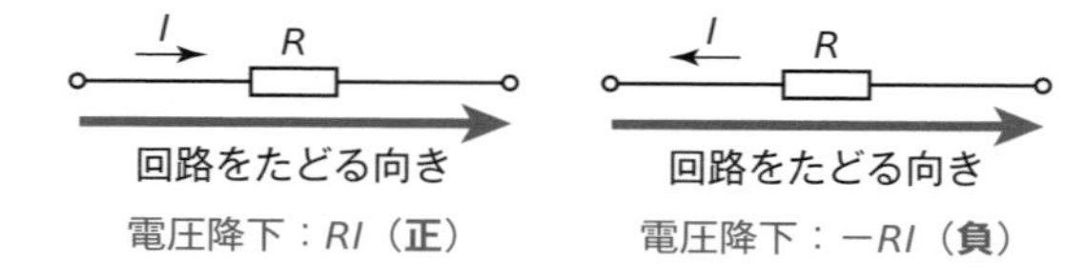

電圧降下と起電力　**起電力**は，負極から正極にたどったとき正，正極から負極にたどったとき負で計算する。電流を流す向きにたどると電圧が上がるので電圧降下と逆の関係になっている（負の電圧降下）。

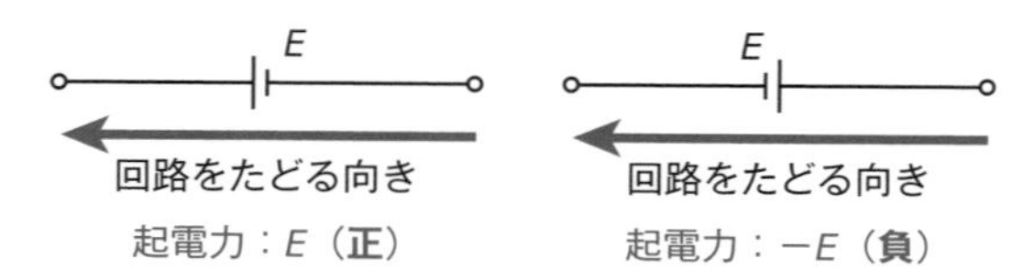

キルヒホッフの電流則（第１法則）　回路の**１点に流れ込む電流の和と流れ出す電流の和が等しい**こと。すべて流れ出す（流れ込む）電流であると仮定したときは，その和が０になるとも表せる。

I_1　I_2　I_3

$I_1+I_2=I_3$
または
$I_1+I_2+(-I_3)=0$

キルヒホッフの電圧則（第２法則）　回路において一周して戻ってくる経路（閉路）について，**電圧降下の和と起電力の和が等しくなる**こと。「電圧は，２点を決めればどの経路で計算しても同じ」を一般化したもの。起電力を負の電圧降下とみなすと，回路の閉路を一周して戻ってくると，電圧降下の和は 0 になるとも表せる。

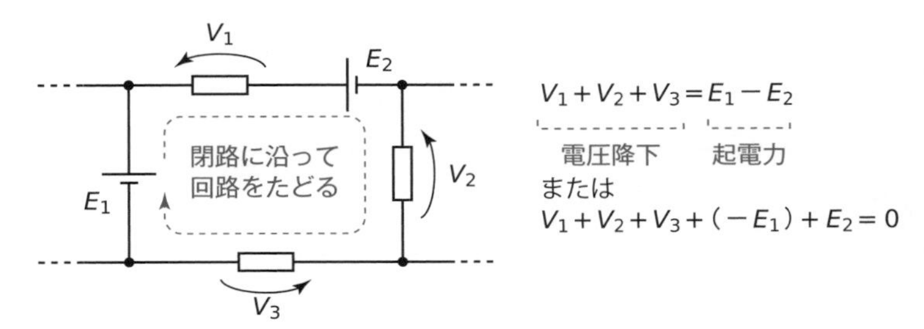

枝電流法（えだでんりゅうほう）　回路の枝（接続点の間の導線）に流れる電流（枝電流）を仮定し，「節点（接続点）におけるキルヒホッフの電流則」の式と，「閉路におけるキルヒホッフの電圧則」の式を作り，連立方程式を解いて電流を求める方法。

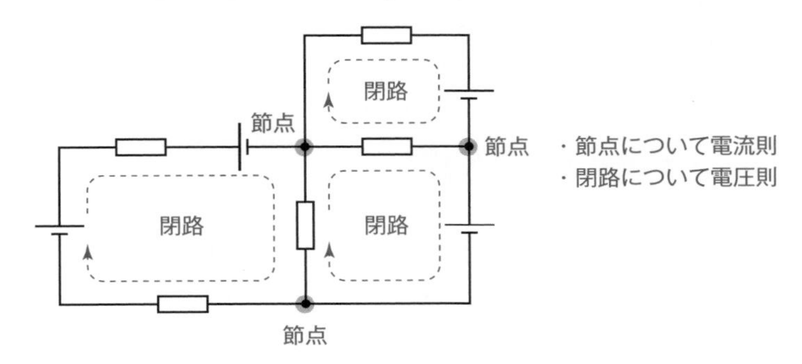

閉路電流法（ループ電流法）（へいろでんりゅうほう）　回路の閉路に対して電流（閉路電流）を仮定し，キルヒホッフの電圧則の式（閉路方程式）を作り，連立方程式を解いて電流を求める方法。この方法では電流則の式を作る必要はない。

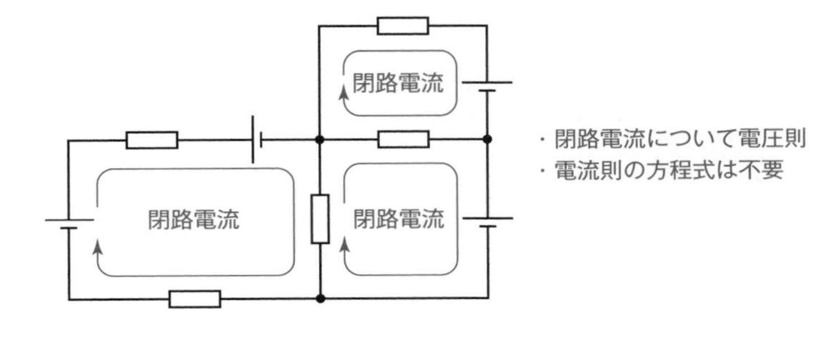

例題 6.1：電圧降下

図において端子を a から b にたどったときの電圧降下を求めなさい。

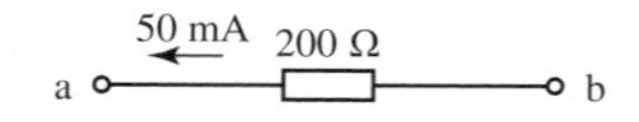

解き方

電圧降下はキルヒホッフの方程式で回路を解くのに欠かせない考え方です。

回路の a-b 間に抵抗 R があったとして，a から b に電流 I が流れているとします。a-b 間の電圧 V_{ab} は RI です。ここで，電流に沿って a 点から抵抗を通って b 点に至ると，b 点を基準にした b 点の電圧は，同じ点なので 0 です。これを，「抵抗を通ったから RI だけ電圧が下がった」と考えます。

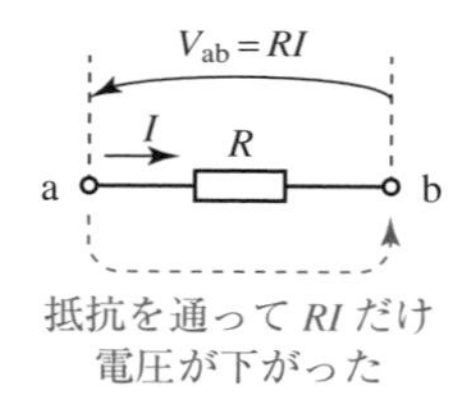

こうして電圧降下が考えられるわけですが，これには**符号がある**ことに注意します。先の例では電流と同じ向きに回路をたどって，RI だけ電圧降下していると求めましたが，電流と逆向きに（先の例では b 点から a 点に）回路をたどると，電圧は RI だけ上がります。言い換えると，電圧降下としては負の値で $-RI$ です。

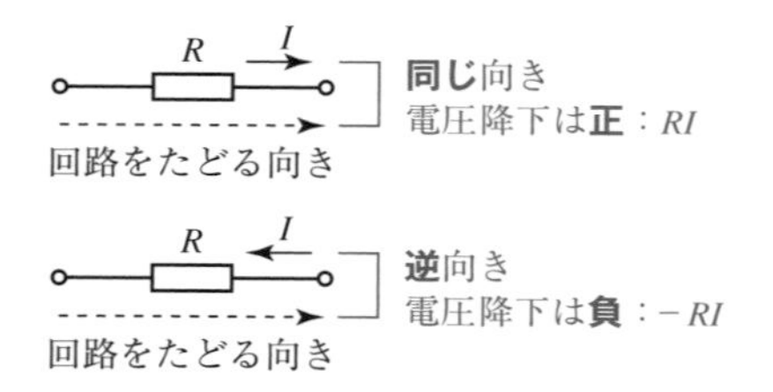

このように，

- 電流の向きと同じ向きに回路をたどると電圧降下は正
- 電流の向きと逆向きに回路をたどると電圧降下は負

になります。**電流の向きと回路をたどる向きが同じか逆かに注意**します。

問題では，回路を a から b にたどったときの電圧降下を要求されています。ここで，電流は b から a の向きに流れており，**逆向き**です。したがって電圧降下は負になり，$200 \times 0.05 = 10$（50 mA は 0.05 A に換算）に負号をつけて **−10 V** となります。

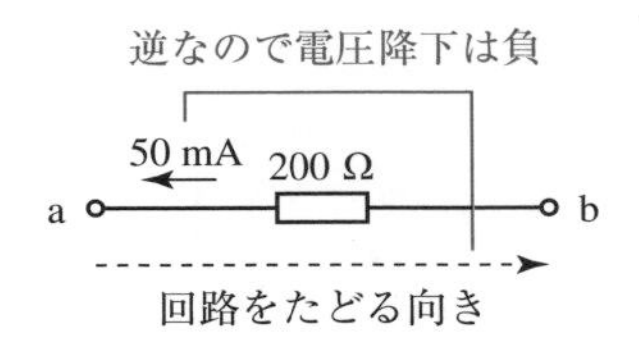

模範解答

回路をたどる向きと電流の向きが逆なので，$200 \times 0.05 = 10$ より −10 V。

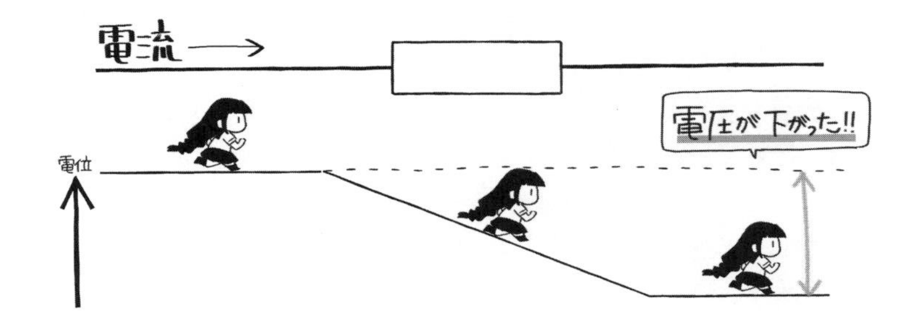

練習問題 6.1.1

図において端子を a から b にたどったときの電圧降下を求めなさい。

20 mA　100 Ω

a　b

練習問題 6.1.2

図において端子を a から b にたどったときの電圧降下を求めなさい。

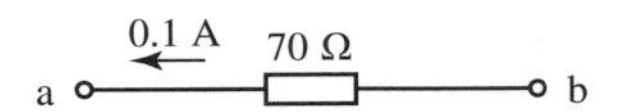

例題 6.2：キルヒホッフの電圧則

図の回路について答えなさい。

(1) 閉路 I および II についてのキルヒホッフの電圧則の式を作りなさい。

(2) 電圧 V_1, V_2 を求めなさい。

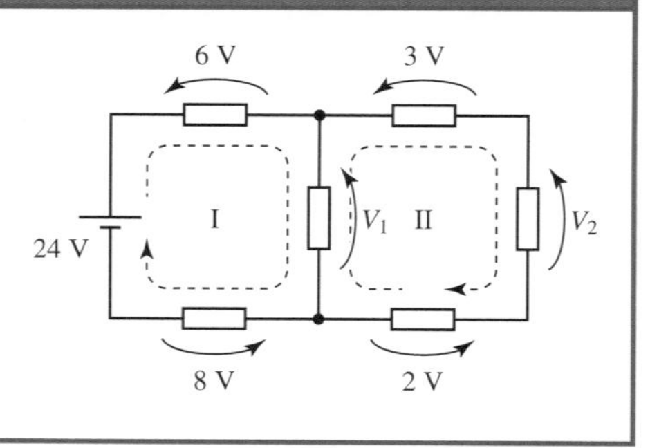

解き方

キルヒホッフの電圧則は，閉路（回路中の一点を起点にして一周して戻ってくる経路；たとえば問題中の I および II がそれにあたる）について，**電圧降下の和と起電力の和が等しくなる**というものです。閉路には，回路をたどる向きがあります。したがって，例題 6.1（p. 86）で述べたように，**電圧降下・起電力を計算していく際に符号に注意**します。

(1) から解いていきましょう。閉路 I では，抵抗を 3 つ通過します。つまり電圧降下が 3 つです。また，電源を 1 つ通過します。電圧降下について考えましょう。上の抵抗は閉路に沿ってたどると電圧が 6 V 下がるので電圧降下は 6 V（正の値）です。V_1 が加わる抵抗も，8 V が加わる抵抗も，閉路の向きにたどると電圧がそれぞれ V_1〔V〕，8 V 下がります。ですから電圧降下は正の値です。これより，閉路 I での電圧降下の和は $6 + V_1 + 8$〔V〕です。電源については，閉路は負極から正極に通過するので，起電力は 24 V，正の値です。これらが等しくなるのですから，閉路 I についてのキルヒホッフの電圧則の式は $\mathbf{6 + V_1 + 8 = 24}$ です。

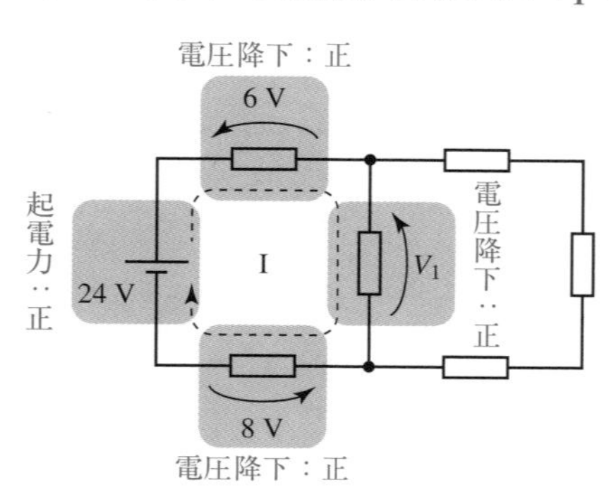

次に，閉路 II についてです。4 つの抵抗を通りますから，電圧降下が 4 つです。閉路の向きに注意して，電圧降下は，3 V が加わる抵抗では 3 V（正の値），V_2 が加わる抵抗では V_2〔V〕(正の値)，2 V が加わる抵抗では 2 V（正の値）です。V_1 が加わる抵抗については，閉路の向きに沿って通過すると電圧が V_1〔V〕上がるので，電圧降下としては負の値の $-V_1$〔V〕です。したがって，電圧降下の和は $3+V_2+2-V_1$〔V〕です。この閉路に起電力はありませんから，これは 0。よって，閉路 II についてのキルヒホッフの電圧則の式は $\mathbf{3+V_2+2-V_1=0}$ となります。

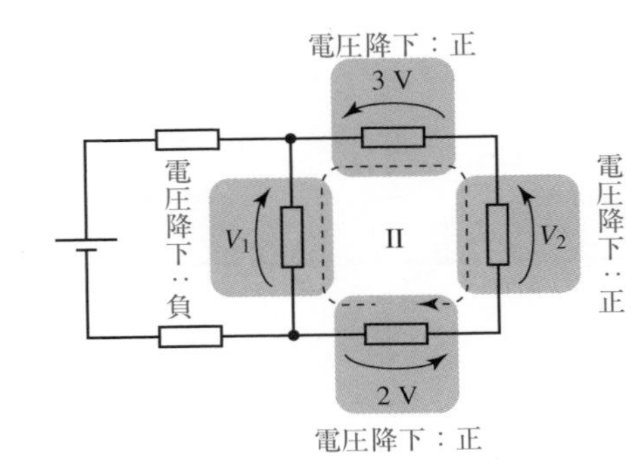

(2) は，(1) で作った方程式を解いて V_1 と V_2 を求めます。閉路 I の方程式 $6+V_1+8=24$ から $\mathbf{V_1=10}$〔V〕がただちに求められます。これを，閉路 II の方程式 $3+V_2+2-V_1=0$ に代入すると，$3+V_2+2-10=0$ より $\mathbf{V_2=5}$〔V〕と求められます。

模範解答

(1) 閉路 I について，$6+V_1+8=24$。閉路 II について，$3+V_2+2-V_1=0$。
(2) $V_1=10$〔V〕，$V_2=5$〔V〕。

練習問題 6.2.1

図の回路について答えなさい。

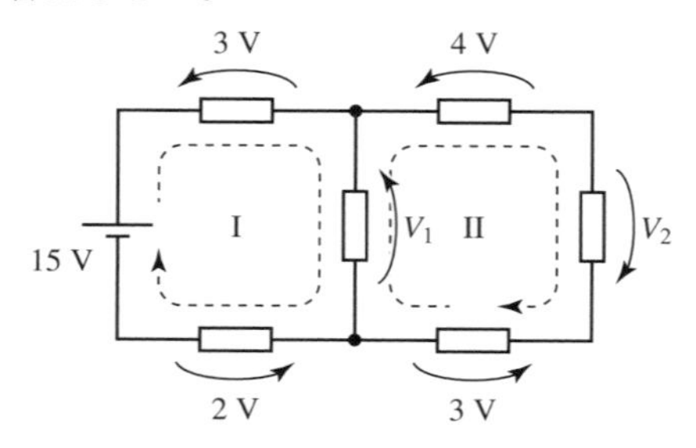

(1) 閉路 I および II についてのキルヒホッフの電圧則の式を作りなさい。

(2) 電圧 V_1，V_2 を求めなさい。

練習問題 6.2.2

図の回路について答えなさい。

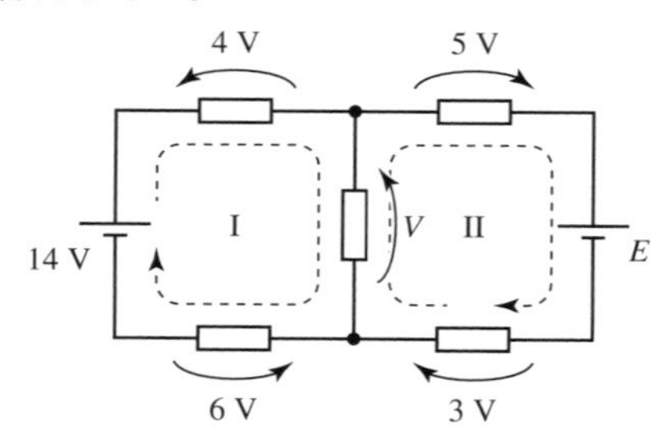

(1) 閉路 I および II についてのキルヒホッフの電圧則の式を作りなさい。

(2) 電圧 V，E を求めなさい。

例題 6.3：枝電流法

図の回路を，枝電流法を用いて解くことを考える。

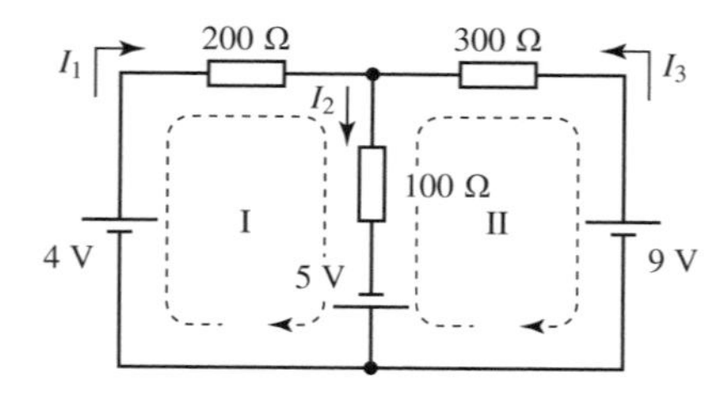

(1) キルヒホッフの電流則の式を作りなさい。

(2) 閉路I・IIそれぞれについて，キルヒホッフの電圧則の式を作りなさい。

(3) 電流 I_1，I_2，I_3 を求めなさい。

解き方

枝電流法は，回路の枝に流れる電流を仮定して，キルヒホッフの電流則・電圧則の式を作ってその電流を求める方法です。ここで，回路の**枝**（えだ）とは，接続点（**節点**（せってん））から出ている導線のことです。**電流は，回路の途中で生まれたり消えたりしない**ので，1本の枝に流れる電流はどこでも同じです。この，枝に流れる電流を仮定していきます。本問では，すでに I_1，I_2，I_3 と，回路のすべての枝に対して電流が仮定済みになっています。**電流を自分で仮定するときは，向きは任意でかまいません**。実際に流れる電流の向きと違っていたら，負の値で求められるだけです。

枝電流法では，節点についての電流則の式と，閉路についての電圧則の式が必要です。問題に従って作っていきましょう。

(1) について。**電流則については，節点の数より1少ない数の式を作ります**。本問の回路の節点は下図のように2つです。ですから作る式は1つです。上の節点に注目すると，流れ込む電流は I_1 と I_3，流れ出す電流は I_2 ですから，$\boldsymbol{I_1 + I_3 = I_2}$ です。念のため，下の節点について電流則の式を作ると $I_2 = I_1 + I_3$ で同じ式です。一般に，電流則の式はすべての節点について作ると実質的に1つ余計になるので（たとえば節点が3つの場合，3つ式を作ると3つめの式は残りの2つの変形で作れてしまう），1つ少なくてよいのです。

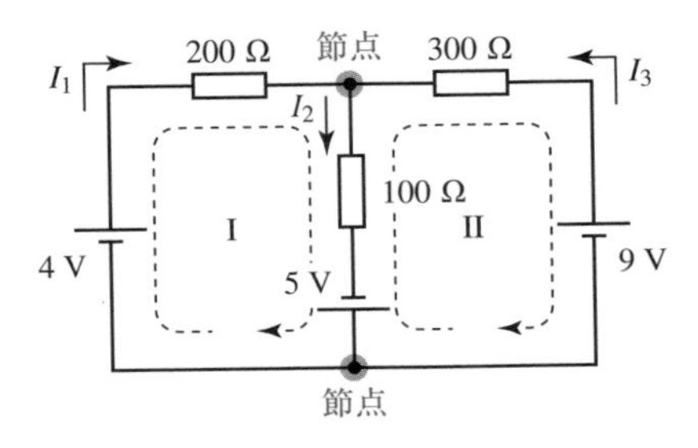

(2) について，電圧則の式を作ります。問題の指示どおりに閉路I・IIそれぞれの電圧則の式を作ります。これは，例題6.2（p. 88）と同じ要領で，電圧降下の和と起電力の和を求めます。

閉路Iについて。閉路は右回りです。電圧降下は，200 Ω の抵抗で $200\,I_1$〔V〕(電流・閉路同じ向き)，100 Ω の抵抗で $100\,I_2$〔V〕(電流・閉路同じ向き）です。起電力は，5 V も 4 V も正（閉路は負極から正極へ）。これより，$\mathbf{200}\boldsymbol{I_1}+\mathbf{100}\boldsymbol{I_2}=\mathbf{5}+\mathbf{4}$ です。

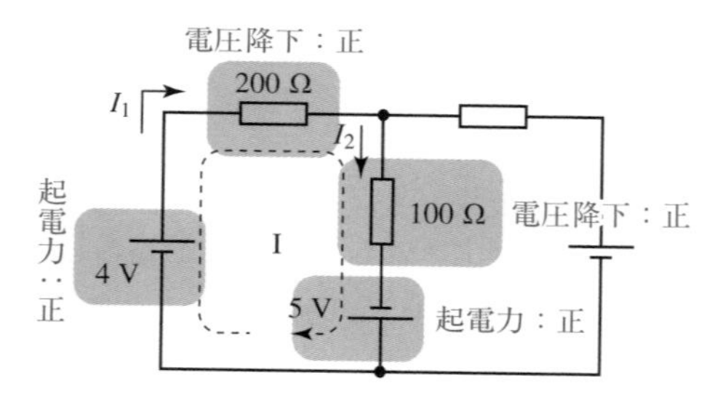

次に，閉路 II についてです。これも閉路は右回りです。電圧降下は，300 Ω の抵抗では閉路の向きと I_3 の向きが逆なので，負になって $-300I_3$〔V〕です。100 Ω の抵抗でも閉路の向きが I_2 の向きと逆なので負になって $-100I_2$〔V〕です。起電力は，9 V も 5 V も，閉路が正極から負極に通過しているので負で計算し，それぞれ −9 V，−5 V です。これより，方程式は $-\mathbf{300}\boldsymbol{I_3}-\mathbf{100}\boldsymbol{I_2}=-\mathbf{9}-\mathbf{5}$ です。

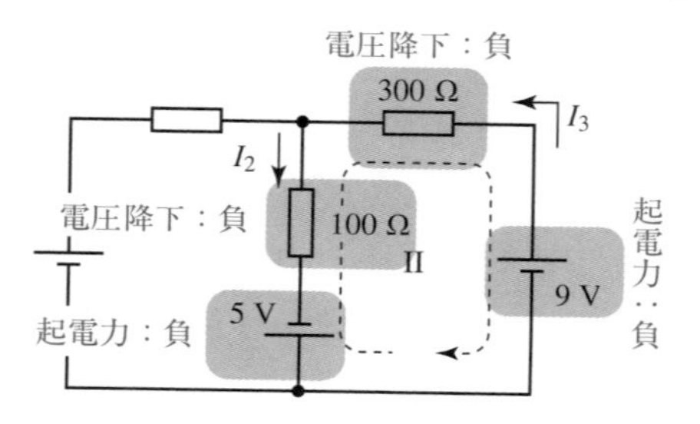

枝電流法で電圧則の式をいくつ作ればよいかというと，「独立した閉路の数」です。これは，一般に，「中に何もない」一周する経路をすべて列挙すれば満たされます。本問においては，問題に示された I と II で「独立した閉路」は尽くされています。ここで，別の考え方をすると，一般に，連立方程式を解くときには未知数の数だけの方程式が必要です。電流則の式を「節点 −1」の数だけ作ったら，それに加えて「仮定した枝電流の数」になるだけ電圧則の式を作ればよいことになります。確かに，本問でも，電流則の式は 1 つ，電圧則の式が 2 つで，仮定した枝電流の数 3 と一致します。

ここまでで方程式は作れました。これを解いて枝電流を求めるのが **(3)** です。とにかく未知数を消去していくことを目指します。電流則の式 $I_1+I_3=I_2$ を $I_3=I_2-I_1$ と移項して閉路 II の式に代入すれば（代入法）$-300(I_2-I_1)-100I_2=-9-5$，整理すれば $300I_1-400I_2=-14$ です。また，閉路 I の式を整理すると $200I_1+100I_2=9$，両辺を 4 倍して $800I_1 + 400I_2 = 36$, 閉路 II の式に左辺・右辺どうしで加えると（加減法） $1100I_1 = 22$ より $I_1 = \mathbf{0.02}$〔A〕（20 mA）。これを閉路 I の式に代入しなおすと $200 \times 0.02 + 100I_2 = 9$ より $100I_2 = 5$, $I_2 = \mathbf{0.05}$〔A〕（50 mA）。求められた I_1, I_2 を電流則の式に代入すると, $I_3 = 0.05 - 0.02 = \mathbf{0.03}$〔A〕（30 mA）。

模範解答

(1) $I_1+I_3 = I_2$。**(2)** 閉路 I：$200I_1+100I_2 = 5+4$, 閉路 II：$-300I_3-100I_2 = -9-5$。**(3)** (1)(2) の方程式を解いて, $I_1 = 0.02$〔A〕, $I_2 = 0.05$〔A〕, $I_3 = 0.03$〔A〕。

計算のポイント：連立 1 次方程式

キルヒホッフの方程式で回路を解くときは, 頻繁に**連立 1 次方程式**を解くことになります。連立方程式を解く基本的な戦略は,「未知数を消去していくこと」です。未知数の消去には, 代入法・加減法があります。

一般に, 連立方程式のうち 1 つの式を使って, 残った式から未知数を消去します。たとえば, 未知数が x_1, x_2, x_3, x_4 で, 式が①, ②, ③, ④の 4 つの連立方程式では,

1. ①を使って②, ③, ④から x_1 を消去
2. x_2, x_3, x_4 が残った②, ③, ④について, ②を使って③, ④から x_2 を消去
3. x_3, x_4 が残った③, ④からいずれかを消去

これによって, x_3 または x_4 が求められます。求められた値をもとの方程式に代入していけば, 残りの未知数も求められます。ここで, 一般に, 一度未知数の消去に使った方程式は, ほかの未知数を消去するのに使い回さないことに注意します。

多くの連立1次方程式は，上記の手順で解いていけます。ただし，特別な形の連立方程式には，その性質を利用した効率的な解き方が存在するものもあります。

練習問題 6.3.1

図の回路を，枝電流法を用いて解くことを考える。

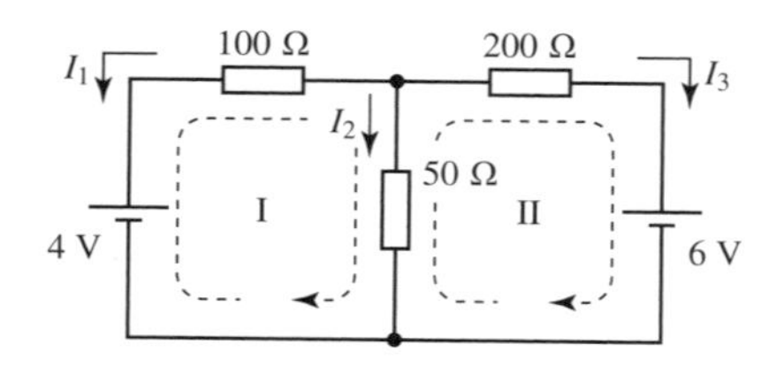

(1) キルヒホッフの電流則の式を作りなさい。

(2) 閉路 I・II それぞれについて，キルヒホッフの電圧則の式を作りなさい。

(3) 電流 I_1，I_2，I_3 を求めなさい。

練習問題 6.3.2

図の回路を，枝電流法を用いて解くことを考える。

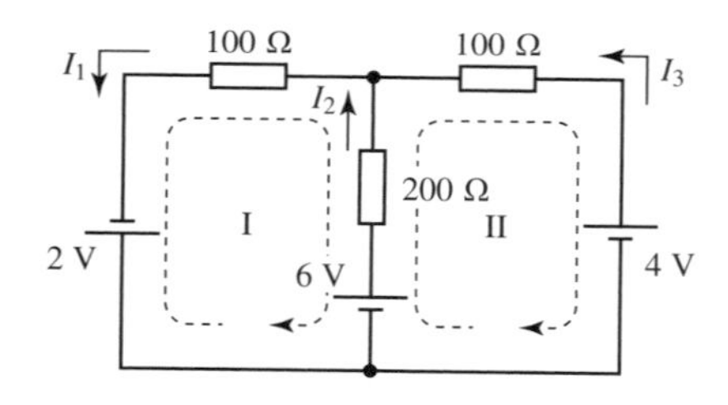

(1) キルヒホッフの電流則の式を作りなさい。

(2) 閉路 I・II それぞれについて，キルヒホッフの電圧則の式を作りなさい。

(3) 電流 I_1，I_2，I_3 を求めなさい。

練習問題 6.3.3

図の回路を，枝電流法を用いて解くことを考える。

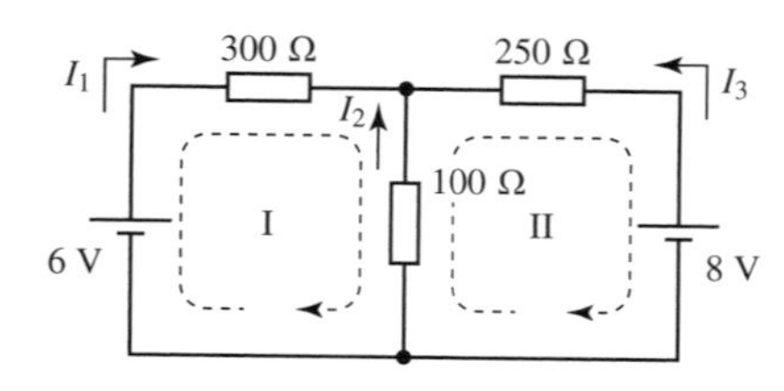

(1) キルヒホッフの電流則の式を作りなさい。

(2) 閉路 I・II それぞれについて，キルヒホッフの電圧則の式を作りなさい。

(3) 電流 I_1，I_2，I_3 を求めなさい。

例題 6.4：閉路電流法（ループ電流法）

図の回路を閉路電流法で解くことを考える。閉路電流 I_1，I_2 は図のようにおいた。

(1) 閉路方程式を作りなさい。

(2) 閉路電流 I_1，I_2 を求めなさい。

(3) 200 Ω の抵抗に流れる電流を，下向きを正として求めなさい。

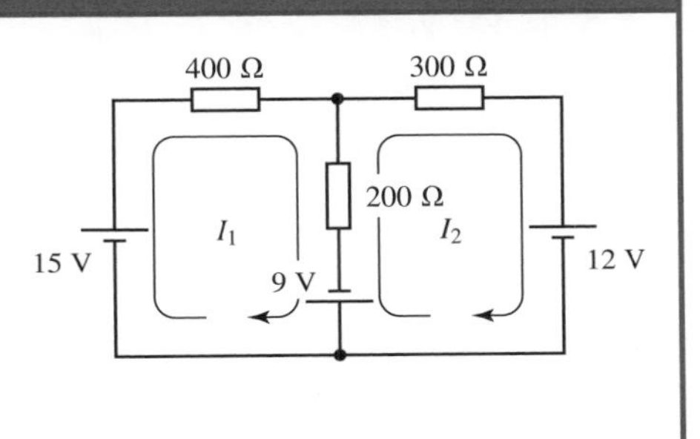

解き方

閉路電流法（ループ電流法）は，回路の閉路について電流を仮定し（閉路電流），閉路についてのキルヒホッフの電圧則の式（閉路方程式）を作って方程式を解き，閉路電流を求める方法です。本問では，2 つの閉路について閉路電流 I_1，I_2 が仮定されています。

ここで，左側の閉路に係る素子にはすべて I_1 が流れているかというと，そうではありません。15 V の電源，400 Ω の抵抗には I_1 が流れますが，200 Ω の抵抗と 9 V の電源に流れる電流は I_1 ではありません。これは，同じ枝を通って仮定されている I_2 を使って $I_1 - I_2$ で表せます。このように，閉路電流法では，複数の閉路電流が関わる枝では，それらを合算したものが流れる電流になります。

閉路電流法においては，**必要な閉路電流の数，方程式の数は，いずれも独立した閉路の数**です。簡単には，中に何もない閉路すべてについて閉路電流を仮定し，それぞれの閉路についてキルヒホッフの電圧則の式を作ります。閉路電流の向きは任意に決めてかまいません。なお，閉路電流法では，キルヒホッフの電流則の式は必要ありません。先に述べた「複数の閉路電流の合算」がその代用になります。

まずは **(1)**，閉路方程式を作ります。作り方は基本的に枝電流法（例題 6.3，p. 90）と同じですが，複数の閉路電流が重なる枝の扱いに注意します。

I_1 の閉路について，電圧降下は 400 Ω，200 Ω の抵抗の 2 か所で起こります。前者の電圧降下は，閉路の向き（回路をたどる向き）が電流の向きですから $400I_1$〔V〕

です。問題は後者です。200 Ω の抵抗には，I_1 のほかに，右側の閉路で仮定した電流 I_2 も関わっています。

このような，**複数の閉路電流が重なっているところでは，これらを合算**します。すなわち，閉路と同じ向き（回路をたどる向き）に I_1 が流れていて，逆向きに I_2 が流れています。ですから，合算すると閉路と同じ向きに対して $I_1 - I_2$ 流れていることになります。したがってこの部分の電圧降下は $200(I_1 - I_2)$〔V〕です。これで，電圧降下の和は $400I_1 + 200(I_1 - I_2)$〔V〕であることが求められました。起電力は，15 V・9 V いずれの電源も閉路が負極から正極に通過しているので，正の値の 15 V・9 V です。和は 15 + 9〔V〕です。よって，I_1 の閉路についての閉路方程式は $\mathbf{400I_1 + 200\,(I_1 - I_2) = 15 + 9}$ です。

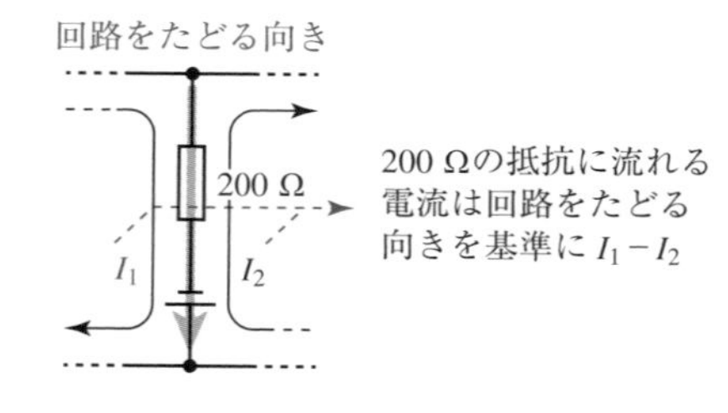

I_2 の閉路については，電圧降下は 300 Ω，200 Ω の抵抗の 2 か所です。前者は閉路の向きが電流の向きなので，電圧降下は $300I_2$〔V〕です。後者の 200 Ω の抵抗について，閉路の向き（回路をたどる向き）に I_2，逆向きに I_1 が流れていますから，合算すると $I_2 - I_1$ です。したがって電圧降下は $200(I_2 - I_1)$〔V〕です。電圧降下の和は $300I_2 + 200(I_2 - I_1)$〔V〕と求められました。起電力については，12 V・9 V の電源ともに閉路が正極から負極に通過しているので，負の値の −12 V・−9 V です。したがって和は −12 − 9〔V〕です。これより，I_2 の閉路についての閉路方程式は $\mathbf{300I_2 + 200\,(I_2 - I_1) = -12 - 9}$ です。

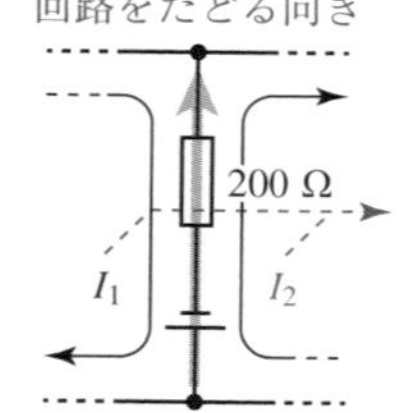

200 Ωの抵抗に流れる電流は回路をたどる向きを基準に $I_2 - I_1$

(2) では，これらの閉路方程式を解いて閉路電流を求めます。閉路方程式を整理すると，I_1 の閉路は $600I_1 - 200I_2 = 24$，I_2 の閉路は $-200I_1 + 500I_2 = -21$ です。I_2 の閉路の方程式を両辺を 3 倍して $-600I_1 + 1500I_2 = -63$，これを I_1 の閉路の方程式に左辺・右辺どうし加えると（加減法）$1300I_2 = -39$ になりますから，$\mathbf{I_2 = -0.03}$〔**A**〕（−30 mA）です。これをたとえば I_1 の閉路の式に代入すれば，$600I_1 - 200 \times (-0.03) = 24$ より $\mathbf{I_1 = 0.03}$〔**A**〕（30 mA）と求められます。

(3) では，I_1 と I_2 が両方通っている 200 Ω の抵抗に流れる電流を求めます。下向き（I_1 の向き）が正ですから，求める電流は，$I_1 - I_2 = 0.03 - (-0.03) =$

0.06〔**A**〕（60 mA）です。

模範解答

(1) $400I_1 + 200(I_1 - I_2) = 15 + 9$，$300I_2 + 200(I_2 - I_1) = -12 - 9$。

(2) $I_1 = 0.03$〔A〕，$I_2 = -0.03$〔A〕。**(3)** 求める電流は $I_1 - I_2$ で，$I_1 - I_2 = 0.03 - (-0.03) = 0.06$〔A〕。

練習問題 6.4.1

図の回路を閉路電流法で解くことを考える。閉路電流 I_1，I_2 は図のようにおいた。

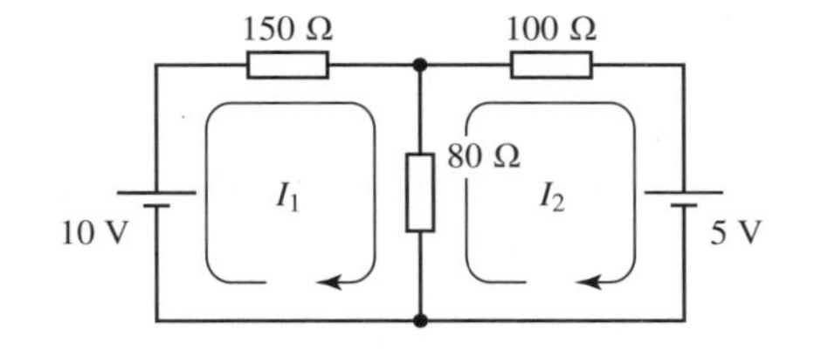

(1) 閉路方程式を作りなさい。

(2) 閉路電流 I_1，I_2 を求めなさい。

練習問題 6.4.2

図の回路を閉路電流法で解くことを考える。閉路電流 I_1，I_2 は図のようにおいた。

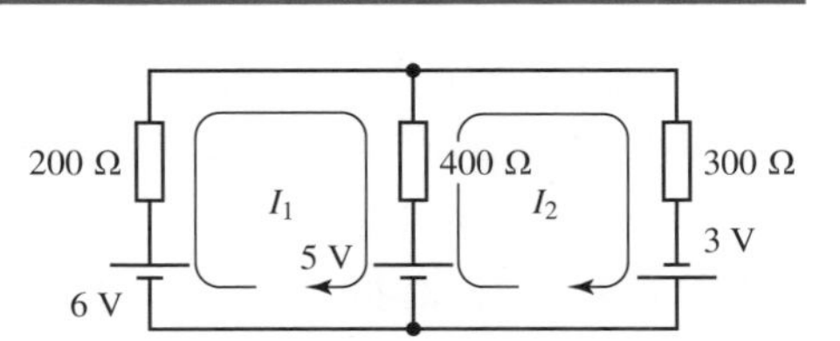

(1) 閉路方程式を作りなさい。

(2) 閉路電流 I_1，I_2 を求めなさい。

(3) 400 Ω の抵抗に流れる電流の向きと大きさを求めなさい。

練習問題 6.4.3

図の回路を閉路電流法で解くことを考える。閉路電流 I_1, I_2 は図のようにおいた。

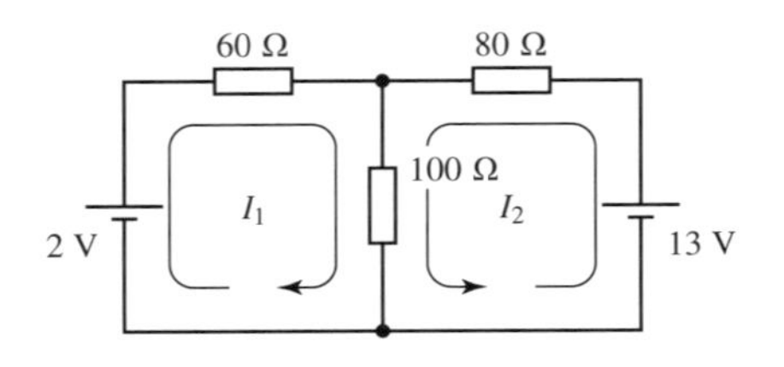

(1) 閉路方程式を作りなさい。

(2) 閉路電流 I_1, I_2 を求めなさい。

練習問題の解答

●練習問題 6.1.1（解答）●

電流の向きと回路をたどる向きが同じなので，オームの法則より，$100 \times 0.02 =$ **2〔V〕**。

●練習問題 6.1.2（解答）●

オームの法則より $70 \times 0.1 = 7$，電流の向きと回路をたどる向きが逆なので，**−7 V**。

●練習問題 6.2.1（解答）●

(1) 閉路 I について，$\boldsymbol{3 + V_1 + 2 = 15}$。閉路 II について，$\boldsymbol{4 - V_2 + 3 - V_1 = 0}$。
(2) 閉路 I の方程式より，$\boldsymbol{V_1 = 10}$**〔V〕**。これを閉路 II の方程式に代入して，$\boldsymbol{V_2 = -3}$**〔V〕**。

解　説　閉路 II について，V_1 と V_2 が加わる抵抗の電圧降下は閉路と電圧の向きの関係で負号がつきます。V_2 は負の値で求められますが，これは実際の電圧が仮定していた向きと逆であることを示しています。

復習しよう　電圧の符号（p. 15）

●練習問題 6.2.2（解答）●

(1) 閉路 I について，$\boldsymbol{4 + V + 6 = 14}$。閉路 II について，$\boldsymbol{-5 - 3 - V = -E}$。
(2) 閉路 I の方程式より，$\boldsymbol{V = 4}$**〔V〕**。これを閉路 II の方程式に代入して，$\boldsymbol{E = 12}$**〔V〕**。

解　説　閉路IIの3つの電圧降下はいずれもたどると電圧が上がる向きなので負で計算します。閉路IIの電源は，閉路が正極から負極に通過するので起電力を負として計算します。

●練習問題 6.3.1（解答）●

(1) $I_1 + I_2 + I_3 = 0$。(2) 閉路I：$-100I_1 + 50I_2 = 4$，閉路II：$200I_3 - 50I_2 = -6$。(3) $I_1 = -0.02$〔A〕(−20 mA)，$I_2 = 0.04$〔A〕(40 mA)，$I_3 = -0.02$〔A〕(−20 mA)。

解　説　負の値で求められている I_1，I_3 は，電流の向きが問題中で仮定した向きと逆だったということです。

復習しよう　電流の向き（p. 14）

●練習問題 6.3.2（解答）●

(1) $I_1 = I_2 + I_3$。(2) 閉路I：$-100I_1 - 200I_2 = -6 - 2$，閉路II：$200I_2 - 100I_3 = -4 + 6$。(3) $I_1 = 0.04$〔A〕(40 mA)，$I_2 = 0.02$〔A〕(20 mA)，$I_3 = 0.02$〔A〕(20 mA)。

●練習問題 6.3.3（解答）●

(1) $I_1 + I_2 + I_3 = 0$。(2) 閉路 I：$300I_1 - 100I_2 = 6$，閉路 II：$100I_2 - 250I_3 = -8$。(3) $I_1 = 0.01$〔A〕（10 mA），$I_2 = -0.03$〔A〕（−30 mA），$I_3 = 0.02$〔A〕（20 mA）。

解　説　I_2 が負の値で求められています。これは，実際は矢印（仮定）と逆向きに 30 mA ということです。

復習しよう　電流の向き（p. 14）

●練習問題 6.4.1（解答）●

(1) $150I_1 + 80(I_1 - I_2) = 10$，$100I_2 + 80(I_2 - I_1) = -5$。(2) $I_1 = 0.04$〔A〕（40 mA），$I_2 = -0.01$〔A〕（−10 mA）。

解　説　本問でも，中央の 80 Ω の抵抗に流れる電流は，I_1 の閉路の向きでは $I_1 - I_2$，I_2 の閉路の向きでは $I_2 - I_1$ になることに注意します。連立方程式は，整理すると $230I_1 - 80I_2 = 10$ と $-80I_1 + 180I_2 = -5$ になります。I_2 が負の値で求められますが，これは閉路電流が仮定と逆回りであることを示しています。

●練習問題 6.4.2（解答）●

(1) $\mathbf{200}\boldsymbol{I_1}+\mathbf{400}(\boldsymbol{I_1}-\boldsymbol{I_2})=\mathbf{6}-\mathbf{5}$，$\mathbf{300}\boldsymbol{I_2}+\mathbf{400}(\boldsymbol{I_2}-\boldsymbol{I_1})=\mathbf{3}+\mathbf{5}$。

(2) $\boldsymbol{I_1}=\mathbf{0.015}$〔A〕（15 mA），$\boldsymbol{I_2}=\mathbf{0.02}$〔A〕（20 mA）。(3) $I_1-I_2=-0.005$〔A〕なので，上向きに **0.005 A**（5 mA）。

解　説　中央の 400 Ω の抵抗に流れる電流は，I_1 の閉路の向きでは I_1-I_2，I_2 の閉路の向きでは I_2-I_1 です。連立方程式は，整理すると $600I_1-400I_2=1$ と $-400I_1+700I_2=8$ になります。(3) は，（下向きを正として）I_1-I_2 を求めると負の値になるので，向きは上向きです。

復習しよう　電流の向き（p. 14）

●練習問題 6.4.3（解答）●

(1)　$\mathbf{60}\boldsymbol{I_1}+\mathbf{100}(\boldsymbol{I_1}+\boldsymbol{I_2})=\mathbf{2}$，$\mathbf{80}\boldsymbol{I_2}+\mathbf{100}(\boldsymbol{I_1}+\boldsymbol{I_2})=\mathbf{13}$。(2)　$\boldsymbol{I_1}=-\mathbf{0.05}$〔A〕（−50 mA），$\boldsymbol{I_2}=\mathbf{0.1}$〔A〕。

解　説　本問では，閉路電流について，I_1 は右回りですが，I_2 は左回りに仮定されています。したがって，中央の 100 Ω に流れる電流は，I_1 の閉路でも I_2 の閉路でも I_1+I_2 と合算します。また，閉路の向きに係って起電力の符号にも注意してください。整理した連立方程式は，$160I_1+100I_2=2$ と $100I_1+180I_2=13$ になります。I_1 が負の値で求められますが，これは閉路電流の向きが仮定と逆であることを示しています。閉路電流法では閉路電流を仮定する向きは任意ですが，式を誤らないように見越しておくべきでしょう。たとえば，閉路電流の向きをすべて同じ向き（右回り，左回り）で仮定するといった習慣付けておくとよいでしょう。

復習しよう　電流の向き（p. 14）

第7章

鳳・テブナンの定理とノートンの定理

鳳・テブナンの定理とノートンの定理は，**与えられた回路から簡単化された回路に変換できる**という定理です。いちど簡単化した回路（等価回路）が求められれば，以降はその回路で計算してよくなります。この等価回路を，まず求められるようになりましょう。これは，結果を覚えるのではなく，**手順を身につけます**。このときに，**分圧・分流や合成抵抗を駆使したり，同じ回路を複数の見かたで見たりする**ので，不安がある場合は復習して臨みましょう。

本章の内容のまとめ

鳳（ほう）・テブナンの定理　2つの端子を持つ直流回路は，どんなものでも，電圧源とそれに直列な抵抗からなる等価な性質の回路に変換できる（＝簡単化できる）。等価回路は，もとの回路について，次のうちから2つを求めて作る。

- 端子間を**開放（かいほう）**して測定・計算した**電圧**（**開放電圧**）
- 端子間を**短絡（たんらく）**して測定・計算した**電流**（**短絡電流**）
- 端子間の（電源を除去した）**合成抵抗**

合成抵抗を求めるとき，電源は，**電圧源は短絡**（ゼロの内部抵抗）で，**電流源は開放**（無限大の内部抵抗）で除去する。等価回路は，開放電圧と合成抵抗が直接求められればただちに構成できる。開放電圧 V，合成抵抗 R の一方が求めにくい（求められない）場合は，短絡電流 I を求めて，$E = RI$ または $R_0 = \frac{V}{I}$ で等価回路の電源電圧または抵抗を求める。

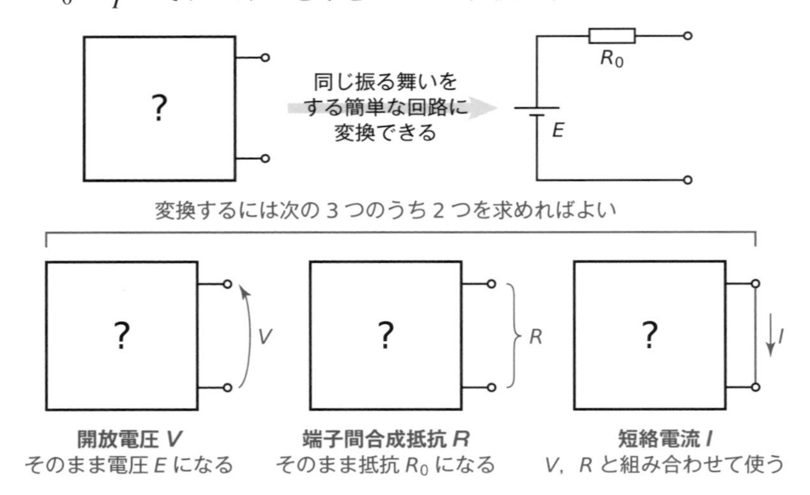

開放電圧　2つの端子間を，何も接続せずに測った電圧。端子間には電流は流れない。

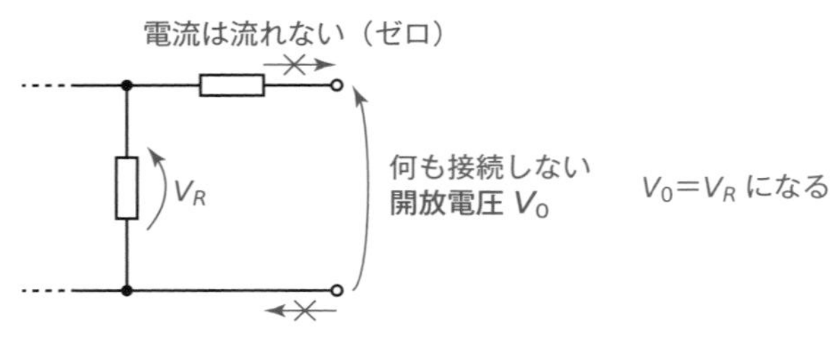

短絡電流　2つの端子間を，直接導線で接続して測った電流。端子間の電圧は0。特に，短絡したとき節点の間に抵抗などが何もない場合，その並列部分に電流は流れなくなる。

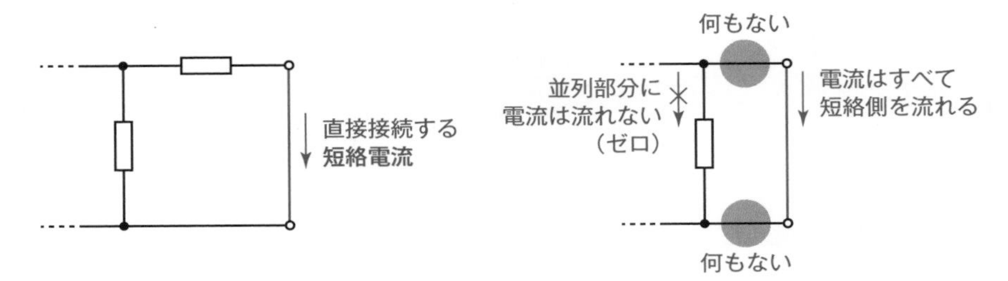

ノートンの定理　2つ端子を持つ直流回路は，どんなものでも，電流源とそれに並列な抵抗からなる等価回路に簡単化できる。等価回路は，もとの回路について，鳳・テブナンの定理と同じく，端子間の**開放電圧**，**短絡電流**，**合成抵抗**のうち2つを求めて作る。合成抵抗の求め方も鳳・テブナンの定理と同じ。等価回路は，短絡電流と合成抵抗が直接求められればただちに構成できる。短絡電流 I，合成抵抗 R の一方が求めにくい（求められない）場合は，開放電圧 V を求めて，$J = \frac{V}{R}$ または $R_0 = \frac{V}{I}$ で等価回路の電源電流または抵抗を求める。

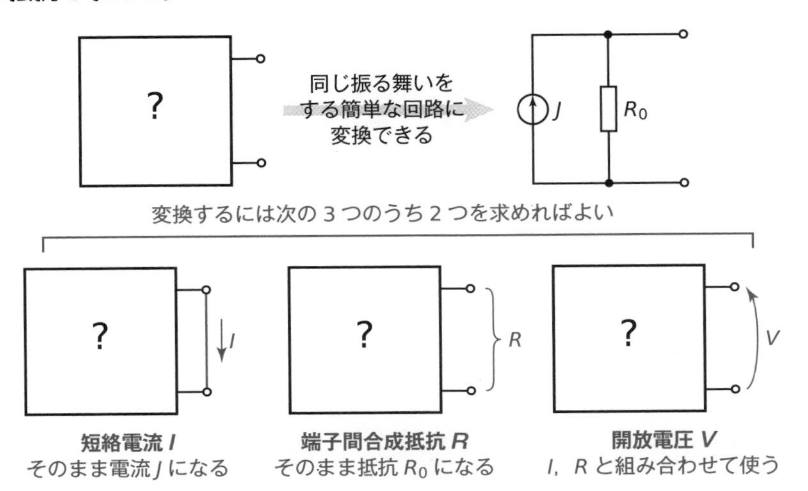

例題 7.1：鳳・テブナンの定理

図①の回路を，鳳・テブナンの定理を用いて図②の等価な回路に変換することを考える。

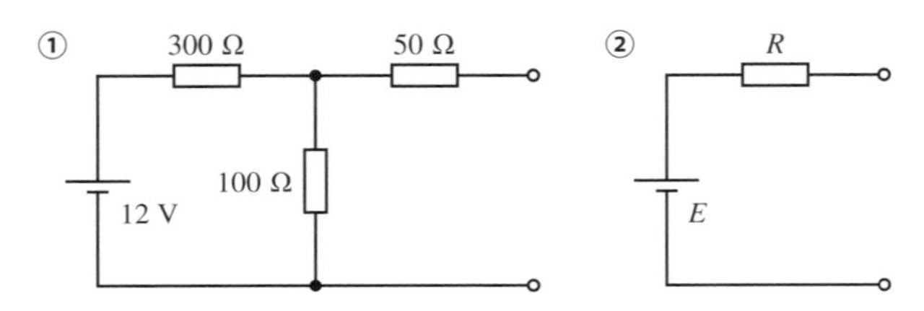

(1) 等価回路の電源電圧 E および抵抗 R を求めなさい。

(2) 図①の回路の端子間に 75 Ω の抵抗を接続したとき，そこに流れる電流の大きさを求めなさい。

解き方

鳳（ほう）・テブナンの定理を使うと，直流回路においては，2 つの端子を持つ回路は**「電圧源と，それに直列に接続された抵抗」に置き換えられます**。この置き換えた回路は，2 つの端子に対して，**開放電圧・短絡電流・端子間合成抵抗のうち 2 つ**を（どのような方法でも）求められれば作れます。そして，

- 求めた開放電圧はそのまま等価回路の電源電圧になる。
- 求めた端子間合成抵抗はそのまま等価回路の抵抗になる。
- 求めた短絡電流は，もう 1 つの求めた値（開放電圧または端子間抵抗）を使って，等価回路の抵抗または電源電圧を求めるのに使う。

として等価回路の電源電圧と抵抗を定めます。これでもとの回路は等価回路に変換されましたから，以降はその等価回路に対して計算等を行えば，それはもとの回路について行っていることと同じになります。

まず，**(1)** で等価回路を求めます。鳳・テブナンの定理を使うときには，ただちに等価回路の素子の値になる開放電圧と端子間抵抗を求めることを考えましょう。いずれかが求めにくかったり求められなかったりした場合は，短絡電流を求めることになります。

では，開放電圧です。50 Ω の抵抗には電流は流れませんから（電圧降下しませんから），「なくても同じ」です。よって 100 Ω の抵抗に加わる電圧を求めればよ

いことになります。これは，300 Ω と 100 Ω の抵抗が直列接続されていることから分圧で求めます。わかりにくければ下図のように回路を書き換えてみるとよいでしょう。分圧より，12 V が 300 : 100 = 3 : 1 に分かれて加わりますから，100 Ω の抵抗には $12 \times \frac{1}{3+1} = 3$〔V〕が加わります。これが開放電圧で，等価回路の電源電圧ですから，$E = \mathbf{3}$〔**V**〕です。

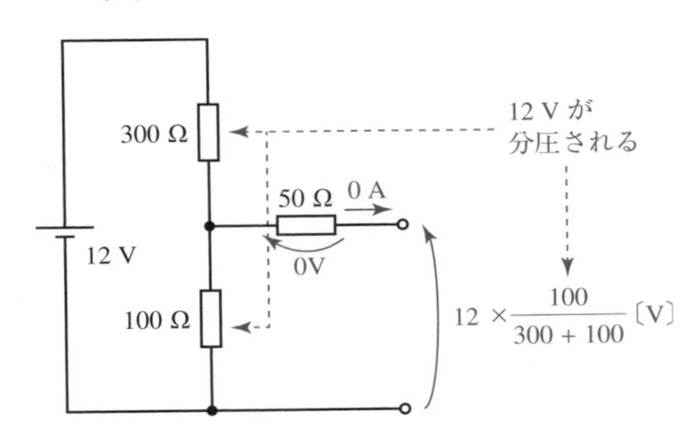

続いて端子間抵抗です。端子間抵抗を求めるときに電源の存在が邪魔になります。これは，**電圧源は短絡，電流源は開放で除去**します。本問の回路には電圧源があるので，これを短絡で除去すると右図のような回路が得られます。これは，「300 Ω と 100 Ω の並列」に 50 Ω が直列に接続されたものですから，並列部分は $\frac{300 \times 100}{300+100} = 75$〔Ω〕，全体の合成抵抗はこれに直列接続の 50 Ω を加えて $75 + 50 = 125$〔Ω〕です。これはそのまま等価回路の抵抗になるので，$R = \mathbf{125}$〔**Ω**〕です。これで，等価回路が得られました。本問

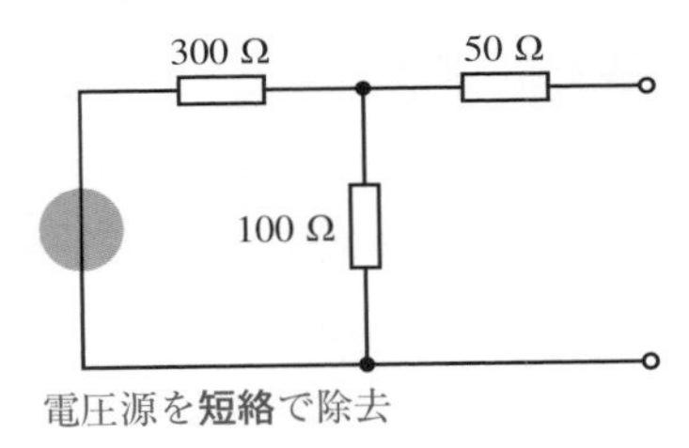

電圧源を**短絡**で除去

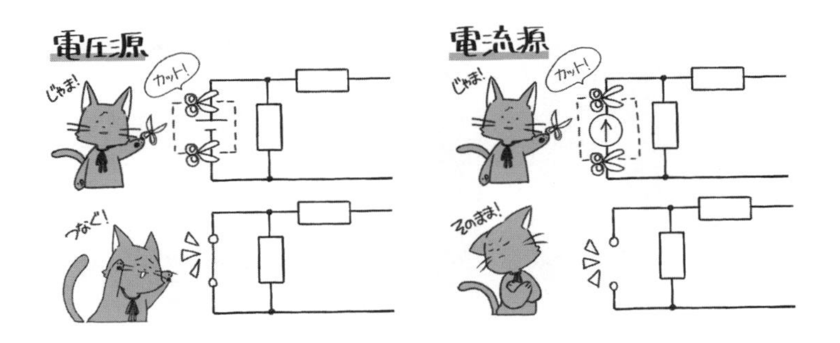

では，開放電圧と合成抵抗が両方首尾よく求められたので，短絡電流を求める必要はありませんでした。

(2) では，与えられた回路に 75 Ω の抵抗を接続します。当然，もとの回路に抵抗を接続して計算してもかまいませんが，本問では，与えられた回路は鳳・テブナンの定理によって簡単な形の等価回路が求められています。ですから，**等価回路のほうに抵抗を接続して計算してもよい**のです。等価回路を用いれば電流を求めたい回路は図のようになりますから，合成抵抗を 125 + 75 = 200〔Ω〕と求めて，電流はオームの法則より $\frac{3}{200}$ = **0.015**〔**A**〕（15 mA）と求められます。

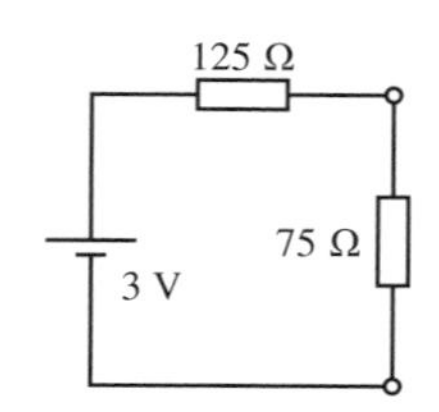

模範解答

(1) 開放電圧を求めると，分圧より，$12 \times \frac{100}{300+100} = 3$〔V〕，よって $E = 3$〔V〕。端子間の合成抵抗は，$50 + \frac{300 \times 100}{300+100} = 125$〔Ω〕，よって $R = 125$〔Ω〕。**(2)** オームの法則より，$\frac{3}{125+75} = 0.015$〔A〕。

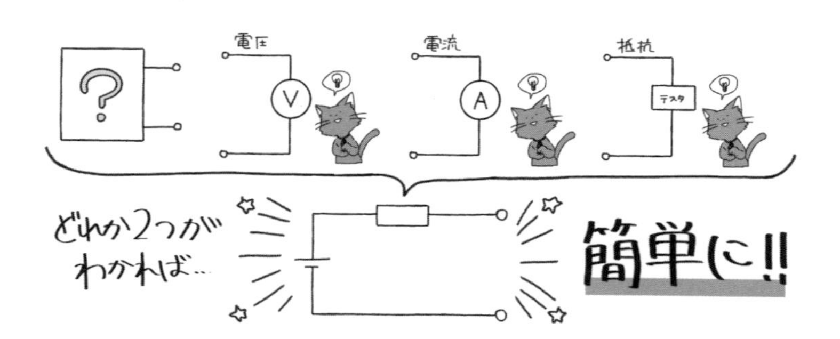

練習問題 7.1.1

図①の，2 つの端子を持つ内部がわからない直流回路を，鳳・テブナンの定理を用いて図②の等価な回路として表したい。開放電圧を測定したら 10 V，短絡電流を測定したら 20 mA であった。E と R の値を定めなさい。

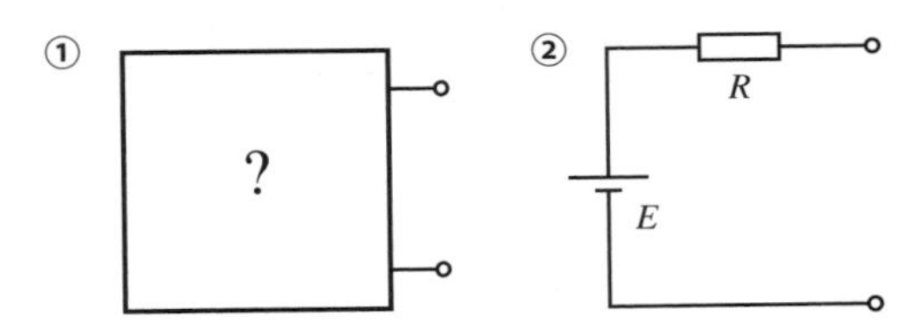

練習問題 7.1.2

図①の回路を，鳳・テブナンの定理を用いて図②の等価な回路に変換することを考える。

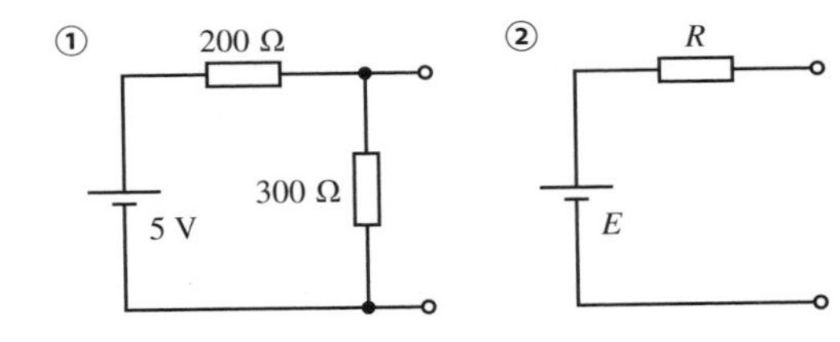

(1) 等価回路の電源電圧 E を求めなさい。

(2) 等価回路の抵抗 R を求めなさい。

練習問題 7.1.3

図①の回路を，鳳・テブナンの定理を用いて図②の等価な回路に変換することを考える。

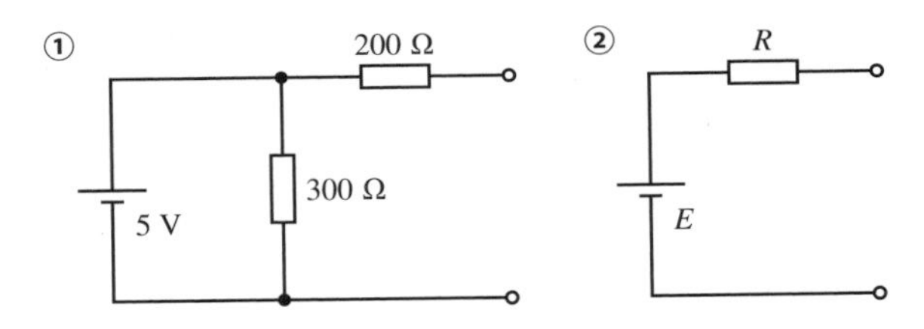

(1) 等価回路の電源電圧 E を求めなさい。

(2) 等価回路の抵抗 R を求めなさい。

練習問題 7.1.4

図①の回路を，鳳・テブナンの定理を用いて図②の等価な回路に変換することを考える。

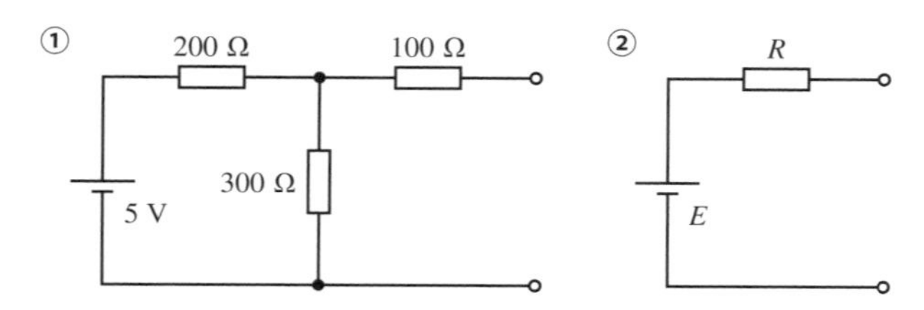

(1) 等価回路の電源電圧 E を求めなさい。

(2) 等価回路の抵抗 R を求めなさい。

(3) 図①の回路の端子間に 280 Ω の抵抗を接続したとき，これに流れる電流の大きさを求めなさい。

練習問題 7.1.5

図①の回路を，鳳・テブナンの定理を用いて図②の等価な回路に変換したい。等価回路の電源電圧 E および抵抗 R を求めなさい。

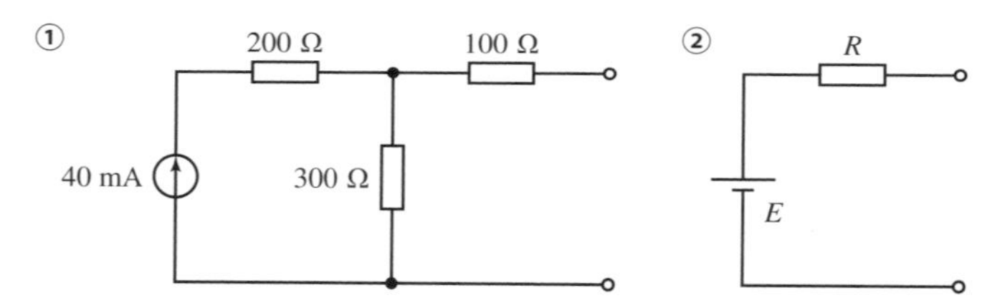

例題 7.2：ノートンの定理

図①の回路を，ノートンの定理を用いて図②の等価な回路に変換することを考える。

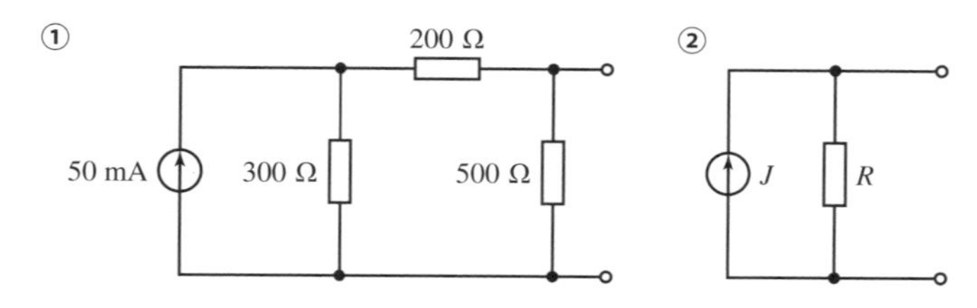

(1) 等価回路の電源電流 J および抵抗 R を求めなさい。

(2) 図①の回路の端子間に 50 Ω の抵抗を接続したとき，そこに流れる電流の大きさを求めなさい。

解き方

ノートンの定理を使うと，直流回路においては，2 つの端子を持つ回路は**「直流電流源と，それに並列に接続された抵抗」に置き換えられます**。この置き換えた回路は，2 つの端子に対して，**開放電圧・短絡電流・合成抵抗のうち 2 つ**を（どのような方法でも）求められれば作れます。そして，

- 求めた短絡電流はそのまま等価回路の電源電流になる。
- 求めた合成抵抗はそのまま等価回路の抵抗になる。
- 求めた開放電圧は，もう 1 つの求めた値（短絡電流または合成抵抗）を使って，等価回路の抵抗または電源電流を求めるのに使う。

として等価回路の電源電流と抵抗を定めます。ここで，**途中までの手順が鳳・テブナンの定理と同じ**ことに注目してください。求めるべき 3 つの量のうち，電圧と抵抗を使うと鳳・テブナンの定理の等価回路，電流と抵抗を使うとノートンの定理の等価回路が得られます。

では，**(1)** です。等価回路を求めます。ノートンの定理の等価回路にただちに反映させられるのは短絡電流と端子間抵抗なので，これらを優先的に求めるとよいでしょう。

短絡電流を求めます。端子間を短絡すると，短絡した端子間に並列な 500 Ω の抵抗には電流が流れなくなりますから，除去してかまいません。すると，50 mA が，並列に接続された 300 Ω と 200 Ω の抵抗で $\frac{1}{300} : \frac{1}{200} = 2 : 3$ に分流されます。よって短絡電流は $50 \times \frac{3}{2+3} = 30$〔mA〕，電源電流 J は **30 mA** です。

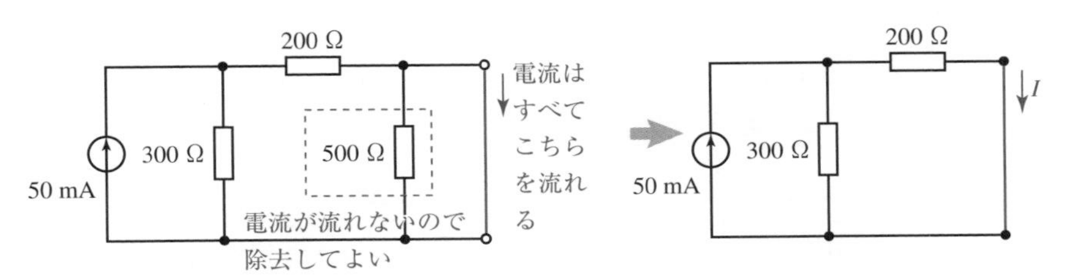

次に，端子間抵抗を求めます。鳳・テブナンの定理と同じく，電源は除去します。**電圧源を短絡，電流源を開放で除去する**のも同じです。本問では電流源があ

りますから，開放で除去します。すると，「200 Ω と 300 Ω の直列接続」と 500 Ω が並列接続されていることになりますから，200 + 300 = 500〔Ω〕と 500 Ω（同じ大きさ）の並列接続で半分になって，250 Ω です。よって，R = **250〔Ω〕**です。これで，等価回路が求められました。

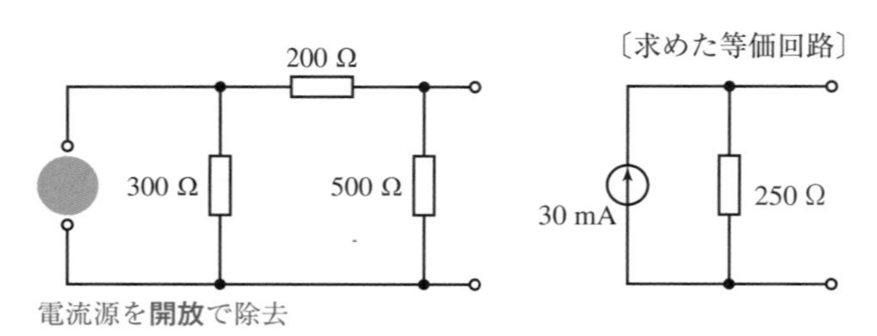

次に **(2)** です。問題の指示ではもとの回路に抵抗を接続することになっていますが，(1) で等価回路が求められていますから，こちらに抵抗を接続して計算してかまいません。すると，30 mA の電流源に 250 Ω と 50 Ω の抵抗が並列に接続されている回路になりますから，それぞれの抵抗に流れる電流は分流で求められます。その比は $\frac{1}{250} : \frac{1}{50} = 1 : 5$ です。よって流れる電流は，$30 \times \frac{5}{1+5}$ = **25〔mA〕**と求められます。

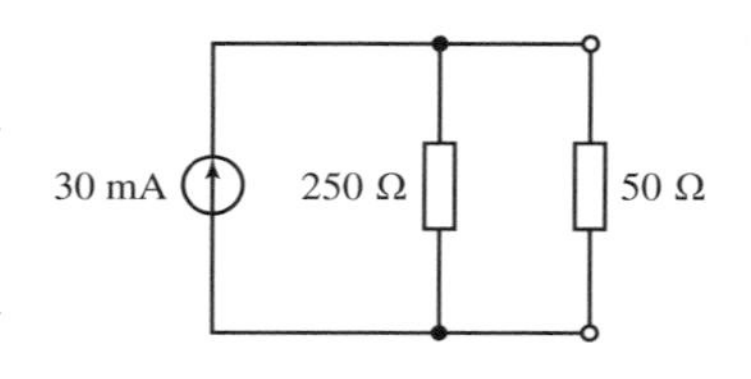

模範解答

(1) 短絡電流を求めると，分流より，50 mA が $\frac{1}{300} : \frac{1}{200} = 2 : 3$ に分かれて流れるから，$50 \times \frac{3}{2+3} = 30$〔mA〕，よって $J = 30$〔mA〕。端子間抵抗を求めると，200 + 300 = 500〔Ω〕と 500 Ω の並列接続で，250 Ω。よって，$R = 250$〔Ω〕。

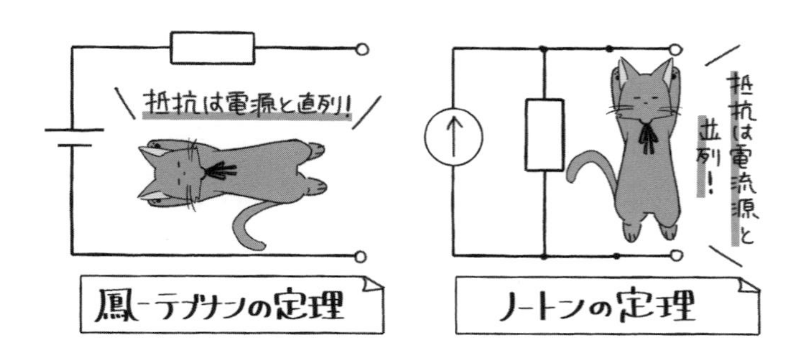

(2) 等価回路で考えると，分流より，30 mA が $\frac{1}{250}:\frac{1}{50}=1:5$ に分かれて流れるから，$30\times\frac{5}{1+5}=25$〔mA〕。

練習問題 7.2.1

図①の，2 つの端子を持つ内部がわからない直流回路を，ノートンの定理を用いて図②の等価な回路として表したい。開放電圧を測定したら 10 V，短絡電流を測定したら 50 mA であった。J と R の値を定めなさい。

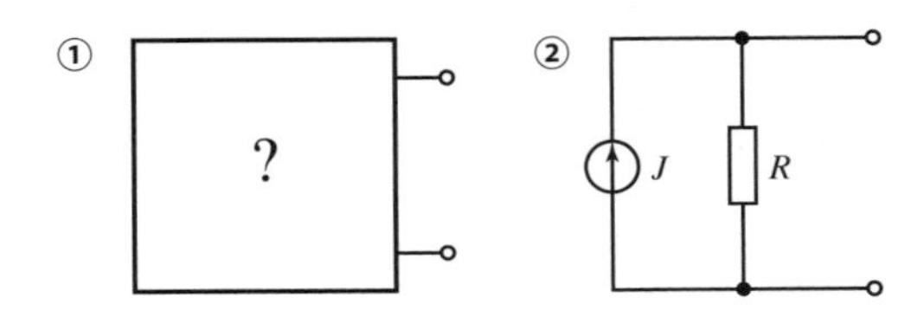

練習問題 7.2.2

図①の回路を，ノートンの定理を用いて図②の等価な回路に変換することを考える。

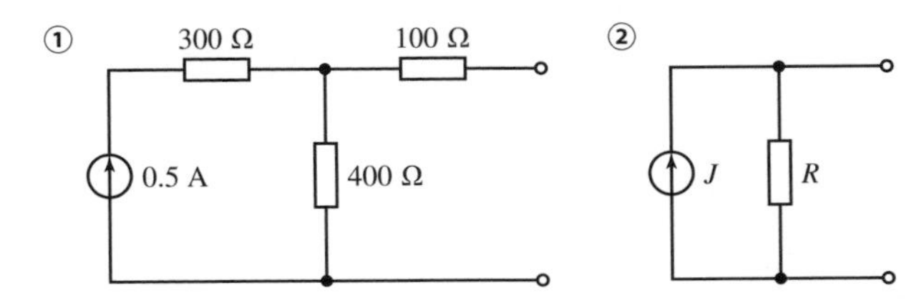

(1) 等価回路の電源電流 J を求めなさい。

(2) 等価回路の抵抗 R を求めなさい。

練習問題 7.2.3

図①の回路を，ノートンの定理を用いて図②の等価な回路に変換することを考える。

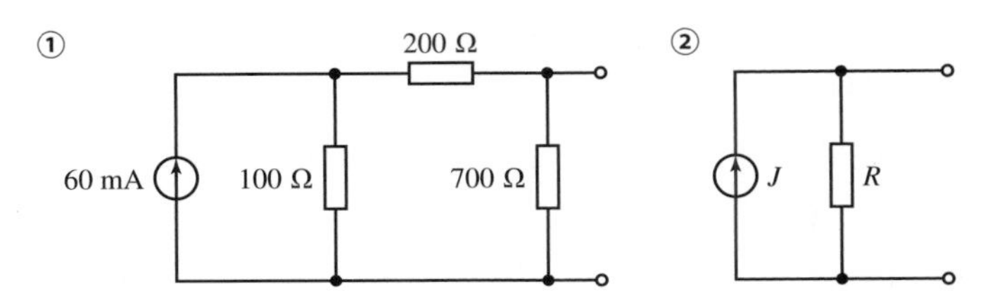

(1) 等価回路の電源電流 J を求めなさい。

(2) 等価回路の抵抗 R を求めなさい。

(3) 図①の回路の端子間に 90 Ω の抵抗を接続したとき，そこに流れる電流の大きさを求めなさい。

練習問題 7.2.4

図①の回路を，ノートンの定理を用いて図②の等価な回路に変換したい。等価回路の電源電流 J および抵抗 R を求めなさい。

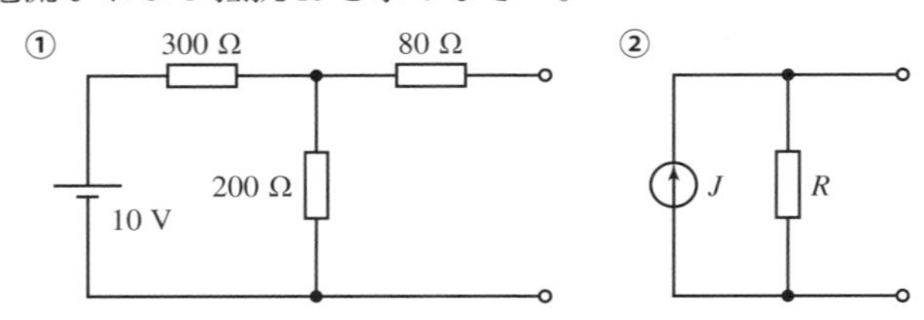

練習問題の解答

●練習問題 7.1.1（解答）●

電源電圧は，開放電圧が 10 V なので，E = **10**〔**V**〕。抵抗は，開放電圧と短絡電流を用いて，$R = \frac{10}{0.02}$ = **500**〔**Ω**〕。

解　説　鳳・テブナンの定理の等価回路は，**もとの回路の内部がわからなくても**，開放電圧・短絡電流・端子間抵抗のうち 2 つが与えられれば作れます。本問では，開放電圧と短絡電流が与えられています。開放電圧はただちに等価回路の電源電圧になります。等価回路の抵抗になる端子間抵抗はわからないので，開放電圧と短絡電流から「開放電圧 ÷ 短絡電流」で求めます。

●練習問題 7.1.2（解答）●

(1) 電源電圧 E は，端子間の開放電圧が分圧により $5 \times \frac{300}{200+300} = 3$〔V〕であるから，**3 V**。**(2)** 抵抗 R は，端子間抵抗が 200 Ω と 300 Ω の並列であるから，$\frac{200 \times 300}{200+300}$ = **120**〔**Ω**〕。

解　説　**(1)** 開放電圧を求めます。5 V が 200 Ω と 300 Ω で 200 : 300 = 2 : 3 に分圧されますから，そのうち 300 Ω のほう，$5 \times \frac{3}{2+3} = 3$〔V〕です。**(2)** 端子間抵抗を求めます。電圧源を短絡で除去します。するとこれは 200 Ω と 300 Ω の並列合成抵抗ですから，$\frac{200 \times 300}{200+300} = 120$〔Ω〕として求められます。

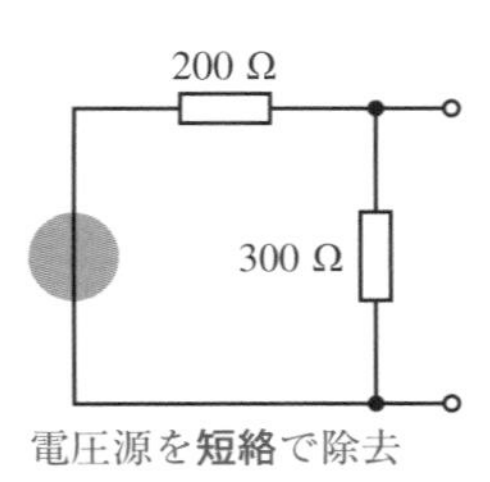

電圧源を**短絡**で除去

復習しよう　分圧（p. 42），並列合成抵抗（p. 30）

●練習問題 7.1.3（解答）●

(1) 200 Ω の抵抗に電流は流れないから，電源電圧がそのまま開放電圧になるので，$E = \mathbf{5}$〔**V**〕。**(2)** 電圧源を短絡で除去すると，300 Ω の抵抗には電流が流れなくなり，無視してよい。よって $R = \mathbf{200}$〔**Ω**〕。

解　説　**(1)** 200 Ω の抵抗には電流が流れず，電圧降下がない（電圧に関係ない）ことに注意します。すると，「電源に 300 Ω の抵抗が接続されているだけ」と同じ状況なので，端子間の開放電圧は電源電圧そのままの 5 V です。**(2)** 端子間抵抗を求めるのに電圧源を短絡で除去します。すると，300 Ω の抵抗に並列に「何も接続されていない部分」が生じて，電流はすべてこちらを流れます。300 Ω の抵抗は意味をなさなくなるので，（たとえば開放で）除去してかまいません。よって，端子間には 200 Ω の抵抗しかない状況になるので，端子間抵抗は 200 Ω になります。

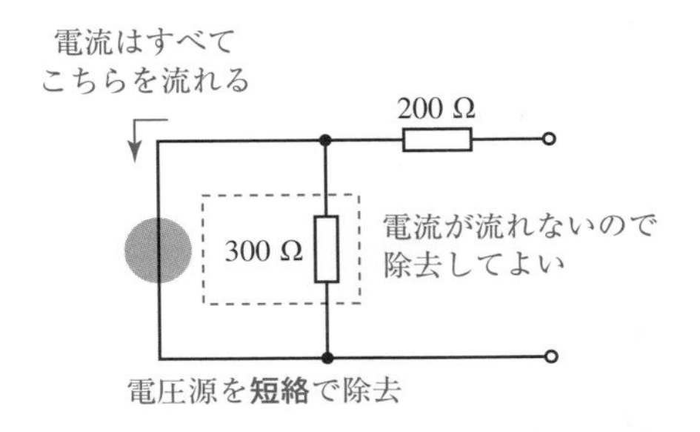

●練習問題 7.1.4（解答）●

(1) 開放電圧 E は，端子間の開放電圧が分圧により $5 \times \frac{300}{200+300} = 3$〔V〕であるから，**3 V**。**(2)** 抵抗 R は，端子間抵抗が 200 Ω と 300 Ω の並列部分に 100 Ω が直列接続されたものだから，$\frac{200\times300}{200+300} + 100 = \mathbf{220}$〔**Ω**〕。**(3)** 等価回路の端子に 280 Ω の抵抗を接続して，オームの法則から電流を求めると，$\frac{3}{220+280} = \mathbf{0.006}$〔**A**〕（6 mA）。

解　説　**(1)** 開放電圧を求めます。100 Ω の抵抗には電流が流れないので，除去してかまいません。すると，電源電圧 5 V を 200 Ω と 300 Ω の抵抗で分圧した 300 Ω のほうが開放電圧であることがわかり，$5 \times \frac{300}{300+200} = 3$〔V〕と求められます。

(2) 端子間抵抗は，電圧源を短絡で除去して求めます。端子間は，「200 Ω と 300 Ω の並列接続」に 100 Ω が直列接続されたものです。

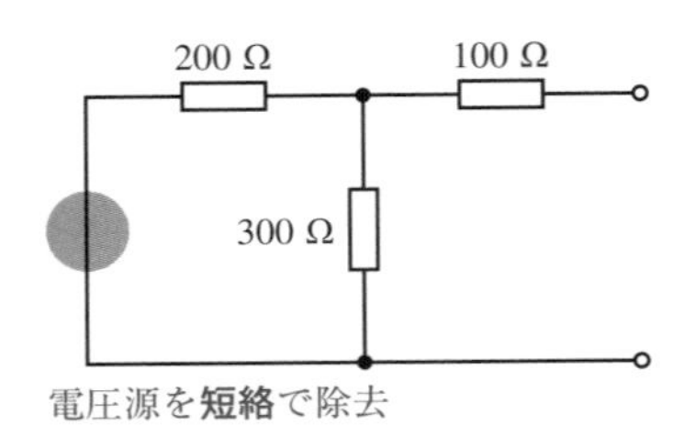

(3) 問題文に「図①の回路の端子間に」とありますが，(2) までで図①の回路と同じ振る舞いをする回路が求められているのですから，それに抵抗を接続して電流を求めても同じです。これは，3 V の電源に 220 Ω と 280 Ω の抵抗が直列に接続されている（合成抵抗は 500 Ω）回路（下図）ですから，電流は $\frac{3}{500} = 0.006$〔A〕と求められます。

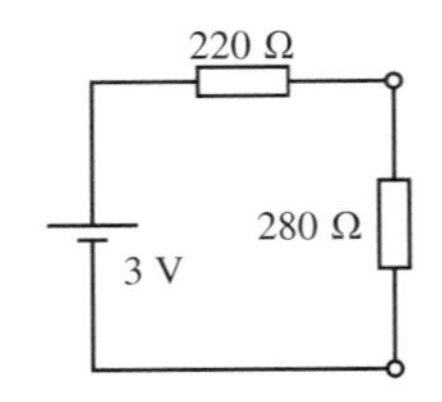

復習しよう　分圧（p. 42），複雑な合成抵抗（p. 30）

●練習問題 7.1.5（解答）●

開放電圧は，300×0.04 = 12〔V〕より，E = **12**〔V〕。端子間の抵抗は，100+300 = 400〔Ω〕より，R = **400**〔Ω〕。

別解①　開放電圧は，300 × 0.04 = 12〔V〕より，E = 12〔V〕。短絡電流は，40 mA が $\frac{1}{300} : \frac{1}{100} = 1 : 3$ に分流するから，$40 \times \frac{3}{1+3} = 30$〔mA〕。よって等価回路の抵抗は，$R = \frac{12}{0.03} = 400$〔Ω〕。

別解②　端子間抵抗は，100 + 300 = 400〔Ω〕より，R = 400〔Ω〕。短絡電流は，40 mA が $\frac{1}{300} : \frac{1}{100} = 1 : 3$ に分流するから，$40 \times \frac{3}{1+3} = 30$〔mA〕。よって等価回路の電源電圧は，$E = 400 \times 0.03 = 12$〔V〕。

解　説　鳳・テブナンの定理の等価回路を求めるに際して，開放電圧と端子間抵抗を求めるのが直接的ですが，短絡電流を求めてもかまいません。本問は，分流のみを使えばよいので，短絡電流が計算しやすく，これを求めても遠回りにはなりません。開放電圧は，100 Ω の抵抗に電流が流れないこと，300 Ω の抵抗に 40 mA が流れていることから $300 \times 0.04 = 12$〔V〕と求められます。端子間抵抗は，電流源を開放で除去すると，100 Ω と 300 Ω の直列接続ですから，$100 + 300 = 400$〔Ω〕です。

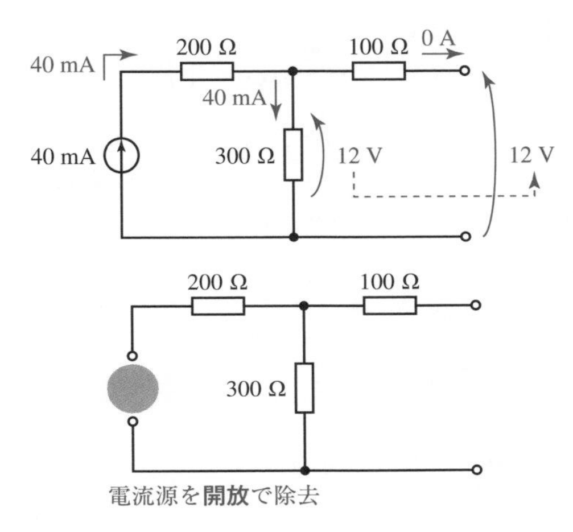

短絡電流は，電源の 40 mA が 100 Ω と 300 Ω の抵抗で $\frac{1}{100} : \frac{1}{300}$ に分流されることから求められます。これら 3 つのうちから 2 つが求められれば等価回路が構成できます。

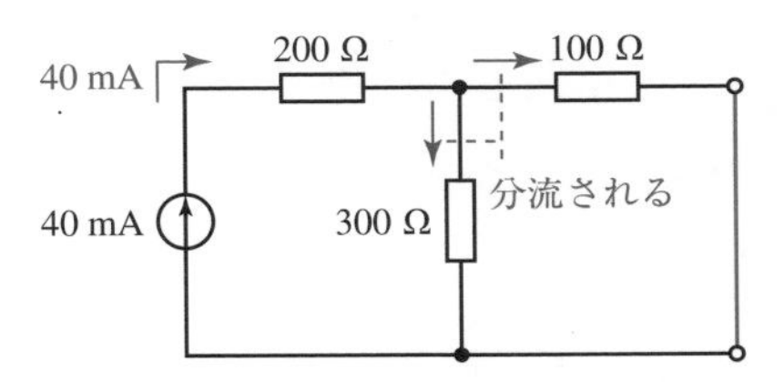

なお，別解①に「開放電圧と短絡電流を求めた場合」と別解②に「端子間抵抗と短絡電流を求めた場合」を示しておきました。

復習しよう 直列合成抵抗（p. 30）

●練習問題 7.2.1（解答）●

電源電流 J は，もとの回路の短絡電流が 50 mA なので，**50 mA**。等価回路の抵抗 R は，開放電圧と短絡電流を用いて $\frac{10}{0.05} = \mathbf{200}$〔**Ω**〕。

解　説　ノートンの定理でも，**もとの回路の内部がわからなくても**，開放電圧・短絡電流・端子間抵抗の 2 つが与えられれば等価回路を作れます。本問では，開放電圧と短絡電流が与えられています。短絡電流はただちに等価回路の電源電流になります。等価回路の抵抗になる端子間抵抗は与えられていないので，開放電圧と短絡電流から「開放電圧 ÷ 短絡電流」で求めます。

●練習問題 7.2.2（解答）●

(1) 端子を短絡すると，電源電流が 400 Ω と 100 Ω の抵抗に分かれて流れる。短絡電流は後者だから，分流より，$\frac{1}{400} : \frac{1}{100} = 1 : 4$ で，$0.5 \times \frac{4}{1+4} = 0.4$〔A〕。よって，$J = \mathbf{0.4}$〔A〕。**(2)** 端子間合成抵抗は，電流源を開放で除去して求めると，$100 + 400 = 500$〔Ω〕。よって，$R = \mathbf{500}$〔Ω〕。

解　説　(1) 端子間の短絡電流を求めます。状況は下図のようになって，0.5 A が 400 Ω と 100 Ω の抵抗に分かれて流れます。

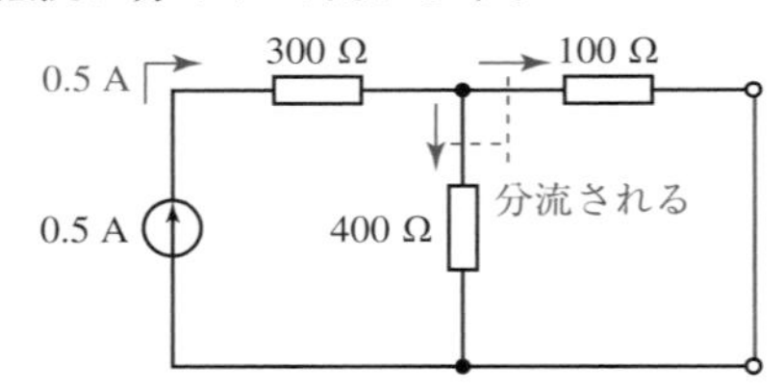

(2) 端子間の合成抵抗は，電流源を開放で除去して求めます。なお，本問では，（問題の指示どおりに解いていくと出てきませんが）開放電圧も簡単に求められるので，これを使っても求められます。400 Ω の抵抗に流れているのは 0.5 A ですから，オームの法則より $400 \times 0.5 = 200$〔V〕です。これより，端子間抵抗があれば電源電流は $\frac{200}{500} = 0.4$〔A〕，電源電流があれば等価回路の抵抗は $\frac{200}{0.4} = 500$〔Ω〕と求められます。

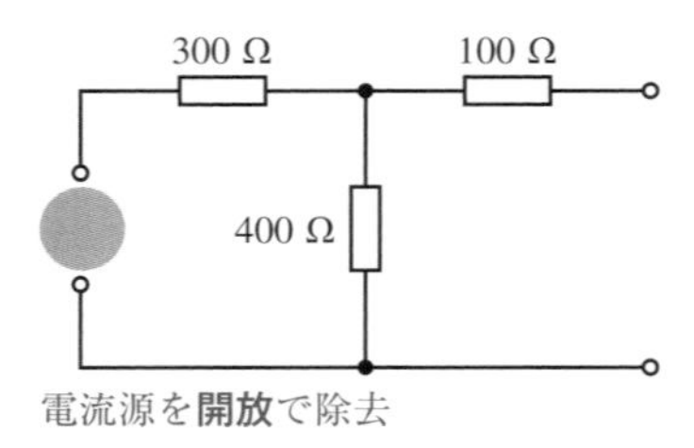

復習しよう　分流（p. 42），直列合成抵抗（p. 30）

●練習問題 7.2.3（解答）●

(1) 短絡電流を求める。端子間を短絡すると電源の 60 mA を 100 Ω と 200 Ω の抵抗で分流した後者の分が流れる。分流の比は $\frac{1}{100} : \frac{1}{200} = 2 : 1$ より，$60 \times \frac{1}{2+1} =$

20〔mA〕，よって $J = \mathbf{20}$〔**mA**〕。**(2)** 端子間の合成抵抗を求める。電流源を開放で除去すると，$200 + 100 = 300$〔Ω〕と 700 Ω の並列接続だから，$\frac{300\times700}{300+700} = 210$〔Ω〕，よって $R = \mathbf{210}$〔**Ω**〕。**(3)** (1)(2) で求めた等価回路で考える。90 Ω の抵抗を接続すると，分流より 20 mA が $\frac{1}{210} : \frac{1}{90} = 3 : 7$ に分かれるので，$20 \times \frac{7}{3+7} = \mathbf{14}$〔**mA**〕。

解　説　**(1)** 短絡電流を求めます。端子間を短絡すると，下図のように 700 Ω の抵抗には電流が流れなくなりますから，60 mA を 100 Ω と 200 Ω の抵抗で分流する問題に帰着します。

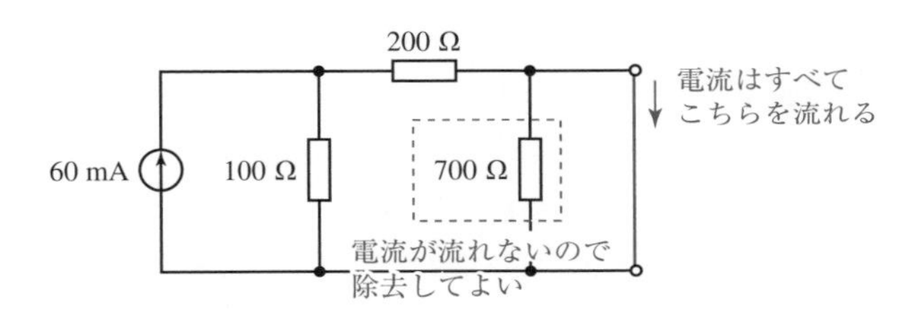

(2) 端子間抵抗を求めます。電流源がありますから，下図のように開放で除去すると，「200 Ω と 100 Ω の直列接続」と 700 Ω の並列接続として求められます。

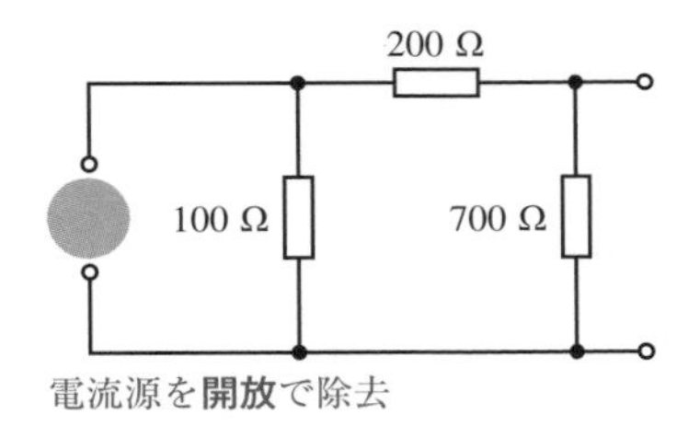

(3) 等価回路が求められていますから，もとの回路ではなく等価回路に抵抗を接続して電流を求めてかまいません。すると，右図のように 20 mA の電流源に 210 Ω と 90 Ω の抵抗が並列に接続されている状況になり，分流で電流を求められます。

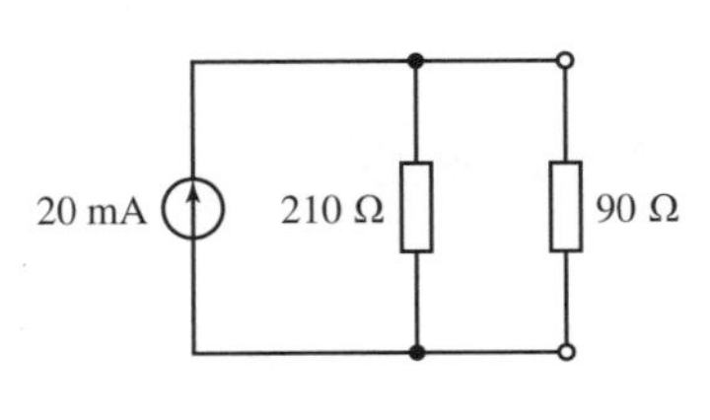

復習しよう　分流（p. 42），複雑な合成抵抗（p. 30）

●練習問題 7.2.4（解答）●

開放電圧を求める。80 Ω の抵抗に電流は流れないから，10 V を 300 Ω と 200 Ω の抵抗で分圧した後者が開放電圧で，$10 \times \frac{200}{300+200} = 4$〔V〕。端子間抵抗は，電圧源を短絡で除去すると，「300 Ω と 200 Ω の並列接続」に 80 Ω が直列接続されているものになるから，$\frac{300\times200}{300+200} + 80 = 200$〔Ω〕。よって，$R = \mathbf{200}$〔**Ω**〕。電源電流は，開放電圧と端子間抵抗を用いて，$J = \frac{4}{200} = \mathbf{0.02}$〔**A**〕（20 mA）。

解　説　本問でも，短絡電流と端子間抵抗を求めればノートンの定理の等価回路がただちに得られるわけですが，この回路の短絡電流は求めにくいのです。80 Ω と 200 Ω の分流であるわけですが，全体の電流がわかりません。全体の電流を求めるには，電源から見た合成抵抗を求める必要があります。これは手間です。一方，開放電圧は，電源電圧 10 V を 300 Ω と 200 Ω で分圧すれば求められます。ですから，解答では開放電圧と端子間抵抗を求めています。電源電流は「開放電圧 ÷ 端子間抵抗」で求められます。端子間抵抗は，電圧源を短絡で除去して求めます。なお，短絡電流を直接求めるならば，合成抵抗を $300+\frac{200\times80}{200+80} = \frac{2500}{7}$〔Ω〕，全体の電流を $\frac{10}{2500/7} = 0.028$〔A〕と求め，$\frac{1}{200} : \frac{1}{80} = 2 : 5$ の分流より $0.028\times\frac{5}{2+5} = 0.02$〔A〕となります。

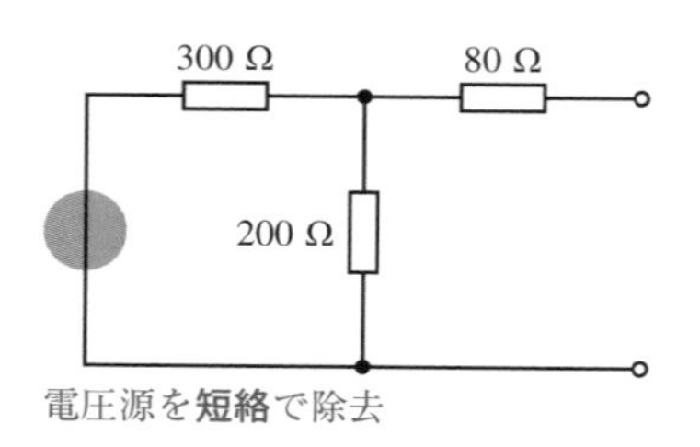

復習しよう　分圧（p. 42），複雑な合成抵抗（p. 30）

第8章

回路の諸定理

電気回路に関するさまざまな定理や，特別な性質を扱います。いずれも，結果を覚えるより**使い方の手順，導出の方法，適用条件を身につける**ほうが応用が利くようになります。**重ね合わせの理**は与えられた回路から解きやすい回路を作り，解いてから合成します。**ブリッジ回路**は分圧・分流を用いた計算方法と平衡条件を押さえましょう。**Δ-Y 変換**は，変換の一般式を覚えるのは大変ですから，導出のやりかたを覚えてその場で計算できるようにしましょう。

本章の内容のまとめ

重ね合わせの理（重ねの理）　複数の電源がある回路を，電源が 1 つのみの（解きやすい）回路に分解して，それらを最後に重ね合わせて解くやり方。手順の概要は次のとおり。

1. 与えられた回路から，電源が 1 つのみの（残りの電源は除去した）回路を作る。このとき，**電圧源は短絡**で，**電流源は開放**で取り除く。
2. それぞれの回路を解く。
3. 解いた回路を重ね合わせて，もとの回路を解く。

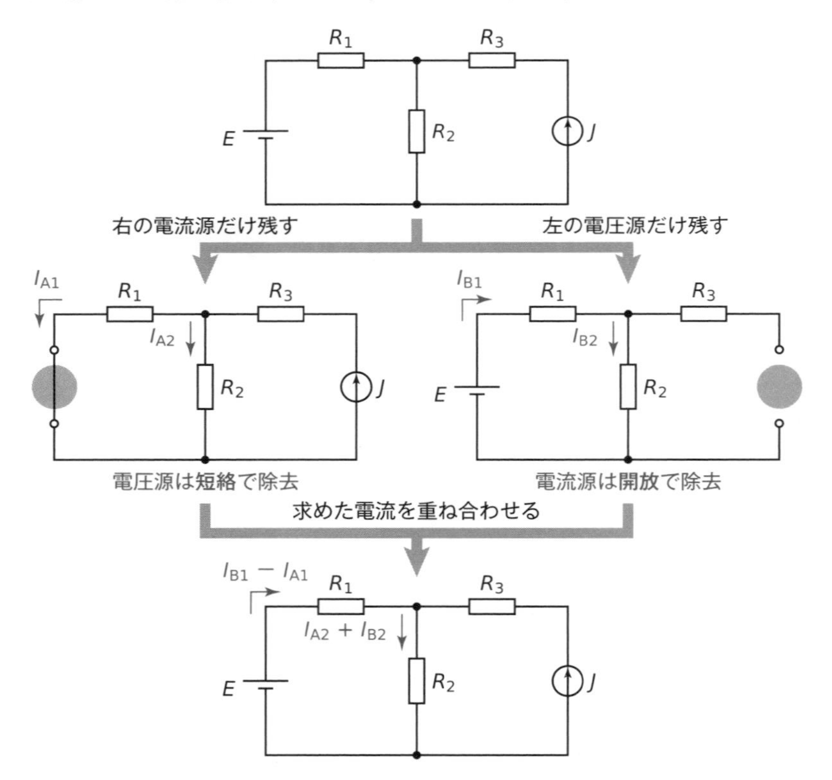

ブリッジ回路　回路の 4 つの節点がすべて素子で接続されている回路。この種類の回路は直列・並列では表せず，電圧・電流・抵抗を求めるのが難しい。だが，**ブリッジの平衡**と呼ばれる条件を満たすと，図中（次ページの上図）の色をつけて示した素子に加わる電圧が 0，流れる電流が 0 になり，「な

いのと同じ」になる。このとき，この素子は開放または短絡に置き換えて計算してよい。

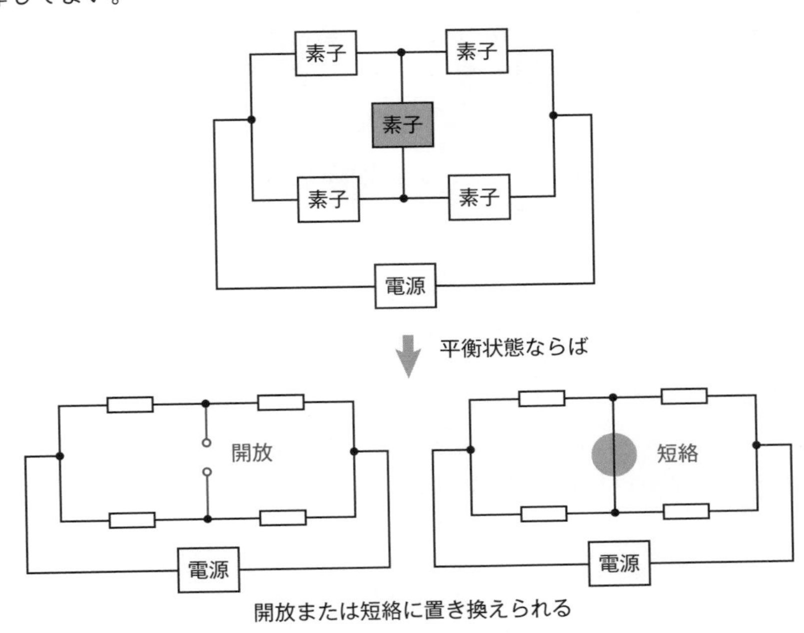

開放または短絡に置き換えられる

ホイートストンブリッジ　下図のようなブリッジ回路をホイートストンブリッジという。このブリッジ回路は $R_1R_4 = R_2R_3$ が成り立つとき**平衡**（へいこう）し，中央の電流計に電流が流れなくなる。このことを用いて，R_1，R_3 に大きさがわかっている抵抗，R_4 に大きさがわかっていない抵抗を接続し，R_2 を可変抵抗として，その大きさを調整して電流計（実際には**検流計**（けんりゅうけい）という鋭敏な電流計を使う）に電流が流れないようにすれば，$R_4 = \frac{R_2R_3}{R_1}$ より R_4 の大きさを求められる。この方法は，手間がかかるものの，上手に行えばテスタなどより高い精度で（多い桁数で）抵抗値を測定できる。

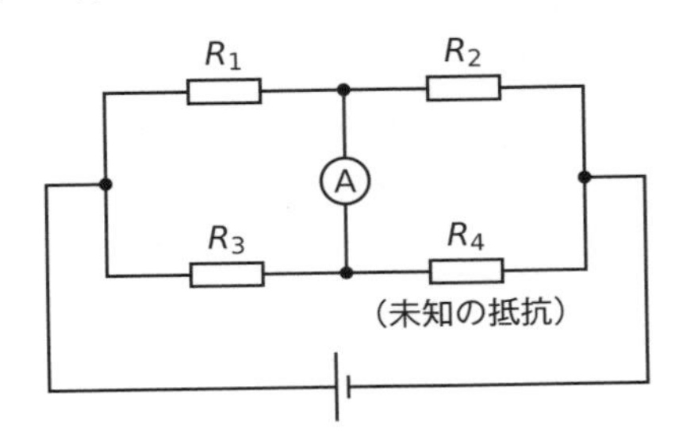

Δ 結線・Y 結線　抵抗などを，3 つの端子の間に，三角形状に配線したもの（**Δ 結線**（デルタけっせん），三角結線），Y の字のように配線したもの（**Y 結線**（ワイけっせん），スター結線，星型結線）がある。この結線方法は，特に交流（第 9 章参照）の送電で重要になる。直流回路の範囲では，これらが互いに等価な回路に変換できることが重要。

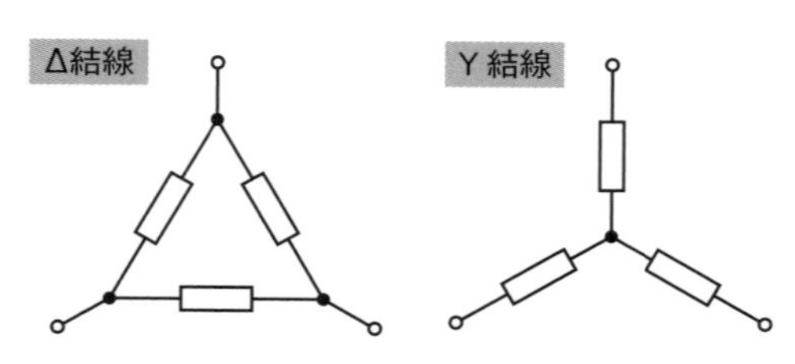

Δ-Y 変換　Δ 結線は，Y 結線に変換できる。2 つの回路が同じ振る舞いをすることに注意して，**2 つの端子を選んでその間の合成抵抗を求め，それらが Δ 結線と Y 結線とで等しくなる式を作る。**

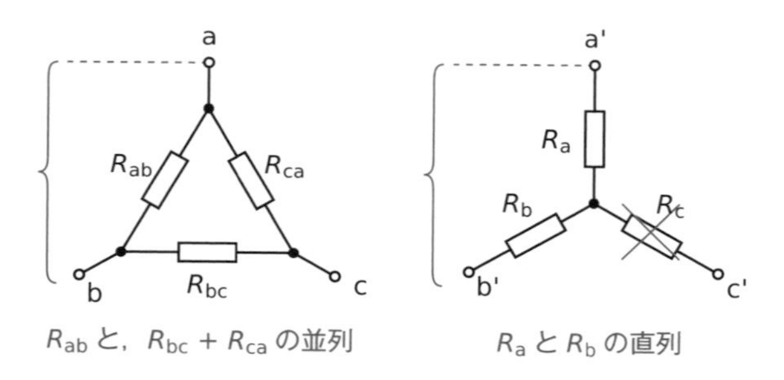

R_{ab} と，$R_{bc}+R_{ca}$ の並列　　　R_a と R_b の直列

a-b 間と a'-b' 間では，$\frac{R_{ab}(R_{bc}+R_{ca})}{R_{ab}+(R_{bc}+R_{ca})}=R_a+R_b$。同様に，b-c 間と b'-c' 間，c-a と c'-a' 間についても式を作る。$\frac{R_{bc}(R_{ca}+R_{ab})}{R_{bc}+(R_{ca}+R_{ab})}=R_b+R_c$，$\frac{R_{ca}(R_{ab}+R_{bc})}{R_{ca}+(R_{ab}+R_{bc})}=R_c+R_a$。これらを解くと，$R_a=\frac{R_{ab}R_{ca}}{R_{ab}+R_{bc}+R_{ca}}$，$R_b=\frac{R_{bc}R_{ab}}{R_{ab}+R_{bc}+R_{ca}}$，$R_c=\frac{R_{ca}R_{bc}}{R_{ab}+R_{bc}+R_{ca}}$。

Y-Δ 変換　Y 結線は，Δ 結線に変換できる。これも，2 つの回路が同じ振る舞いをすることに注意して，**3 つの端子のうち 2 つを短絡して 2 端子にし，その間の合成コンダクタンスを求め，それらが Y 結線と Δ 結線とで等しくなる式を作る。**

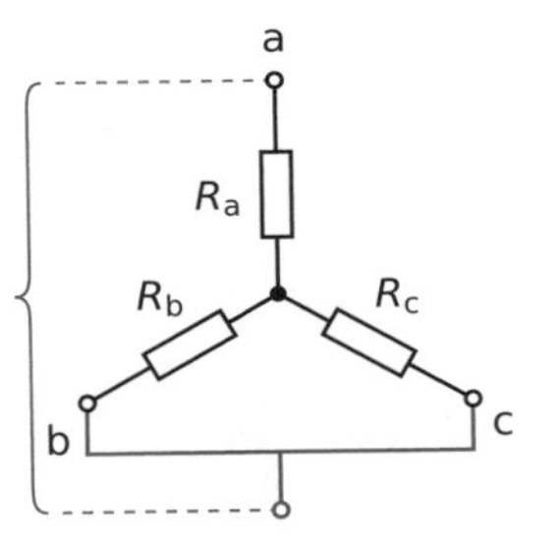

「R_b と R_c の並列」と R_a の直列

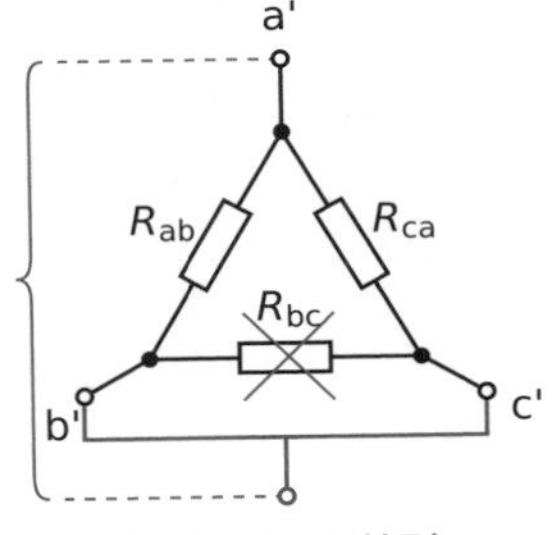

R_{ab} と R_{ca} の並列

b–c 間を短絡して a との間で合成コンダクタンスを求めたものと，b'–c' 間を短絡して a' との間で合成コンダクタンスを求めたものが等しくなるから，$\dfrac{\frac{1}{R_a}\left(\frac{1}{R_b}+\frac{1}{R_c}\right)}{\frac{1}{R_a}+\left(\frac{1}{R_b}+\frac{1}{R_c}\right)}=\dfrac{1}{R_{ab}}+\dfrac{1}{R_{ca}}$。ほかの端子も同様に，$\dfrac{\frac{1}{R_b}\left(\frac{1}{R_c}+\frac{1}{R_a}\right)}{\frac{1}{R_b}+\left(\frac{1}{R_c}+\frac{1}{R_a}\right)}=\dfrac{1}{R_{bc}}+\dfrac{1}{R_{ab}}$，$\dfrac{\frac{1}{R_c}\left(\frac{1}{R_a}+\frac{1}{R_b}\right)}{\frac{1}{R_c}+\left(\frac{1}{R_a}+\frac{1}{R_b}\right)}=\dfrac{1}{R_{ca}}+\dfrac{1}{R_{bc}}$。これらを解くと，$R_{ab}=\dfrac{R_aR_b+R_bR_c+R_cR_a}{R_c}=R_a+R_b+\dfrac{R_aR_b}{R_c}$，$R_{bc}=\dfrac{R_aR_b+R_bR_c+R_cR_a}{R_a}=R_b+R_c+\dfrac{R_bR_c}{R_a}$，$R_{ca}=\dfrac{R_aR_b+R_bR_c+R_cR_a}{R_b}=R_c+R_a+\dfrac{R_cR_a}{R_b}$。

例題 8.1：重ね合わせの理

図の回路を重ね合わせの理を使って解くことを考える。

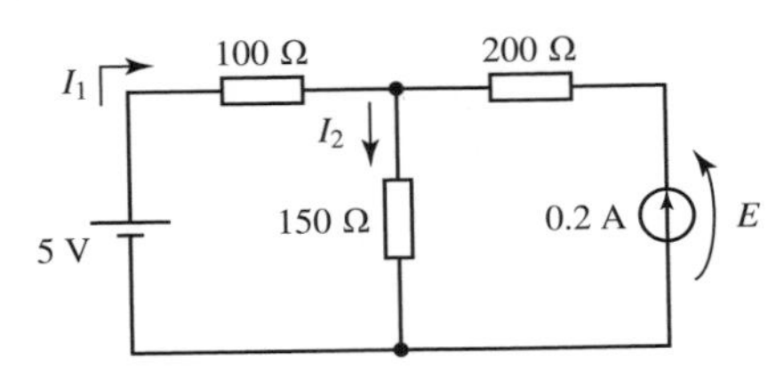

(1) 重ね合わせの理を用いるにあたって，電源が 1 つのみからなる回路を 2 つ作りなさい。

(2) 電流 I_1，I_2 を求めなさい。

(3) 電流源の両端の電圧 E を求めなさい。

解き方

重ね合わせの理（かさねあわせのり）は，「電源が n 個の回路は，電源が 1 個のみの回路を n 個作り，それらそれぞれを解いて，最後に重ね合わせれば解ける」というものです。問題

8 回路の諸定理

に従って説明していきます。

まず，**(1)** です。重ね合わせの理を使う最初のステップは，**電源が1個のみの回路を作る**ことです。本問では電源が2つありますから，回路は2つできます。それぞれ，着目する電源1個を残し，残りを取り除きます。これは，

- 電圧源は短絡
- 電流源は開放

に置き換えて除去します。

この手順は，機械的に行えます（第7章の，「鳳・テブナンの定理とノートンの定理」で端子間抵抗を求めるときの電源に対する処置と同じです）。

電圧源　除去　短絡

電流源　除去　開放

本問では，次に示す左の電圧源を残し，右の電流源を開放で取り除いた回路(A)，それから右の電流源を残し，左の電圧源を短絡で取り除いた回路(B)が得られます。

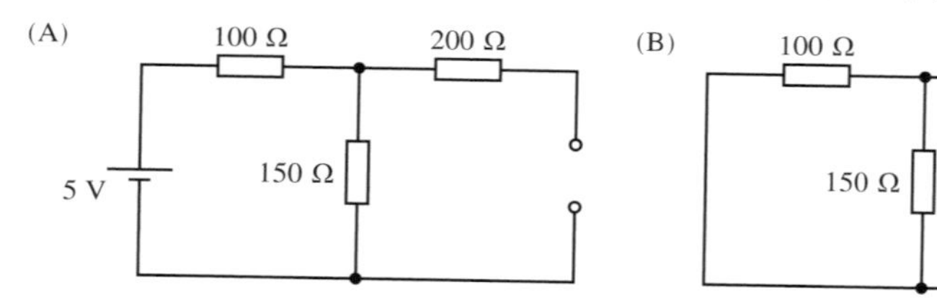

(2) では，まず，(1)で作った2つの回路の電流を求めます。

回路(A)から考えます。この回路は，電源から200 Ωの抵抗をたどっていってもその先が開放されていますから（途切れていますから），電流は流れません。したがって，100 Ωと150 Ωが直列に接続されているだけの回路になって，合成抵抗は $100 + 150 = 250$〔Ω〕，流れる電流はオームの法則より $\frac{5}{250} = 0.02$〔A〕です。

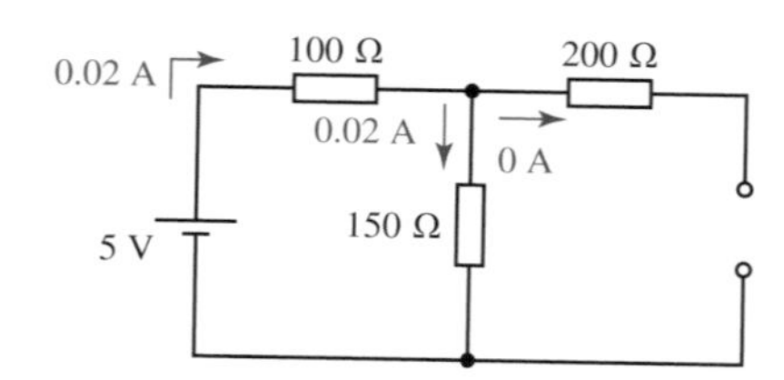

次に，回路(B)を考えます。この回路では，電流源から0.2 Aが流れ出し，200 Ωの抵抗を通って，並列接続された100 Ωと150 Ωの抵抗に分かれて流れています。ですから200 Ωの抵抗に0.2 Aが流れていることはただちにわかります。そして，

100 Ω と 150 Ω の抵抗に流れる電流は，分流より，0.2 A が $\frac{1}{100}:\frac{1}{150}=3:2$ に分かれます。よって，100 Ω の抵抗には $0.2\times\frac{3}{3+2}=0.12$〔A〕，150 Ω の抵抗には $0.2\times\frac{2}{3+2}=0.08$〔A〕が流れています。

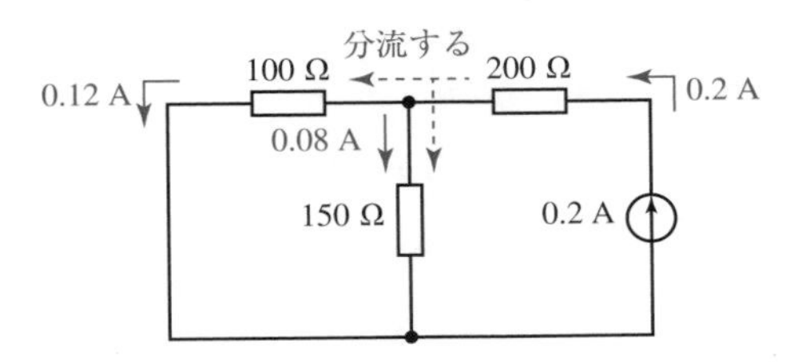

ここまででそれぞれの回路の電流が求められました。これを重ね合わせます。I_1 については，回路 (A) では仮定の向きに 0.02 A，回路 (B) では仮定と逆向きに 0.12 A から，合計して $I_1=0.02-0.12=$ **−0.1**〔A〕です（実際の電流の向きは仮定と逆）。I_2 については，回路 (A) で仮定の向きに 0.02 A，回路 (B) でも仮定の向きに 0.08 A ですから，合計すると $I_2=0.02+0.08=$ **0.1**〔A〕です。なお，200 Ω の抵抗に流れているのは電流源から供給される 0.2 A です。

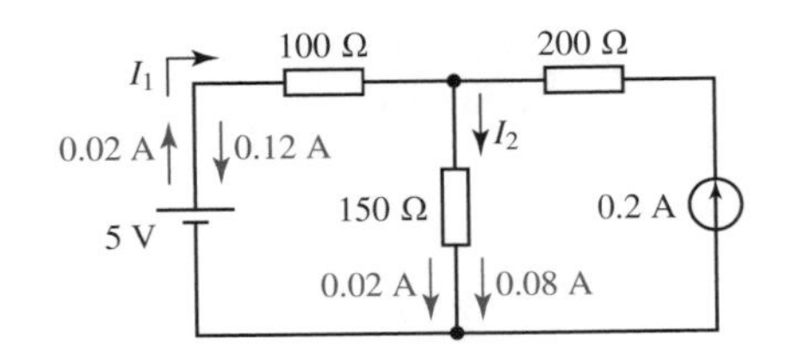

これでもとの回路の電流が求められました。最後に **(3)** です。下図のように，電流源の両端の電圧 E は，150 Ω の抵抗と 200 Ω の抵抗を経由して計算したものと同じになることを用います。150 Ω の抵抗には 0.1 A 流れていますから，オームの法則より $150\times0.1=15$〔V〕加わっています。また，200 Ω の抵抗には 0.2 A 流れていますから，$200\times0.2=40$〔V〕加わっています。電流源の両端の電圧はこの和に等しくなりますから，$E=15+40=$ **55**〔V〕です。

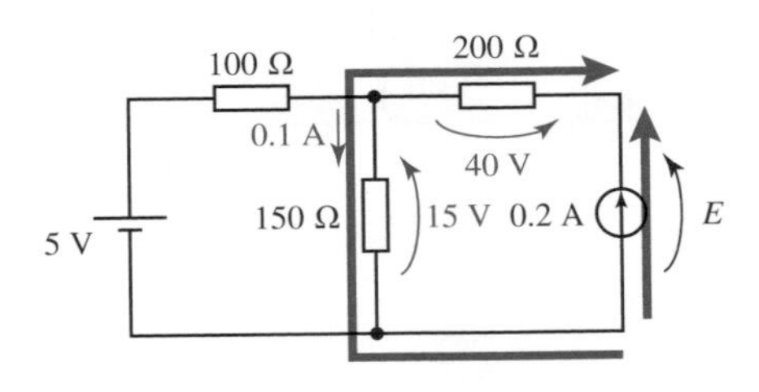

模範解答

(1) 下図の回路。**(2)** 電圧源のみの回路では，100 Ω の抵抗と 150 Ω の抵抗に，オームの法則より $\frac{5}{100+150} = 0.02$〔A〕流れている。また，電流源のみの回路では，100 Ω と 150 Ω の抵抗に，0.2 A が分流より $\frac{1}{100} : \frac{1}{150} = 3 : 2$ に分かれて流れるから，それぞれ $0.2 \times \frac{3}{2+3} = 0.12$〔A〕，$0.2 \times \frac{2}{2+3} = 0.08$〔A〕。これらを重ね合わせると，$I_1 = 0.02 - 0.12 = -0.1$〔A〕，$I_2 = 0.02 + 0.08 = 0.1$〔A〕。

(3) E は 150 Ω の抵抗と 200 Ω の抵抗に加わる電圧の和に等しくなるから，$E = 150 \times 0.1 + 200 \times 0.2 = 55$〔V〕。

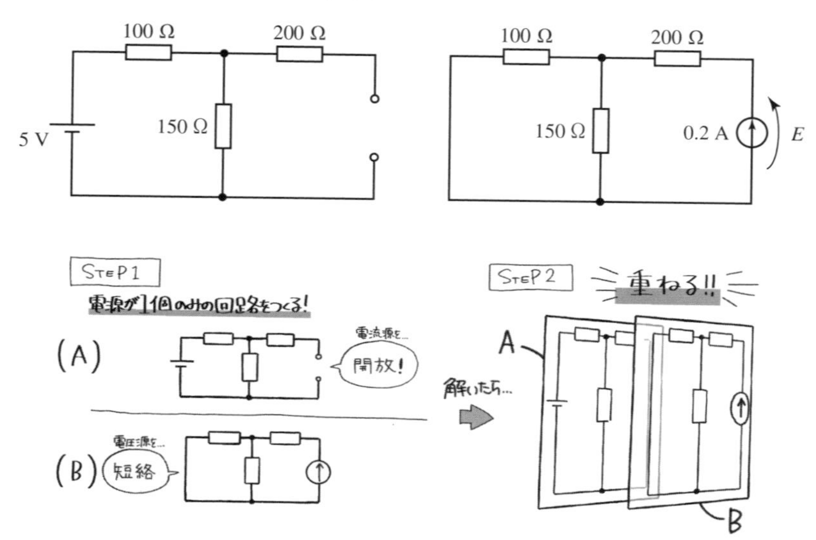

練習問題 8.1.1

図の回路を重ね合わせの理を使って解くことを考える。

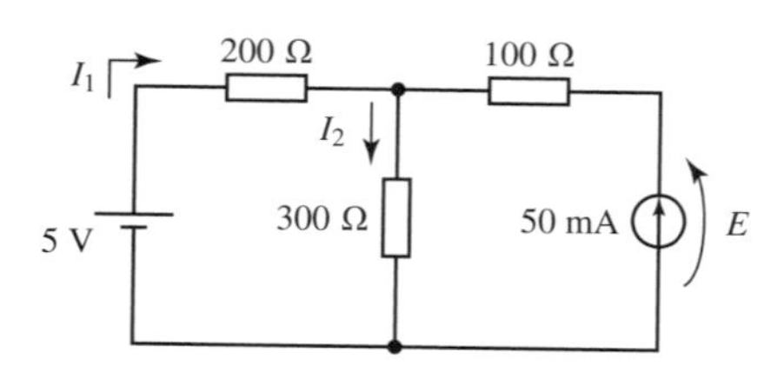

(1) 重ね合わせの理を用いるにあたって，電源が 1 つのみからなる回路を 2 つ作りなさい。

(2) 電流 I_1，I_2 を求めなさい。

(3) 電流源の両端の電圧 E を求めなさい。

練習問題 8.1.2

図の回路を重ね合わせの理を使って解くことを考える。

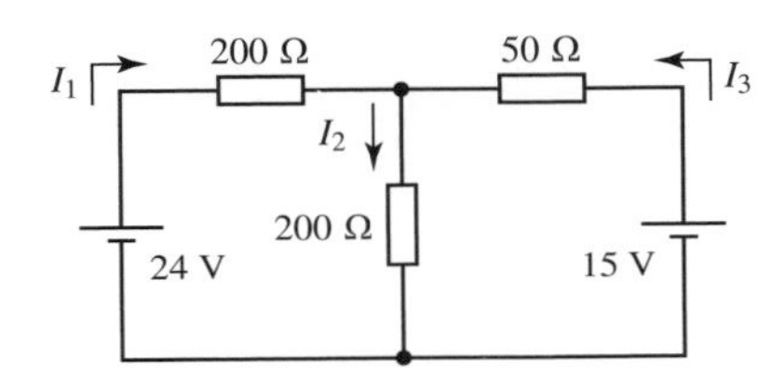

(1) 重ね合わせの理を用いるにあたって，電源が 1 つのみからなる回路を 2 つ作りなさい。

(2) 電流 I_1，I_2，I_3 を求めなさい。

練習問題 8.1.3

図の回路を重ね合わせの理を使って解くことを考える。

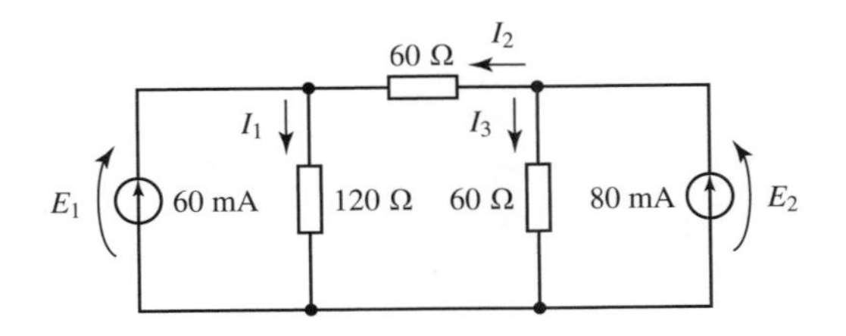

(1) 重ね合わせの理を用いるにあたって，電源が 1 つのみからなる回路を 2 つ作りなさい。

(2) 電流 I_1，I_2，I_3 を求めなさい。

(3) 電流源の両端の電圧 E_1，E_2 を求めなさい。

例題 8.2：ブリッジ回路とホイートストンブリッジ

次の図の回路について考える。

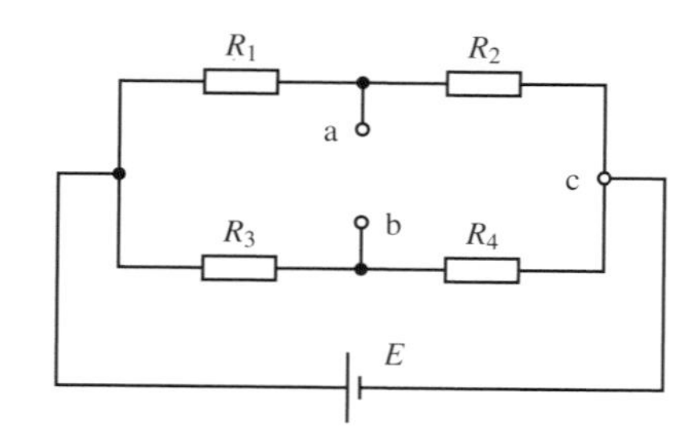

(1) a-c 間の電圧 V_{ac} および b-c 間の電圧 V_{bc} を求めなさい。

(2) $V_{ac} = V_{bc}$ が成り立つとき，$R_1 \sim R_4$ の間に成り立つ関係を求めなさい。

(3) R_4 として未知の大きさの抵抗を接続した。$R_1 = 1$〔kΩ〕，$R_3 = 100$〔Ω〕として R_2 を調整したところ，$R_2 = 300$〔Ω〕のときに $V_{ac} = V_{bc}$ となった。R_4 の大きさを求めなさい。

解き方

ホイートストンブリッジの問題です。ブリッジ回路は，本来，（本問の回路では）a-b 間に素子が接続されているものですが，その素子を考えなくてもよくなる**平衡条件**（へいこうじょうけん）を満たした状態を最初から考えて，a-b 間が開放になっている状態で出題されています。一般に，ブリッジ回路は，（本問の図では）a-b 間の電圧が 0 になると平衡します。確かに，a-b 間の電圧が 0 になっていれば，ここを短絡しても電流は流れませんし，抵抗を接続しても回路に影響は発生しません。この平衡条件を求めていくのが本問の前半です。問題の指示に従って解いていきます。

(1) では，a-c 間，b-c 間の電圧を求めます。これは，R_2，R_4 に加わる電圧を求めることです。前者は，R_1 と R_2 が直列に接続されていますから，全体に加わる電圧 E が $R_1 : R_2$ に分圧されます。よって，$V_{ac} = \frac{R_2}{R_1+R_2}E$ です。同様にして，$V_{bc} = \frac{R_4}{R_3+R_4}E$ です。このように，**回路の直列接続された部分において，全体の電圧が与えられたときに個々の電圧を分圧で「$\frac{\text{注目している抵抗の値}}{\text{直列接続部分の合成抵抗}}$ × 全体の電圧」と求める**方法を復習しましょう。

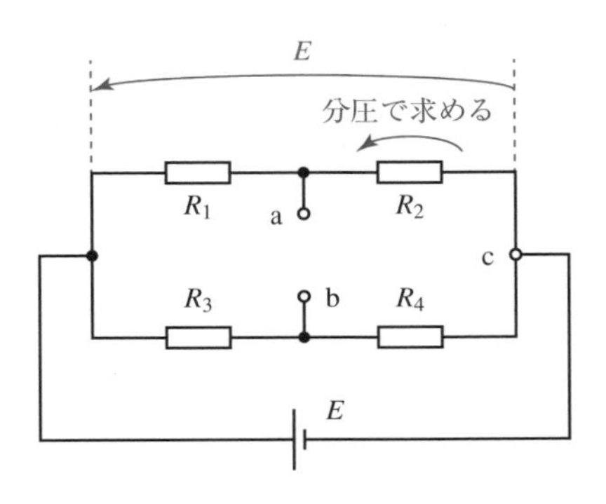

(2) は，$V_{ac} = V_{bc}$ とおいて関係式を導きます。$\frac{R_2}{R_1+R_2}E = \frac{R_4}{R_3+R_4}E$ より，両辺に $\frac{(R_1+R_2)(R_3+R_4)}{E}$ をかけると，$R_2(R_3 + R_4) = R_4(R_1 + R_2)$ となりますから，展開して $R_2R_3 + R_2R_4 = R_1R_4 + R_2R_4$，整理すると $\boldsymbol{R_2R_3 = R_1R_4}$ となります。これが**ホイートストンブリッジの平衡条件**です。

(3) は，ホイートストンブリッジの平衡を用いて未知の抵抗の大きさを測定しています。問題文中の「$V_{ac} = V_{bc}$ となった」は「ブリッジが平衡した」ということです。ですから (2) で求めた $R_1R_4 = R_2R_3$ が成り立ちます。与えられた条件をこの式に代入すれば R_4 が求められて，$1000R_4 = 100 \times 300$（R_1 の 1 kΩ を 1000 Ω に換算しています）より $R_4 = \mathbf{30}$〔$\boldsymbol{\Omega}$〕。

模範解答

(1) 分圧より，$V_{ac} = \frac{R_2}{R_1+R_2}E$，$V_{bc} = \frac{R_4}{R_3+R_4}E$。**(2)** $\frac{R_2}{R_1+R_2}E = \frac{R_4}{R_3+R_4}E$ より $R_2(R_3 + R_4) = R_4(R_1 + R_2)$，よって $R_2R_3 = R_1R_4$。**(3)** 与えられた条件を $R_1R_4 = R_2R_3$ に代入すると $1000R_4 = 100 \times 300$，よって $R_4 = 30$〔Ω〕。

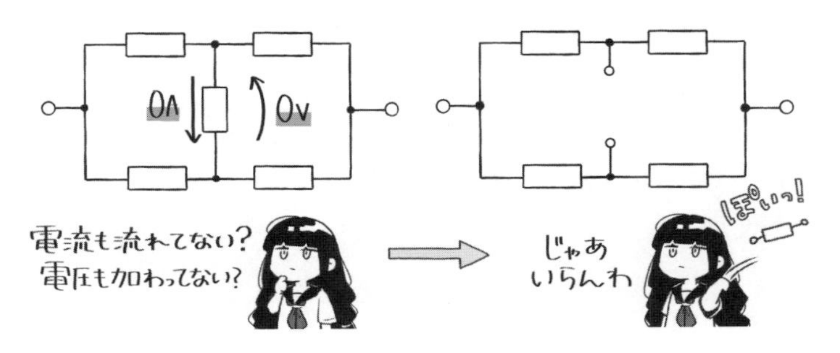

8
回路の諸定理

練習問題 8.2.1

図の回路について考える。

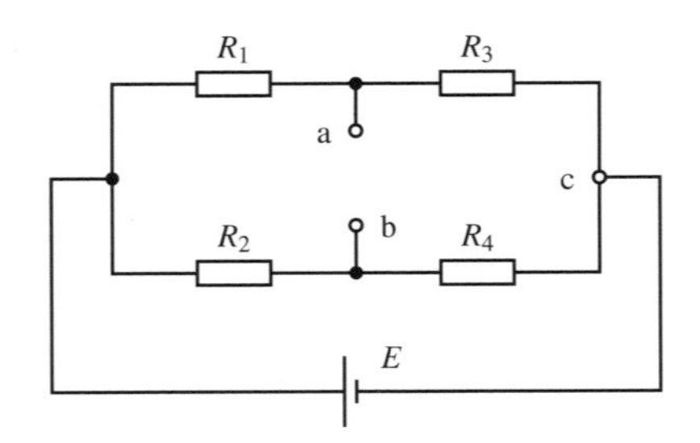

(1) a-c 間の電圧 V_{ac} および b-c 間の電圧 V_{bc} を求めなさい。

(2) a-b 間の電圧 V_{ab} を求めなさい。

(3) $V_{ab} = 0$ となるときの，$R_1 \sim R_4$ が満たす条件を求めなさい。

練習問題 8.2.2

図の回路について考える。

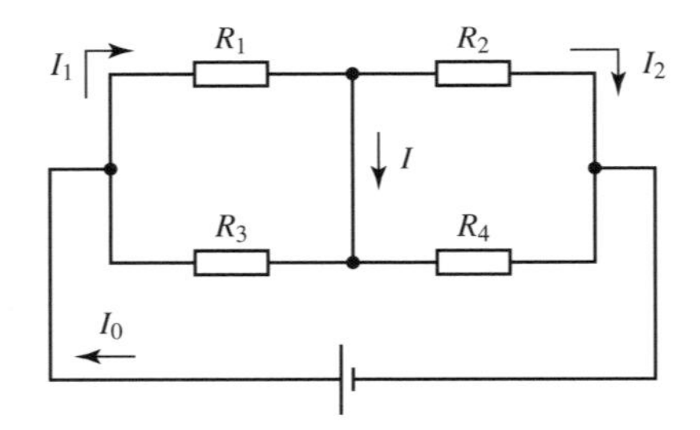

(1) 電流 I_1 および I_2 を，I_0 を用いて表しなさい。

(2) 電流 I を，I_0 を用いて表しなさい。

(3) $I = 0$ となるときの，$R_1 \sim R_4$ が満たす条件を求めなさい。

(4) $R_1 = 100$〔Ω〕，$R_3 = 500$〔Ω〕として，R_4 に未知の大きさの抵抗を接続した。R_2 を調整したところ，300 Ω のときに $I = 0$ となった。R_4 の大きさを求めなさい。

例題 8.3：ブリッジ回路の応用

ブリッジの平衡に注意して，図の端子間の合成抵抗を求めなさい。

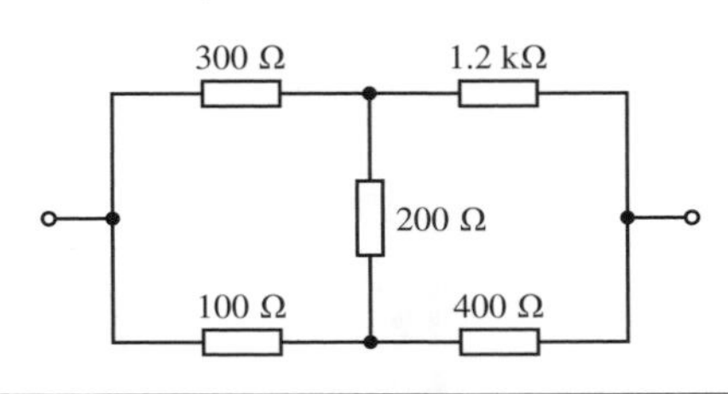

解き方

本問のような回路は，一般に簡単に合成抵抗を求めることはできません。ただちに直列合成・並列合成できる箇所がないからです。しかし，この形でも簡単に合成抵抗が求められる場合があって，それは，**ブリッジが平衡しているとき**です。このときは，中央にある抵抗を「ないもの」として考えて合成抵抗を求められます。

本問の回路について，ブリッジの平衡条件が成り立つか確かめると，$300 \times 400 = 1200 \times 100$（1.2 kΩ は 1200 Ω に換算します）で成り立っています。ですから，中央の 200 Ω の抵抗は取り除いてかまいません。この抵抗の取り除き方は，短絡でも開放でもかまいません（もちろん同じ答えになります）。電源を接続したとき，この部分は電圧も加わらなければ電流も流れないからです。

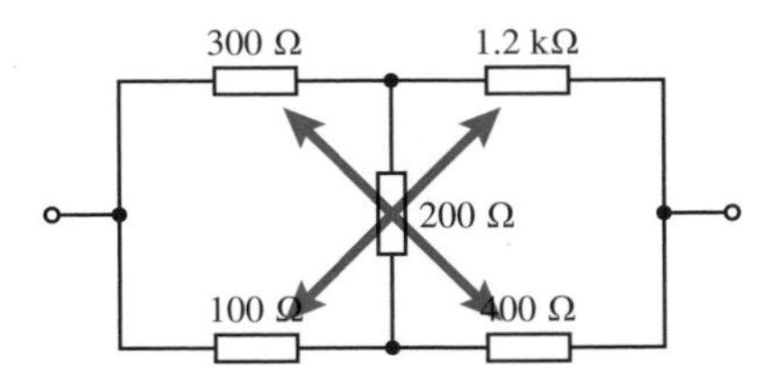

短絡で取り除くと,「300 Ω と 100 Ω の並列」と「1.2 kΩ と 400 Ω の並列」が，直列に接続されている形になりますから，前者は $\frac{300\times100}{300+100} = 75$〔Ω〕，後者は $\frac{1200\times400}{1200+400} = 300$〔Ω〕，直列合成すると $75 + 300 = \mathbf{375}$**〔Ω〕**です。

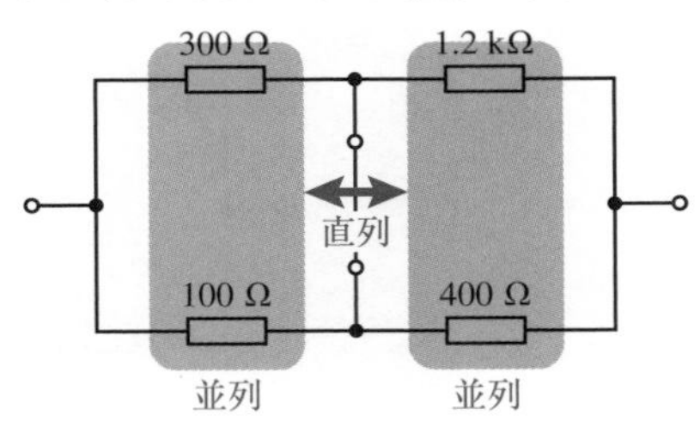

開放で取り除くと，「300 Ω と 1.2 kΩ の直列」と「100 Ω と 400 Ω の直列」が並列に接続されている形になりますから，前者は 300 + 1200 = 1500〔Ω〕，後者は 100 + 400 = 500〔Ω〕で，並列合成すると $\frac{1500\times500}{1500+500}$ = 375〔Ω〕です。確かに同じ答えになっています。

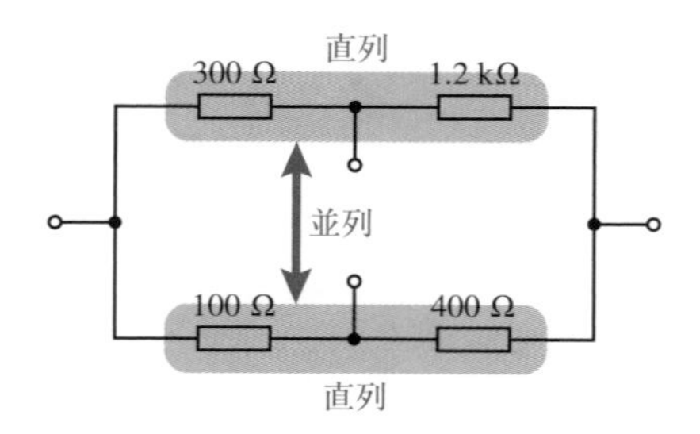

一見求めるのが難しい回路の合成抵抗を求めることが指示されたとき，「ブリッジの平衡に注意して」などのヒントがなくてもブリッジの平衡によって簡単化できないか確認するべきでしょう。

一方でもし，本問のような回路でブリッジの平衡条件が成り立っていない場合は，

- 電源を接続し，キルヒホッフの方程式を使って電流を求める
- **Δ-Y変換**（デルタ ワイへんかん）を用いて等価な回路に変換する（練習問題 8.4.3 参照）

などの手間のかかる手順を経て合成抵抗を求めることになります。

模範解答

300 × 400 = 1200 × 100 よりブリッジが平衡しているので，200 Ω の抵抗を短絡で除去して考えてよい。すると合成抵抗は，$\frac{300\times100}{300+100}+\frac{1200\times400}{1200+400}$ = 375〔Ω〕。

別　解

300×400 = 1200×100 よりブリッジが平衡しているので，200 Ω の抵抗を開放で除去して考えてよい。上辺は 300 + 1200 = 1500〔Ω〕，下辺は 100 + 400 = 500〔Ω〕なので，その並列合成で $\frac{1500\times500}{1500+500}$ = 375〔Ω〕。

練習問題 8.3.1

ブリッジの平衡に注意して，図の端子間の合成抵抗を求めなさい。

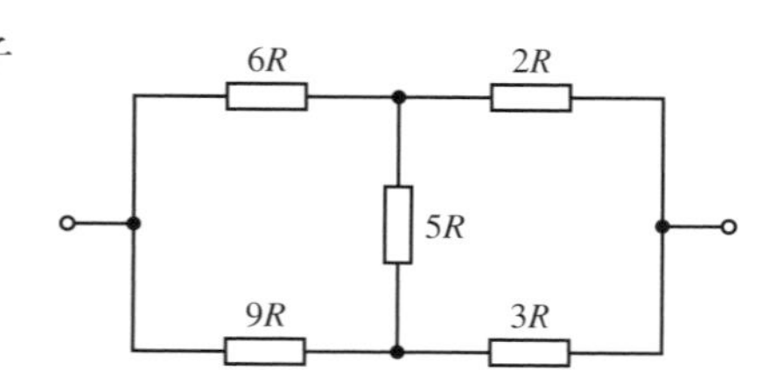

練習問題 8.3.2

ブリッジの平衡に注意して，図の端子間の合成抵抗を求めなさい。

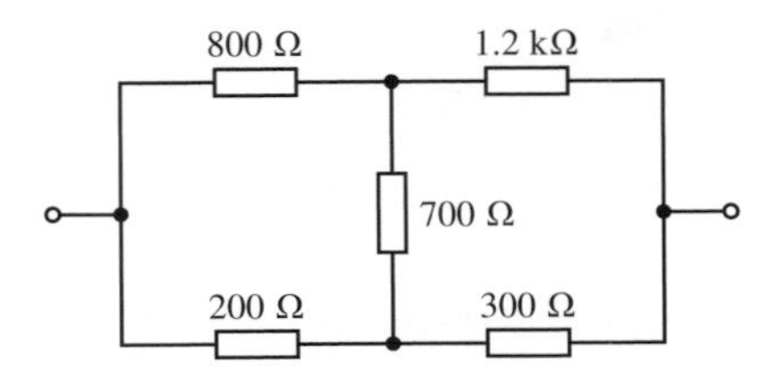

例題 8.4：Δ-Y 変換・Y-Δ 変換

図①の Y 結線を，図②の Δ 結線に変換したい。

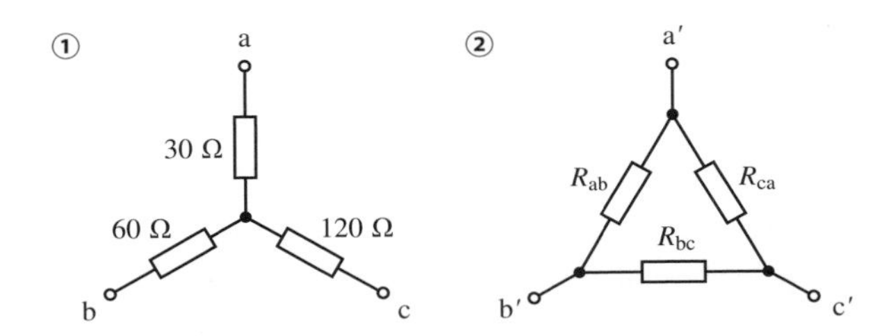

(1) 図①において，b-c 間を短絡して端子をつける。この端子と a の間の合成コンダクタンスを求めなさい。

(2) 図②において，b′-c′ 間を短絡して端子をつける。この端子と a′ の間の合成コンダクタンスを求めなさい。

(3) (1) と (2) で求めたコンダクタンスが等しい関係を式に表しなさい。

(4) (1)(2)(3) と同様に，c-a 間を短絡して b の間とで求めた合成コンダクタンスと，c′-a′ 間を短絡して b′ の間とで求めた合成コンダクタンスが等しいという関係を式に表しなさい。

(5) (4) と同様に，a-b 間を短絡して c の間とで求めた合成コンダクタンスと，a′-b′ 間を短絡して c′ の間とで求めた合成コンダクタンスが等しいという関係を式に表しなさい。

(6) (3)(4)(5) で作った方程式を解いて，R_{ab}，R_{bc}，R_{ca} を求めなさい。

解き方

Y-Δ 変換です。図①の回路と図②の回路は同じ振る舞いをする（等価である）のですから，どのように抵抗やコンダクタンスを測定してもそれらは等しくなります。Y-Δ 変換では，**2 つの端子を短絡してコンダクタンスを比較する**のが計算が複雑にならない解き方です。問題に従って解いていきましょう。

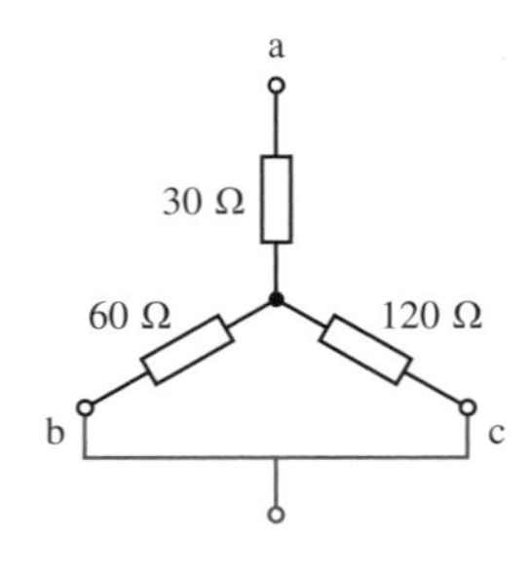

(1) b-c を短絡して，a との間の合成コンダクタンスを求めます。合成抵抗を求めて逆数をとりましょう。60 Ω と 120 Ω の並列接続なので，$\frac{60\times120}{60+120}=40$〔Ω〕，これと 30 Ω が直列に接続されていますから 70 Ω で，$\boldsymbol{\frac{1}{70}}$ **S**。

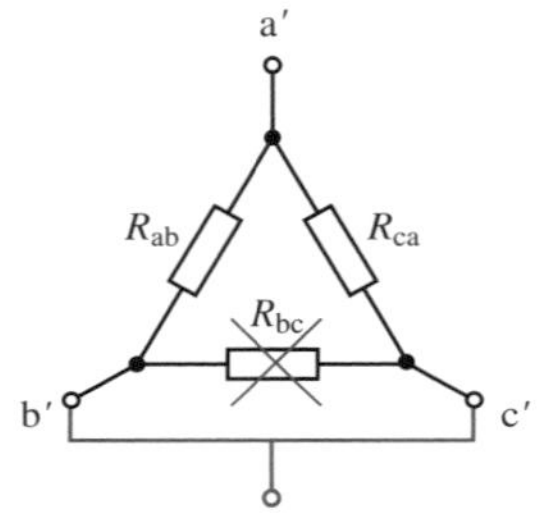

(2) b′-c′ 間を短絡して，a′ との間の合成コンダクタンスを求めます。b′-c′ 間を短絡したことにより，R_{bc} には電流は流れなくなります（除去してもかまいません）。したがって，R_{ab} と R_{ca} の並列接続になるから，合成コンダクタンスは $\boldsymbol{\frac{1}{R_{ab}}+\frac{1}{R_{ca}}}$〔**S**〕。

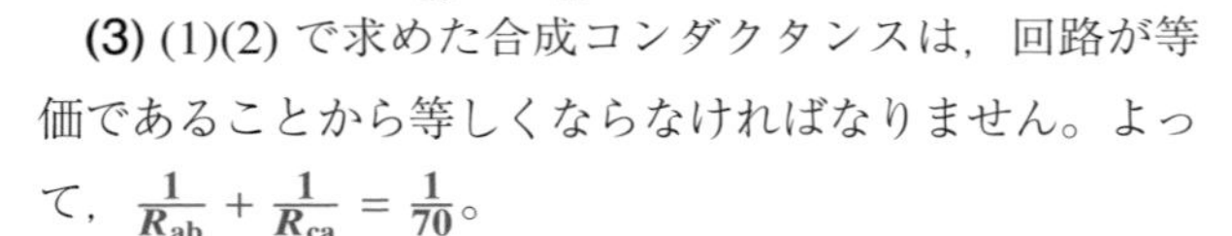

(3) (1)(2) で求めた合成コンダクタンスは，回路が等価であることから等しくならなければなりません。よって，$\boldsymbol{\frac{1}{R_{ab}}+\frac{1}{R_{ca}}=\frac{1}{70}}$。

(4) c-a 間を短絡して b との間の合成コンダクタンスを求めます。並列部分が $\frac{120\times30}{120+30}=24$〔Ω〕，60 Ω を直列合成して 84 Ω になりますから，$\frac{1}{84}$ S。一方，c′-a′ 間を短絡して，b′ との間の合成コンダクタンスを求めると，R_{ca} は除去してよく，$\frac{1}{R_{bc}}+\frac{1}{R_{ab}}$〔S〕。これらが等しくなりますから，$\boldsymbol{\frac{1}{R_{bc}}+\frac{1}{R_{ab}}=\frac{1}{84}}$。

(5) a-b 間を短絡して c との間の合成コンダクタンスを求めます。並列部分が $\frac{30\times60}{30+60}=20$〔Ω〕，120 Ω を直列合成して 140 Ω になりますから，$\frac{1}{140}$ S。一方，a′-b′ 間を短絡して，c′ との間の合成コンダクタンスを求めると，R_{ab} は除去してよく，$\frac{1}{R_{ca}}+\frac{1}{R_{bc}}$〔S〕。これらが等しくなりますから，$\boldsymbol{\frac{1}{R_{ca}}+\frac{1}{R_{bc}}=\frac{1}{140}}$。

(6) (3)(4)(5) の連立方程式を解きます。ここで，3 つの方程式はよく似た形をしていますので，これを利用すると効率的に解けます。3 つの方程式を，左辺ごと，右辺ごとにすべて足し合わせると，$2\left(\frac{1}{R_{ab}}+\frac{1}{R_{bc}}+\frac{1}{R_{ca}}\right)=\frac{1}{70}+\frac{1}{84}+\frac{1}{140}$ より，$\frac{1}{R_{ab}}+\frac{1}{R_{bc}}+\frac{1}{R_{ca}}=\frac{1}{60}$ になります。この式から (3) の方程式を辺ごとに引くと，$\frac{1}{R_{bc}}=\frac{1}{60}-\frac{1}{70}=\frac{1}{420}$ より，$\boldsymbol{R_{bc}=420}$〔**Ω**〕。同様に，(4) の方程式を辺ごとに引くと，$\frac{1}{R_{ca}}=\frac{1}{60}-\frac{1}{84}=\frac{1}{210}$ より，$\boldsymbol{R_{ca}=210}$〔**Ω**〕。(5) の方程式も同じように，$\frac{1}{R_{ab}}=\frac{1}{60}-\frac{1}{140}=\frac{1}{105}$ より，$\boldsymbol{R_{ab}=105}$〔**Ω**〕。

本問のような Y-Δ 変換において，問題の指示のように「コンダクタンスが等しい」ではなく「抵抗が等しい」としても式が作れます。この場合は，(3)(4)(5) の方程式はすべて両辺の逆数をとった形で作られます。これは，$\frac{R_{ab}R_{ca}}{R_{ab}+R_{ca}}=\cdots$ のような形の式になるので，本問の手順よりも連立方程式を解くのが難しくなります。

模範解答

(1) Y 結線側（図①側）の合成抵抗は $\frac{60\times120}{60+120}+30=70$〔Ω〕だから，$\frac{1}{70}$ S。

(2) $\frac{1}{R_{ab}}+\frac{1}{R_{ca}}$〔S〕。**(3)** $\frac{1}{R_{ab}}+\frac{1}{R_{ca}}=\frac{1}{70}$。**(4)** Y 結線側（図①側）の合成抵抗は $\frac{120\times30}{120+30}+60=84$〔Ω〕だから，$\frac{1}{84}$ S。よって，$\frac{1}{R_{bc}}+\frac{1}{R_{ab}}=\frac{1}{84}$。**(5)** Y 結線側（図①側）の合成抵抗は $\frac{30\times60}{30+60}+120=140$〔Ω〕だから，$\frac{1}{140}$ S。よって，$\frac{1}{R_{ca}}+\frac{1}{R_{bc}}=\frac{1}{140}$。
(6) $R_{ab}=105$〔Ω〕，$R_{bc}=420$〔Ω〕，$R_{ca}=210$〔Ω〕。

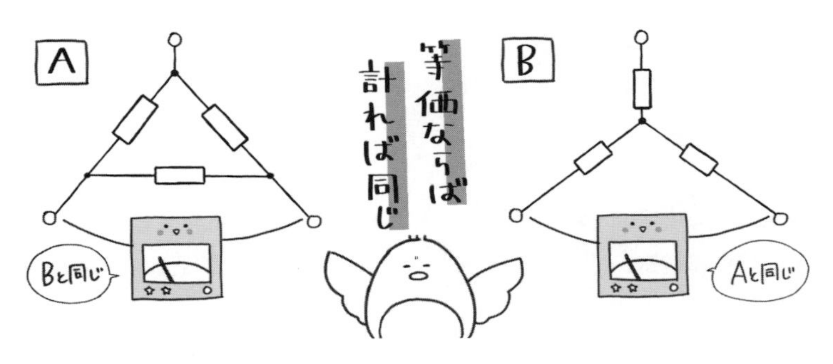

練習問題 8.4.1

図①の Y 結線を，図②の Δ 結線に変換したい。

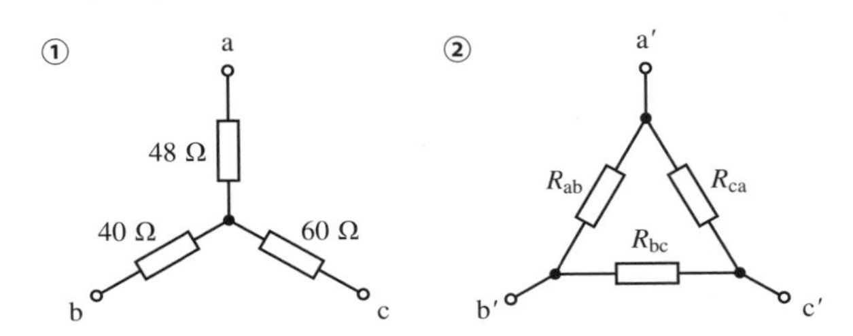

(1) b-c 間を短絡して a の間とで求めた合成コンダクタンスと，b′-c′ 間を短絡して a′ の間とで求めた合成コンダクタンスが等しい関係を式に表しなさい。

(2) (1) と同様に，c-a 間を短絡して b の間とで求めた合成コンダクタンスと，c′-a′ 間を短絡して b′ の間とで求めた合成コンダクタンスが等しい関係を式に表しなさい。

(3) (1)(2) と同様に，a-b 間を短絡して c の間とで求めた合成コンダクタンスと，a′-b′ 間を短絡して c′ の間とで求めた合成コンダクタンスが等しい関係を式に表しなさい。

(4) (1)(2)(3) で作った方程式を解いて，R_{ab}，R_{bc}，R_{ca} を求めなさい。

練習問題 8.4.2

図①の Δ 結線を，図②の Y 結線に変換したい。

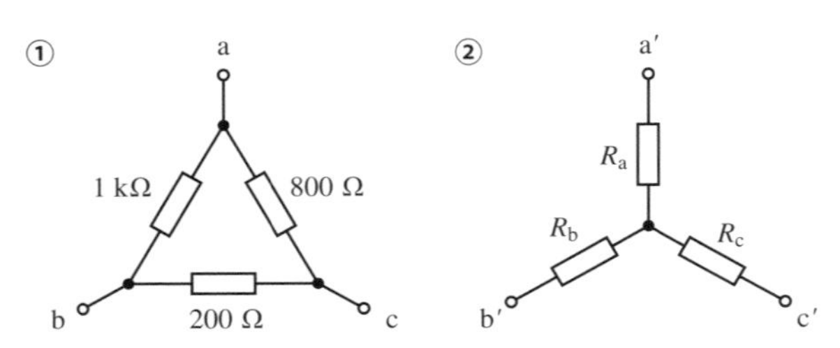

(1) a-b 間の合成抵抗と a′-b′ 間の合成抵抗が等しい関係を式に表しなさい。

(2) (1) と同様に，b-c 間の合成抵抗と b′-c′ の合成抵抗が等しい関係を式に表しなさい。

(3) (1)(2) と同様に，c-a 間の合成抵抗と c′-a′ の合成抵抗が等しい関係を式に表しなさい。

(4) (1)(2)(3) で作った方程式を解いて，R_a，R_b，R_c を求めなさい。

練習問題 8.4.3

図①の a-d 間の合成抵抗を求めたい。これは，破線部を Δ-Y 変換によって図②に示す等価な回路に変換することで求められる。

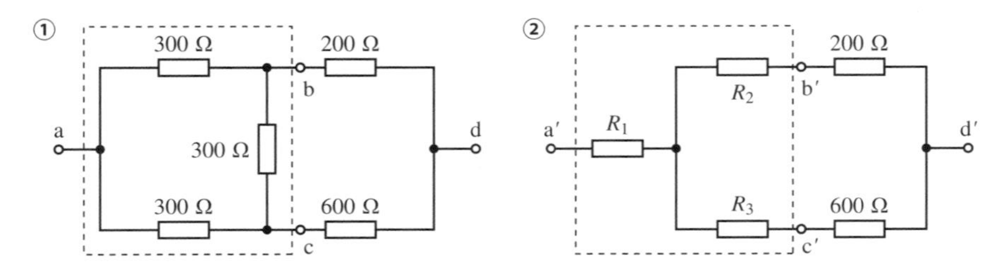

(1) 図の a-b 間と a′-b′ 間，b-c 間と b′-c′ 間，c-a 間と c′-a′ 間の合成抵抗がそれぞれ等しくなる関係式を作りなさい。

(2) (1) で作った方程式を解いて，R_1，R_2，R_3 を求めなさい。

(3) a-d 間の合成抵抗を求めなさい。

練習問題の解答

●練習問題 8.1.1（解答）●

(1) 下図の回路。**(2)** 電圧源のみを残した回路では，オームの法則より，$\frac{5}{200+300}=0.01$〔A〕の電流が流れる。また，電流源のみを残した回路では，200 Ω と 300 Ω の抵抗に 50 mA の電流が $\frac{1}{200}:\frac{1}{300}=3:2$ で分流する。よってそれぞれ，$0.05\times\frac{3}{3+2}=0.03$〔A〕，$0.05\times\frac{2}{3+2}=0.02$〔A〕。重ね合わせの理を用いて，もとの回路の電流を求めると，$I_1=0.01-0.03=\mathbf{-0.02}$〔**A**〕（−20 mA），$I_2=0.01+0.02=\mathbf{0.03}$〔**A**〕（30 mA）。**(3)** 電流源の電圧 E は 300 Ω の抵抗と 100 Ω の抵抗に加わる電圧の和に等しいので，$E=300\times0.03+100\times0.05=\mathbf{14}$〔**V**〕。

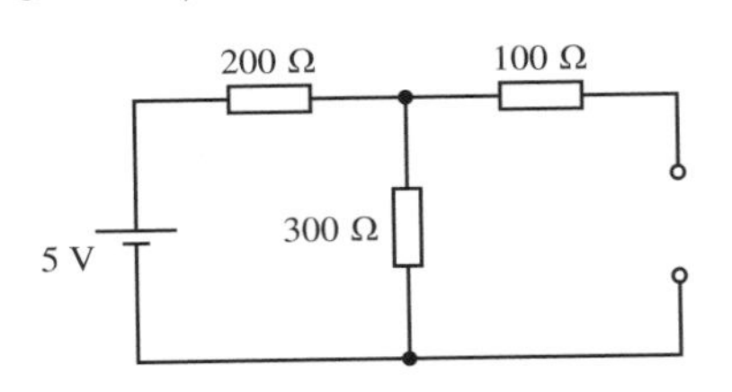

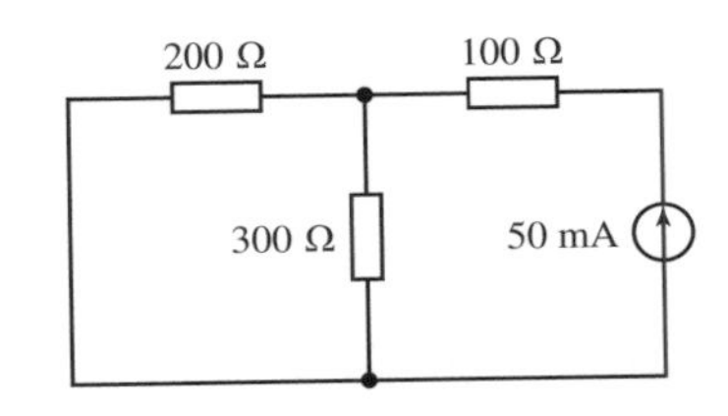

解　説　**(1)** 定法（じょうほう）どおり，「左の電圧源を残して右の電流源を開放で除去した回路」と「右の電流源を残して左の電圧源を短絡で除去した回路」を作ります。**(2)** 電圧源を残した回路では，100 Ω の抵抗に電流は流れません。電流源を残した回路では，並列接続された 200 Ω の抵抗と 300 Ω の抵抗に，50 mA が分かれて流れます。電流を重ね合わせるときは向きに注意します。I_1 に相当する電流は，電流源を残した回路では仮定と逆向きです。**(3)** 電流源の電圧を，300 Ω の抵抗と 100 Ω の抵抗をたどった「別の経路」から求めます。

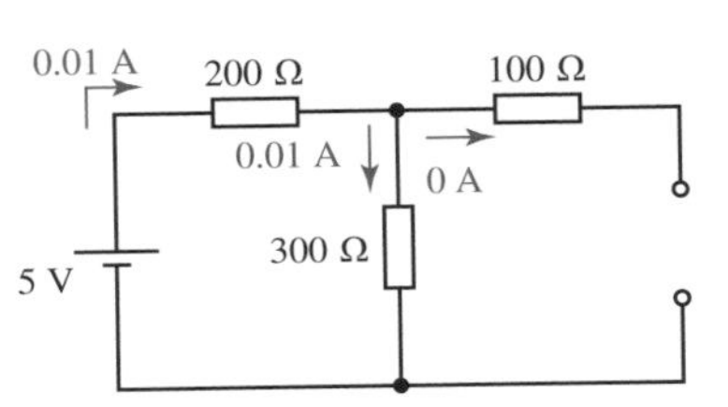

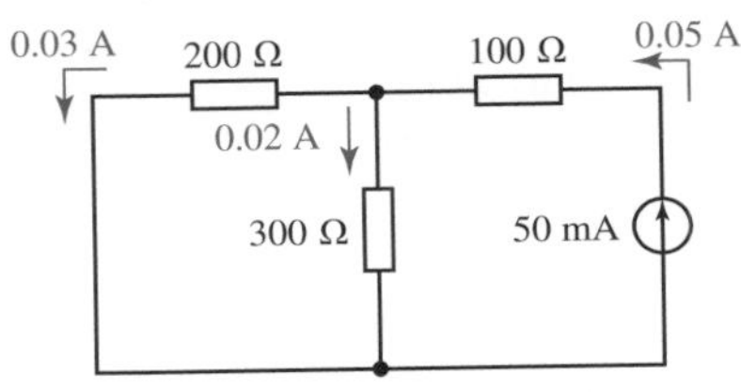

復習しよう　分流（p. 42），電流の向き（p. 14），電圧は計算経路によらない（p. 15）

●練習問題 8.1.2（解答）●

(1) 下図の回路。**(2)** 24 V の電源を残した回路について（下図の左），合成抵抗は $200 + \frac{50 \times 200}{50+200} = 240$〔Ω〕で，全体の電流はオームの法則より $\frac{24}{240} = 0.1$〔A〕。これが並列に接続された 200 Ω と 50 Ω の抵抗に $\frac{1}{200} : \frac{1}{50} = 1:4$ で分流するから，それぞれ，$0.1 \times \frac{1}{1+4} = 0.02$〔A〕，$0.1 \times \frac{4}{1+4} = 0.08$〔A〕。次に，15 V の電源を残した回路について（下図の右），合成抵抗は $50 + \frac{200 \times 200}{200+200} = 150$〔Ω〕で，全体の電流はオームの法則より $\frac{15}{150} = 0.1$〔A〕。これが，2 つの 200 Ω の抵抗に 1 : 1 に分かれて流れるから，いずれも 0.05 A。重ね合わせの理を用いてもとの回路の電流を求めると，$I_1 = 0.1 - 0.05 = \mathbf{0.05}$〔**A**〕（50 mA），$I_2 = 0.02 + 0.05 = \mathbf{0.07}$〔**A**〕（70 mA），$I_3 = 0.1 - 0.08 = \mathbf{0.02}$〔**A**〕（20 mA）。

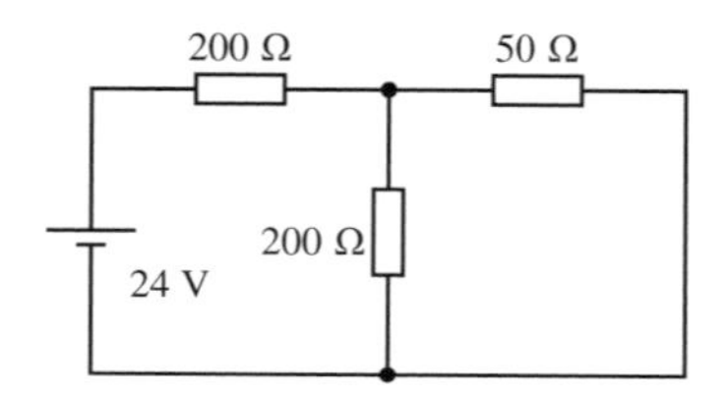

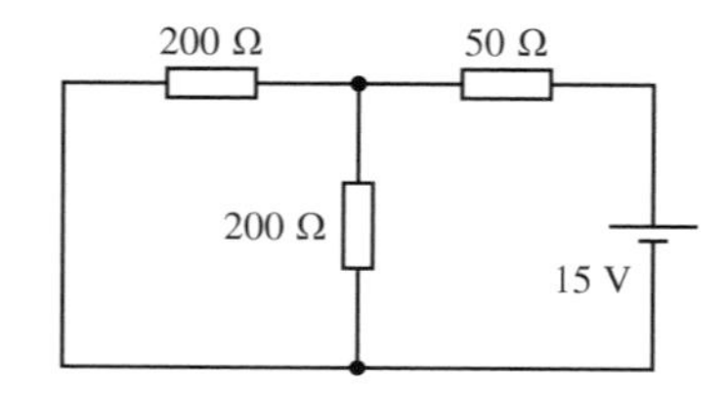

解　説　**(1)** 電圧源は短絡で除去します。**(2)** (1) で作った 2 つの回路は，オームの法則でただちに電流を求められる回路ではありません。この場合，ただちに求められるのは合成抵抗で，たとえば 24 V の電源を残した回路では，「50 Ω と 200 Ω の並列接続」に 200 Ω が直列に接続されているとして，$\frac{50 \times 200}{50+200} + 200 = 240$〔Ω〕と求めれば全体の電流が求められます。50 Ω と 200 Ω の並列部分の電流は，$\frac{1}{50} : \frac{1}{200} = 4:1$ の分流で求められます（例題 3.5〈p. 48〉参照）。2 つの回路の電流が求められたら，問題で指示されている向きに注意して重ね合わせてください。

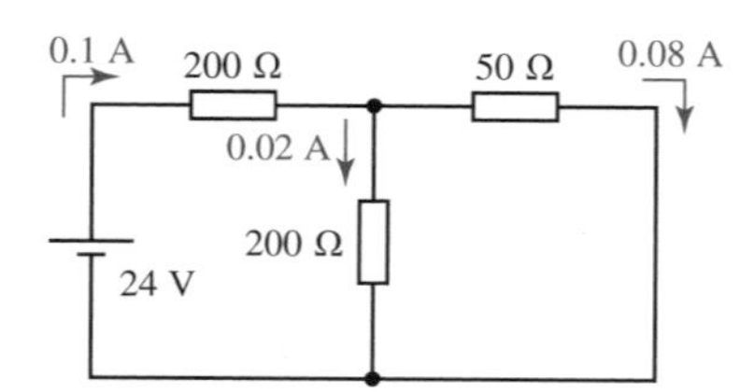

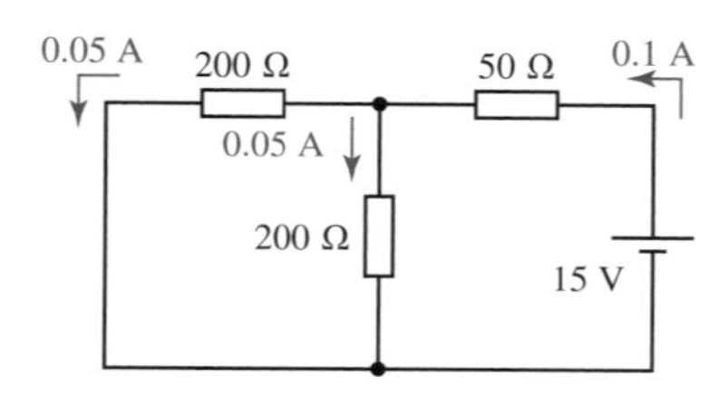

復習しよう　複雑な合成抵抗（p. 30），分流（p. 42），電流の向き（p. 14）

●練習問題 8.1.3（解答）●

(1) 次の図の回路。**(2)** 60 mA の電源を残した回路について，電流は 120 Ω の抵抗と，「60 Ω と 60 Ω の直列」部分に分かれて流れるから，それぞれ 30 mA。80 mA の電源を残した回路について，電流は 60 Ω の抵抗と「60 Ω と 120 Ω の直列」部分に分かれて流れるから，分流により $\frac{1}{60}:\frac{1}{60+120}=3:1$，それぞれ $80\times\frac{3}{3+1}=60$〔mA〕，$80\times\frac{1}{3+1}=20$〔mA〕。重ね合わせの理を用いてもとの回路の電流を求めると，$I_1=30+20=$ **50**〔**mA**〕（0.05 A），$I_2=20-30=$ **−10**〔**mA**〕（−0.01 A），$I_3=30+60=$ **90**〔**mA**〕（0.09 A）。**(3)** E_1 は，120 Ω の抵抗に加わる電圧に等しいから，オームの法則より，$E_1=120\times0.05=$ **6**〔**V**〕。E_2 は，右側の 60 Ω の抵抗に加わる電圧に等しいから，$E_2=60\times0.09=$ **5.4**〔**V**〕。

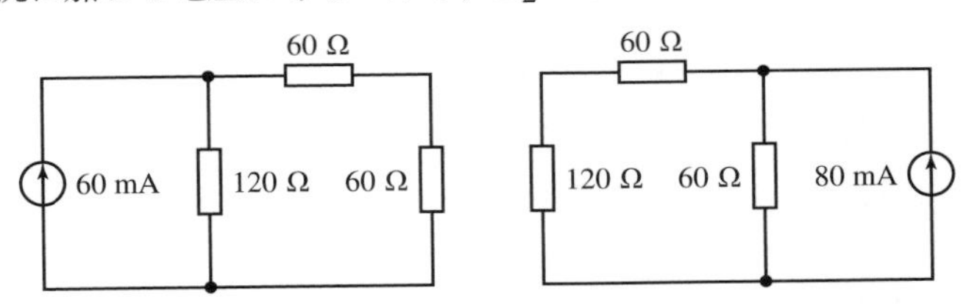

解　説　**(1)** 電流源は開放で除去します。**(2)** (1) で作ったいずれの回路も，直列に接続されている 2 つの抵抗を合成すると，電源に並列に 2 つの抵抗が接続されている回路になります。2 つの抵抗に流れる電流の合計がわかっていますから，分流を使ってそれぞれの抵抗に流れる電流が求められます。電流は，向きに注意して重ね合わせましょう。I_2 は重ね合わせ前の 2 つの回路では向きが異なっています。**(3)** それぞれの電流源の電圧は，並列部分の電圧と等しくなりますから，並列接続されている抵抗に加わる電圧を，重ね合わせ後の電流を用いてオームの法則で求めましょう。

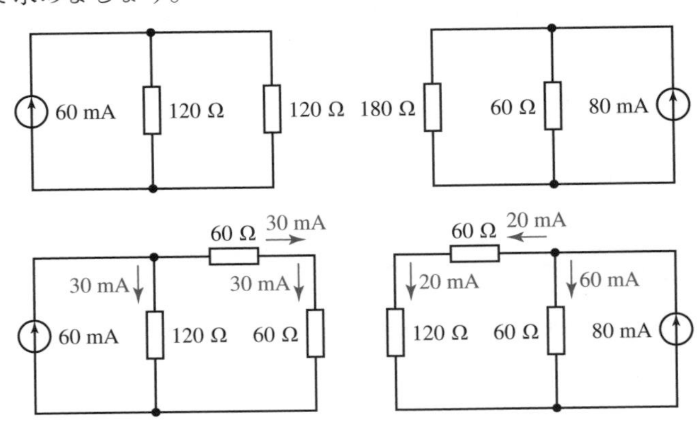

復習しよう　分流（p. 42），電流の向き（p. 14），電圧は計算経路によらない（p. 15）

●練習問題 8.2.1（解答）●

(1) 分圧より，$V_{ac}=\dfrac{R_3}{R_1+R_3}E$，$V_{bc}=\dfrac{R_4}{R_2+R_4}E$。**(2)** $V_{ab}=V_{ac}-V_{bc}=\left(\dfrac{R_3}{R_1+R_3}-\dfrac{R_4}{R_2+R_4}\right)E$。**(3)** $V_{ab}=\left(\dfrac{R_3}{R_1+R_3}-\dfrac{R_4}{R_2+R_4}\right)E=\dfrac{R_2R_3+R_3R_4-R_1R_4-R_3R_4}{(R_1+R_3)(R_2+R_4)}E=\dfrac{R_2R_3-R_1R_4}{(R_1+R_3)(R_2+R_4)}E=0$ より，$\boldsymbol{R_2R_3-R_1R_4=0}$。

解　説　(1) 分圧を使います。全体の電圧 E を，$R_1:R_3$ と $R_2:R_4$ で分けます。(2) V_{ab} は直接は求められませんから，c 点を経由して $V_{ab}=V_{ac}+V_{cb}=V_{ac}-V_{bc}$ として，(1) の結果を用いて求めます（$V_{cb}=-V_{bc}$ に注意します）。解答は，模範解答からさらに計算を進めて，$\dfrac{R_2R_3-R_1R_4}{(R_1+R_3)(R_2+R_4)}E$ でもかまいません。(3) $V_{ab}=0$ とおいて整理しましょう。得られるのはホイートストンブリッジの平衡条件の式です。

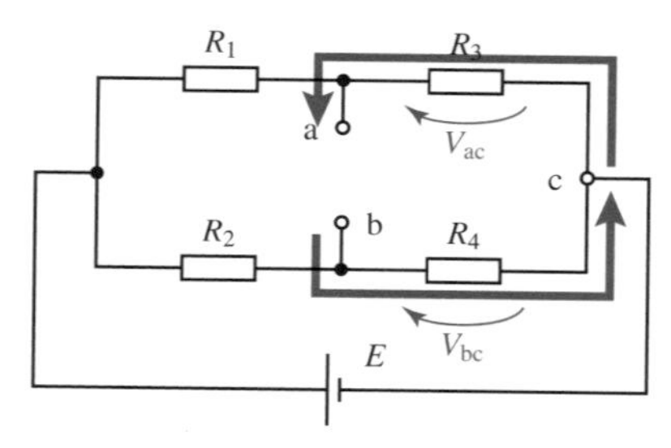

復習しよう　分圧（p. 42），電圧は加算できる（p. 15）

●練習問題 8.2.2（解答）●

(1) I_1 について，分流より，I_0 が $\dfrac{1}{R_1}:\dfrac{1}{R_3}=R_3:R_1$ で分かれて流れるから，$\boldsymbol{I_1=\dfrac{R_3}{R_3+R_1}I_0}$。$I_2$ について，I_0 が $\dfrac{1}{R_2}:\dfrac{1}{R_4}=R_4:R_2$ で流れているから，$\boldsymbol{I_2=\dfrac{R_4}{R_4+R_2}I_0}$。**(2)** $I=I_1-I_2=\boldsymbol{\left(\dfrac{R_3}{R_3+R_1}-\dfrac{R_4}{R_2+R_4}\right)I_0}$。**(3)** $I=0$ とおくと，$I=\left(\dfrac{R_3}{R_3+R_1}-\dfrac{R_4}{R_2+R_4}\right)I_0=\dfrac{R_2R_3+R_3R_4-R_3R_4-R_1R_4}{(R_1+R_3)(R_2+R_4)}I_0=\dfrac{R_2R_3-R_1R_4}{(R_1+R_3)(R_2+R_4)}I_0=0$ より，$\boldsymbol{R_2R_3-R_1R_4=0}$。**(4)** $R_2R_3-R_1R_4=0$ が成り立っているから，$300\times500=100R_4$ より，$\boldsymbol{R_4=1500}$〔$\boldsymbol{\Omega}$〕（$1.5\,\mathrm{k\Omega}$）。

解　説　(1) I_1，I_2 は分流で求めます。問題の回路は，下図の回路と同じ接続のされ方です。左側は $\dfrac{1}{R_1}:\dfrac{1}{R_3}=R_3:R_1$，右側は $\dfrac{1}{R_2}:\dfrac{1}{R_4}=R_4:R_2$ で分かれます。分流では，**電流の比は抵抗の逆数の比**になることを思い出しましょう。

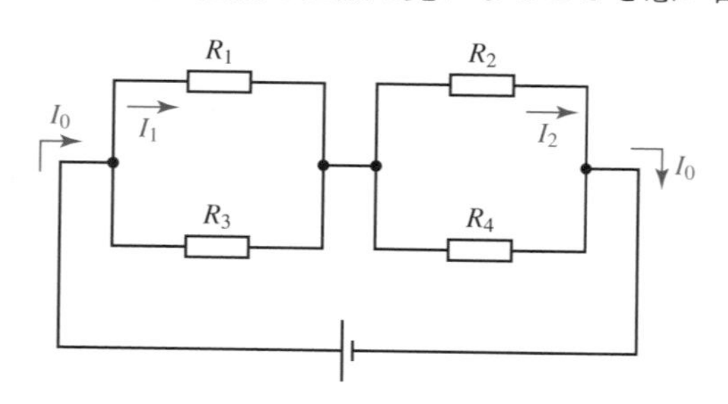

(2) I は，キルヒホッフの電流則 $I_1 = I + I_2$ が成り立っていますから，(1) で求めた I_1，I_2 を代入して求めます。模範解答からさらに計算して $\frac{R_2R_3 - R_1R_4}{(R_1+R_3)(R_2+R_4)}I_0$ と答えてもかまいません。**(3)** $I = 0$ とおいて整理しましょう。これもホイートストンブリッジの平衡条件の式が得られます。本問で $I = 0$ になっていれば，この部分を開放で取り外しても，抵抗に置き換えても，回路は変わりません。**(4)** ブリッジが平衡していますから，$R_2R_3 - R_1R_4 = 0$ に条件を代入すれば R_4 が求められます。

復習しよう　分流（p. 42），キルヒホッフの電流則（p. 84）

●練習問題 8.3.1（解答）●

$6R \cdot 3R = 2R \cdot 9R$ より，ブリッジが平衡しているので，$5R$ の抵抗を開放で除去できる。$6R + 2R = 8R$ と $9R + 3R = 12R$ の並列合成だから，$\frac{8R \cdot 12R}{8R+12R} = \mathbf{\frac{24}{5}R}$。

別　解　$6R \cdot 3R = 2R \cdot 9R$ より，ブリッジが平衡しているので，$5R$ の抵抗を短絡で除去できる。$\frac{6R \cdot 9R}{6R+9R} = \frac{18}{5}R$ と $\frac{2R \cdot 3R}{2R+3R} = \frac{6}{5}R$ の直列合成だから，$\frac{18}{5}R + \frac{6}{5}R = \frac{24}{5}R$。

解　説　問題の指示どおりにブリッジの平衡をチェックすると，平衡していることがわかります。ですから，中央の $5R$ の抵抗は（短絡でも開放でも）除去してかまいません。模範解答では，（分数の計算を伴って手間がかかる）並列合成が 1 回で済ませられるよう，開放で除去しています。なお，本問では抵抗値が単位を伴わず与えられているので，単位をつけて答えてはいけません（$\frac{24}{5}R$〔Ω〕と答えてはいけません）。

復習しよう　複雑な合成抵抗（p. 30）

●練習問題 8.3.2（解答）●

$800 \times 300 = 1200 \times 200$ より，ブリッジが平衡しているので，700 Ω の抵抗を開放で除去できる。$800 + 1200 = 2000$〔Ω〕と $200 + 300 = 500$〔Ω〕の並列合成だから，$\frac{2000 \times 500}{2000+500} = \mathbf{400}$〔**Ω**〕。

別　解　$800 \times 300 = 1200 \times 200$ より，ブリッジが平衡しているので，700 Ω の抵抗を短絡で除去できる。$\frac{800 \times 200}{800+200} = 160$〔Ω〕と $\frac{1200 \times 300}{1200+300} = 240$〔Ω〕の直列合成だから，$160 + 240 = 400$〔Ω〕。

解　説　本問も，指示どおりにブリッジの平衡をチェックすると，平衡していることがわかりますから，700 Ω の抵抗を（短絡でも開放でも）除去して合成抵抗を求められます。

復習しよう　複雑な合成抵抗（p. 30）

●練習問題 8.4.1（解答）●

(1) Y 結線側の合成抵抗は $\frac{40\times60}{40+60}+48=72$〔Ω〕，よって，$\frac{1}{R_{ab}}+\frac{1}{R_{ca}}=\frac{1}{72}$。**(2)** Y 結線側の合成抵抗は $\frac{60\times48}{60+48}+40=\frac{200}{3}$〔Ω〕，よって，$\frac{1}{R_{bc}}+\frac{1}{R_{ab}}=\frac{3}{200}$。**(3)** Y 結線側の合成抵抗は，$\frac{48\times40}{48+40}+60=\frac{900}{11}$〔Ω〕，よって，$\frac{1}{R_{ca}}+\frac{1}{R_{bc}}=\frac{11}{900}$。**(4)** 3つの式を辺ごとに加えると $\frac{1}{R_{ab}}+\frac{1}{R_{bc}}+\frac{1}{R_{ca}}=\frac{37}{1800}$。よって，$\boldsymbol{R_{ab}=120}$〔Ω〕，$\boldsymbol{R_{bc}=150}$〔Ω〕，$\boldsymbol{R_{ca}=180}$〔Ω〕。

解　説　例題 8.4 と同様に解きます。Y-Δ 変換については，一般の場合の式 $R_{ab}=\frac{R_aR_b+R_bR_c+R_cR_a}{R_c}=R_a+R_b+\frac{R_aR_b}{R_c}$，$R_{bc}=\frac{R_aR_b+R_bR_c+R_cR_a}{R_a}=R_b+R_c+\frac{R_bR_c}{R_a}$，$R_{ca}=\frac{R_aR_b+R_bR_c+R_cR_a}{R_b}=R_c+R_a+\frac{R_cR_a}{R_b}$ が覚えられなければ，この手順を身につけましょう。**変換先の Δ 結線のコンダクタンスのそれぞれの式に未知数が 2 つずつ含まれるように式を作る**ことを覚えておくとよいでしょう。

復習しよう　複雑な合成抵抗（p. 30），コンダクタンス（p. 14）

●練習問題 8.4.2（解答）●

(1) 合成抵抗は $\frac{(800+200)\times1000}{(800+200)+1000}=500$〔Ω〕より，$\boldsymbol{R_a+R_b=500}$。**(2)** 合成抵抗は $\frac{(1000+800)\times200}{(1000+800)+200}=180$〔Ω〕より，$\boldsymbol{R_b+R_c=180}$。**(3)** 合成抵抗は $\frac{(200+1000)\times800}{(200+1000)+800}=$ 480〔Ω〕より，$\boldsymbol{R_c+R_a=480}$。**(4)** 3つの式を辺ごとに加えると，$R_a+R_b+R_c=580$。よって，$\boldsymbol{R_a=400}$〔Ω〕，$\boldsymbol{R_b=100}$〔Ω〕，$\boldsymbol{R_c=80}$〔Ω〕。

解　説　**Δ-Y 変換**です。これは，変換の一般式が覚えられなければ，本問のように**2 つの端子を選んで合成抵抗を比較する**手順を身につけましょう。**(1)** を例に式の作り方を見てみると，a-b 間の合成抵抗は，800 + 200 = 1000〔Ω〕（直列接続）と 1000 Ω（1 kΩ を換算しました）の並列接続です。一方で，a′-b′ 間の合成抵抗は R_a+R_b です。R_c が接続されている端子には何もつながっていませんから電流は流れません（取り除けます）。

(2)(3) も同様に関係式が作れるでしょう。**(4)** で方程式を解きます。これも，3つの式が似た形をしていることを利用します。3 つの式を辺ごとにすべて加えると，$2(R_a+R_b+R_c)=500+180+480$ より $R_a+R_b+R_c=580$ が得られますから，(1)(2)(3) の式をそれぞれ両辺から引けば，R_a，R_b，R_c が求められます。本問において，例題 8.4，練習問題 8.4.1 のように 2 つの端子を短絡して合成抵抗またはコンダクタンスを求めて方程式を作っても解答にはたどりつけますが，計算は煩雑になります（同様に，Y-Δ 変換で 2 つの端子を選んで合成抵抗またはコンダクタンスを求めても答えは出せますが計算は煩雑になります）。計算を簡単にするには，**抵抗値が未知の結線の合成抵抗・コンダクタンスの式に未知数が 2 つだけ現れるほう**を使います。Y-Δ 変換では Δ 結線のほうが 2 個の合成コンダクタンスになるように，Δ-Y 変換では Y 結線のほうが 2 個の合成抵抗になるように式を作ります。なお，Δ-Y 変換の一般式は，$R_a = \frac{R_{ab}R_{ca}}{R_{ab}+R_{bc}+R_{ca}}$，$R_b = \frac{R_{bc}R_{ab}}{R_{ab}+R_{bc}+R_{ca}}$，$R_c = \frac{R_{ca}R_{bc}}{R_{ab}+R_{bc}+R_{ca}}$ です。

復習しよう　複雑な合成抵抗（p. 30）

●練習問題 8.4.3（解答）●

(1) $\boldsymbol{R_1 + R_2 = 200}$，$\boldsymbol{R_2 + R_3 = 200}$，$\boldsymbol{R_3 + R_1 = 200}$。**(2)** $R_1 + R_2 + R_3 = 300$ より，$\boldsymbol{R_1 = R_2 = R_3 = 100}$〔**Ω**〕。**(3)** 変換後の回路について，並列部分の上側が $100 + 200 = 300$〔Ω〕，下側が $100 + 600 = 700$〔Ω〕より，並列部分は，$\frac{300\times700}{300+700} = 210$〔Ω〕。これと，$R_1 = 100$〔Ω〕が直列に接続されているから，$100 + 210 = \boldsymbol{310}$〔**Ω**〕。

解　説　例題 8.3（p. 131）と似た，ただちに直列・並列合成が使えない回路の合成抵抗です。例題 8.3 と異なるのは，ブリッジの平衡条件を満たしていないことです。条件を確かめると，$300 \times 600 = 180000$，$200 \times 300 = 60000$ で一致しません。このとき，中央の 300 Ω の抵抗は取り除けませんから，計算は難しくなります。この場合合成抵抗を求めるのに使えるのが，Δ-Y 変換です。下図①の破線部分を Δ 結線とみて，下図②のように Y 結線に変換すれば，直列・並列合成を繰り返して全体の合成抵抗が求められます。

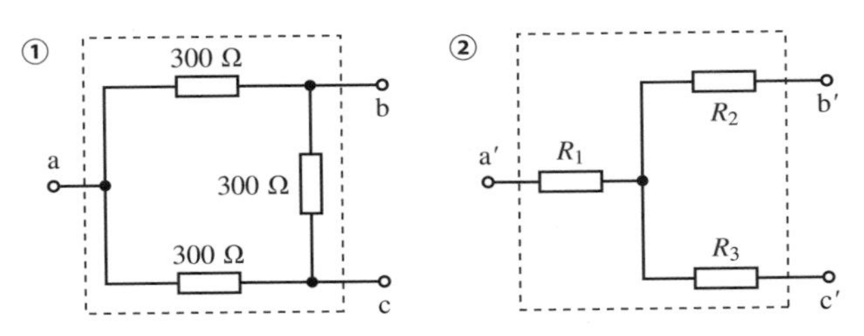

(1) は，練習問題 8.4.3 の図①の破線部分の外は取り去って考えましょう。すると，上図①の Δ 結線の部分，上図②の Y 結線の部分がわかります。問題の指示に従って，a-b の合成抵抗を求めると，$300 + 300 = 600$〔Ω〕と 300 Ω の並列接続で，$\frac{600\times300}{600+300} = 200$〔Ω〕。a′-b′ 間の合成抵抗は $R_1 + R_2$〔Ω〕。これより，$R_1 + R_2 = 200$。b-c 間と b′-c′ 間，c-a 間と c′-a′ 間も同様に求められます。

(2) も，通常の Δ-Y 変換の場合と同様に方程式ができていますから，すべてを辺ごとに加えて $R_1 + R_2 + R_3 = 300$，(1) で作ったそれぞれの式を引けば，$R_1 = R_2 = R_3 = 100$〔Ω〕が求められます。これで，図①の回路は図②の Y 結線を持つ回路に変換できました。

(3) これは，原則に従って求めやすい小さい部分から合成を繰り返していきます。まず並列部分の上側を $100 + 200 = 300$〔Ω〕，下側を $100 + 600 = 700$〔Ω〕と求め，$\frac{300\times700}{300+700} = 210$〔Ω〕と並列合成します。さらにこれに，100 Ω を直列合成します。$210 + 100 = 310$〔Ω〕です。

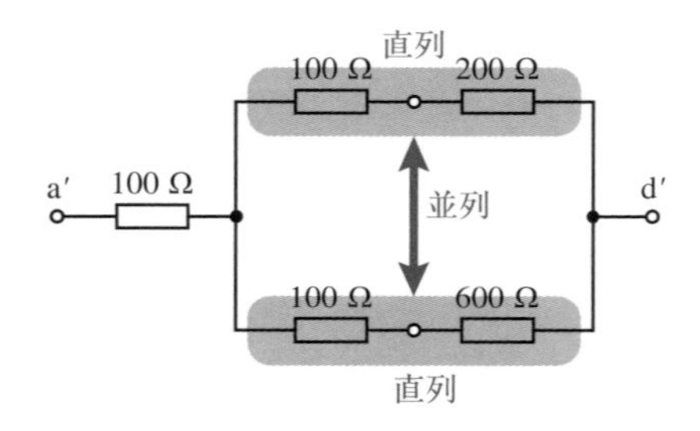

復習しよう　複雑な合成抵抗（p. 30）

第9章

交流とその表現

交流電圧・交流電流では，**周期・周波数・角周波数**といった時間変化に関わる量の関係を適切に把握しましょう。交流回路は簡単に計算するために**複素数**を使います。**直交形式・極形式・指数形式**の３つの表し方とその関係，**絶対値**とその性質も押さえましょう。交流回路は，**複素数を使うことで時間変化を考えずに計算できます**。交流回路を直流回路と同じように計算するための**実効値**の考え方と，時間変化する電圧・電流の関係も理解しましょう。

本章の内容のまとめ

交流　時間で変化しない**直流**に対して，大きさや向きが時間で（周期的に）変わる電圧・電流のこと。

正弦波交流　電気回路でもっとも基本的な交流は**正弦波交流**。交流の中でも計算や解析が簡単であることが知られているため。たとえば正弦波交流電圧は，瞬時値形式で $V(t) = A\sin(\omega t + \theta)$ のように表される。

振幅（しんぷく）**（最大値）**　電圧・電流の振れ幅。0から計る（最小から最大ではない）。上式の A に相当。

ピークピーク値　最小から最大まで。$2A$（最大値 A の2倍）に相当。

周期　電流・電圧の1回の繰り返しに要する時間。単位は秒（s）など。周波数とは逆数の関係。

周波数　単位時間あたりに電圧・電流の繰り返しが起こる回数。周期を T，周波数を f とすると，$f = \frac{1}{T}$（$T = \frac{1}{f}$）。1秒間の繰り返し回数の単位は**ヘルツ**（Hz）。

角周波数（かくしゅうはすう）　単位時間あたりに進む位相（周期運動の局面；正弦波では角度で表す）。上式の ω（オメガ）に相当する。$\omega = 2\pi f$ の関係がある。単位はたとえば**ラジアン毎秒**（rad/s）。

位相角（いそうかく）**（初期位相）**　時刻0のときの，電圧・電流の位相。上式の θ（シータ）に相当する。

位相差（いそうさ）　2つの正弦波の位相の差。同じ角周波数（周波数）の正弦波間で比較する。

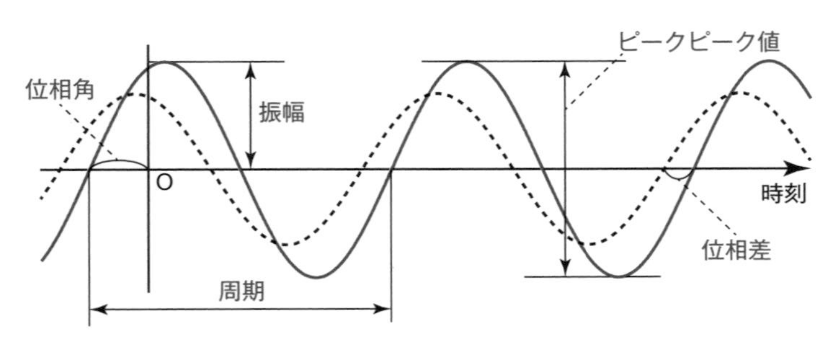

実効値（じっこうち）**（大きさ）**　交流回路を直流回路と同じように計算するために考える値。正弦波交流では，**実効値は最大値の $\frac{1}{\sqrt{2}}$ 倍**になる（交流の波形ごとに倍率は異なる）。たとえば，$V(t)$ について，実効値を V_e，最大値を V_m とする

と，$V(t) = V_{\mathrm{m}} \sin(\omega t + \theta) = \sqrt{2} V_{\mathrm{e}} \sin(\omega t + \theta)$ と表せる。特に断らない限り，交流回路の計算は実効値で行う。

瞬時値（しゅんじち）　時点時点での電圧・電流の値。

複素数と交流　交流回路を計算するのに，電圧・電流などを**複素数**で考える方法がある。複素数は $j^2 = -1$ になる**虚数単位**（きょすうたんい）を考え（電気工学分野では電流で i を使うことが多いので，混同しないように j を使う），実数 a，b を用いて $a + jb$ と表す。

複素数の絶対値　複素数の絶対値は $z = a + jb$ に対して $|z| = \sqrt{a^2 + b^2}$。

複素数の表し方　複素数の表し方として，**実部** a と**虚部** b で表す**直交形式** $a + jb$，絶対値 r（**複素平面**上に配置したときの原点からの距離，$r \geq 0$）と**偏角**（へんかく）θ（複素平面上に配置したときの実軸からの角度）で表す**極形式** $r\angle\theta$ と**指数形式** $re^{j\theta}$ がある。

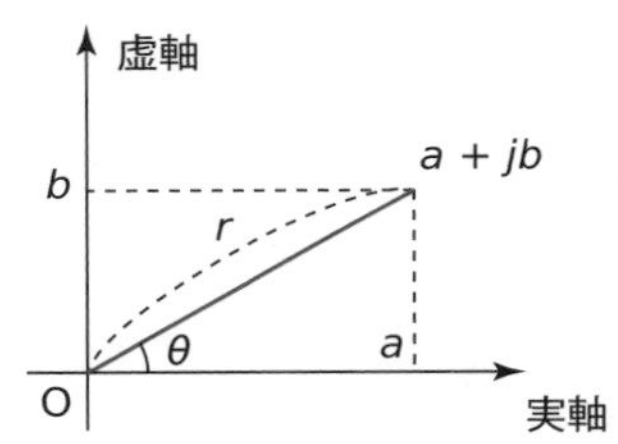

複素数の加減算　複素数の加減算は直交形式でやりやすい。j を（単なる）文字とみて計算する。

複素数の乗除算　直交形式では $j^2 = -1$ に注意して計算する。除算によって分母に虚数単位が現れた場合は分母の実数化をすることがある。乗除算は極形式・指数形式のほうが簡単で，$r_1\angle\theta_1 \times r_2\angle\theta_2 = r_1 r_2 \angle(\theta_1 + \theta_2)$，$\frac{r_1\angle\theta_1}{r_2\angle\theta_2} = \frac{r_1}{r_2}\angle(\theta_1 - \theta_2)$（絶対値の積・商と，偏角の和・差になる）。

複素数の形式変換　複素数の形式変換では，**オイラーの公式** $e^{j\theta} = \cos\theta + j\sin\theta$ を使う。極形式・指数形式から直交形式への変換は，$r\angle\theta = re^{j\theta} = r(\cos\theta + j\sin\theta)$。直交形式から極形式・指数形式への変換は，$z = a + jb$ について絶対値 $|z| = \sqrt{a^2 + b^2}$ を求め，$\cos\theta = \frac{a}{|z|} = \frac{a}{\sqrt{a^2+b^2}}$，$\sin\theta = \frac{b}{|z|} = \frac{b}{\sqrt{a^2+b^2}}$ となる θ を探して $a + jb = \sqrt{a^2 + b^2}\angle\theta = \sqrt{a^2 + b^2}e^{j\theta}$ と変換する。

	直交形式	極形式	指数形式
表記	$a + jb$	$r\angle\theta$	$re^{j\theta}$
加減算	得意	不得意	不得意
乗除算	不得意	得意	得意

複素数の絶対値の計算　2つの複素数 z_1，z_2 について，$|z_1 z_2| = |z_1||z_2|$，$\left|\frac{z_1}{z_2}\right| = \frac{|z_1|}{|z_2|}$。しかし，$|z_1 \pm z_2| = |z_1| \pm |z_2|$ にはならない。

9
交流とその表現

フェーザ　正弦波交流電圧・電流を，時間変化する部分は措(お)いておいて，実効値と位相角で表す方法。たとえば，瞬時値表記 $V(t) = \sqrt{2}V_e \sin(\omega t + \theta)$（$V_e$ は実効値）の電圧に対して，$V_e \angle\theta = V_e e^{j\theta} = V_e(\cos\theta + j\sin\theta)$。実効値で表すことに注意。

例題 9.1：交流の表現 (1)

時刻 t〔s〕での瞬時値が $V(t) = 50\sin\left(500\pi t + \frac{\pi}{4}\right)$〔V〕で表される交流電圧について答えなさい。ただし，計算にあたっては $\sqrt{2} = 1.41$，円周率は 3.14 とし，上から 2 桁の概数で答えなさい。

(1) 実効値を求めなさい。

(2) ピークピーク値を求めなさい。

(3) 角周波数を求めなさい。

(4) 周期を求めなさい。

(5) 初期位相を求めなさい。

解き方

正弦波交流電圧・電流を特徴づける量を求める問題です。どの量がどこに現れるか，量どうしの関係は，について確認しながら解いていきましょう。

(1) $V(t)$ の**最大値**は，式に現れている 50 V です。正弦波交流では，**実効値**はその $\frac{1}{\sqrt{2}}$ 倍になりますから，$50 \times \frac{1}{\sqrt{2}} = \frac{50}{1.41} = 35.4\ldots$，よって **35 V**。

$$V(t) = \underline{A}\sin(\underline{\omega t} + \underline{\theta})$$

最大値　角周波数　位相角

└ $1/(2\pi)$ 倍が周波数

├ 2 倍がピークピーク値

└ $1/\sqrt{2}$ 倍が実効値

(2) 正弦波交流の**ピークピーク値**は，最大値の 2 倍です。よって $50 \times 2 =$ **100**〔**V**〕。

(3) **角周波数**は，時刻 t の係数です。500π〔rad/s〕ですが，本問では円周率を 3.14 で計算することを求められているので，$500\pi = 500 \times 3.14 = 1570$，2 桁で答える指示がありますから，**1.6 krad/s**（1.6×10^3〔rad/s〕）。

(4) **周期** T は**周波数** f の逆数です（$T = \frac{1}{f}$）。周波数は，角周波数 ω と $\omega = 2\pi f$ の関係があります。よって，周期について，$T = \frac{1}{f} = \frac{2\pi}{\omega}$ となりますから，代入し

て，$T = \frac{2\pi}{500\pi} = \frac{1}{250} = \mathbf{0.004}$〔**s**〕（4 ms）。

(5) 初期位相（**位相角**）は問題文の式より，ただちに $\frac{\pi}{4}$ とわかります。本問では円周率を 3.14 で計算することに注意して，$\frac{\pi}{4} = \frac{3.14}{4} = 0.785$ より，2 桁で答えて **0.79 rad**。

模範解答

(1) $\frac{50}{\sqrt{2}} = 35.4\ldots$ より 35 V。**(2)** $50 \times 2 = 100$〔V〕。**(3)** $500\pi = 500 \times 3.14 = 1570$ より 1.6 krad/s。**(4)** 周波数は $\frac{500\pi}{2\pi} = 250$〔Hz〕なので，周期は $\frac{1}{250} = 0.004$〔s〕。**(5)** $\frac{\pi}{4} = \frac{3.14}{4} = 0.785$ より 0.79 rad。

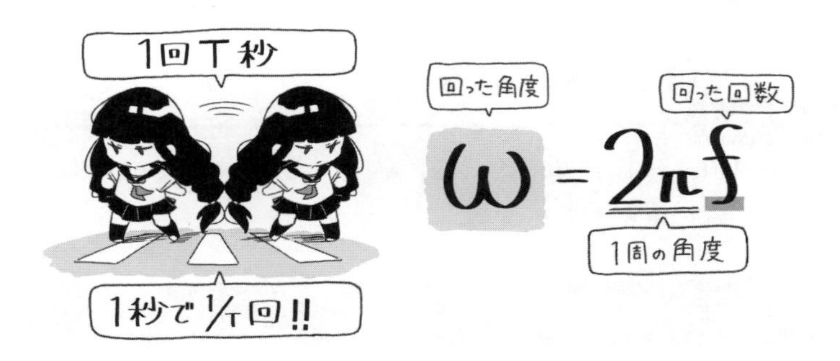

計算のポイント：概数の桁数

桁数を指示されて概数で求める際，数の並びの先頭部分の 0 は桁数に含めません。たとえば，0.2236 を上から 2 桁の概数にすると 0.22 になります（先頭の 0 を含めて「0.2」ではありません）。同様に，0.0821 を上から 2 桁の概数にすると，0.082 となります。

先頭の 0 は桁数に含めない
1 桁め
2 桁め
0.082

練習問題 9.1.1

時刻 t〔s〕での瞬時値が $V(t) = 60 \sin\left(100\pi t + \frac{\pi}{2}\right)$〔V〕で表される交流電圧について答えなさい。

(1) 最大値を求めなさい。

(2) 角周波数を求めなさい。

(3) 周波数を求めなさい。

(4) 初期位相を求めなさい。

練習問題 9.1.2

時刻 t〔s〕における電流 $I(t) = 20\sin\left(1000\pi t + \frac{\pi}{4}\right)$〔mA〕について答えなさい。

(1) 実効値を求めなさい。ただし，$\sqrt{2} = 1.41$ とし，上から 2 桁の概数で求めなさい。

(2) 周波数を求めなさい。

(3) 周期を求めなさい。

(4) 時刻 $t > 0$ において初めて $I(t)$ が最大になるのは何ミリ秒後か。

練習問題 9.1.3

周期が 5 ms である正弦波交流電流の角周波数を求めなさい。ただし円周率は 3.14 とし，上から 2 桁の概数で求めなさい。

練習問題 9.1.4

2 つの電圧 $V_1(t) = 10\sin(600t + \frac{1}{2}\pi)$〔V〕と $V_2(t) = 25\sin(600t - \frac{1}{6}\pi)$〔V〕について，$V_1$ と V_2 の位相差を V_2 を基準にして求めなさい。

例題 9.2：交流の表現 (2)

実効値が 100 V，周波数 50 Hz の正弦波交流電圧 $V(t)$ について，時刻 $t =$ 0〔s〕のときに電圧が最大であった。

(1) $V(t)$ を瞬時値形式で表しなさい。ただし，初期位相は $-\pi$ 以上 π 未満で定めなさい。

(2) $t = 2.5$〔ms〕における瞬時値を求めなさい。

解き方

正弦波交流を特徴づける値は，最大値（または実効値・ピークピーク値）と，角周波数（または周波数・周期）と，位相角（初期位相）です。条件から直接わからない場合もあって，そのときは条件を組み合わせて求めます。

(1) は，まず「実効値が 100 V」「周波数が 50 Hz」から $V(t) = 100\sqrt{2}\sin(100\pi t + \theta)$〔V〕と書けるはずです。ここで，位相角は θ とおきました。最大値は実効値を $\sqrt{2}$ 倍して $100\sqrt{2}$ V，角周波数は周波数を 2π 倍して（$\omega = 2\pi f$）100π〔rad/s〕と求めています。位相角がただちにはわかりませんが，これは，「$t = 0$〔s〕のときに電圧が最大」からわかります。正弦波交流で時間変化する部分は，本問では $\sin(100\pi t + \theta)$ の部分が担っていますから，$t = 0$ を代入した「$\sin\theta$」が最大になればよいわけです。この最大値は1で，それを与えるのはたとえば$\theta = \frac{1}{2}\pi$です。このθは条件の範囲（$-\pi$以上π未満）に入っていますから，$\theta = \frac{1}{2}\pi$と決まります。もし，条件の範囲に入っていなかったら，2πの整数倍を足したり引いたりして範囲に収まる値を探します。これで，$\boldsymbol{V(t) = 100\sqrt{2}\sin\left(100\pi t + \frac{1}{2}\pi\right)}$〔**V**〕と求められました。

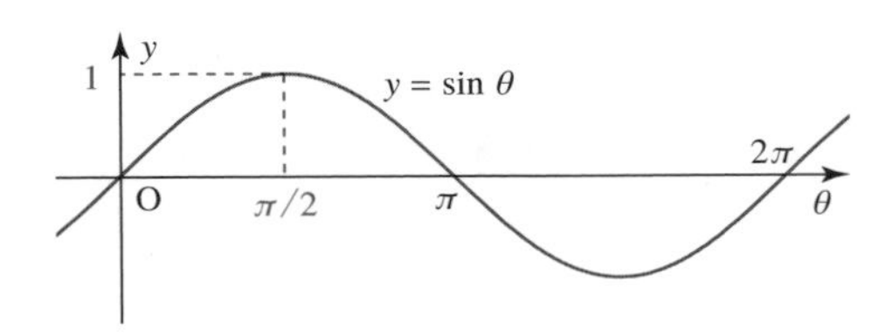

(2) は，(1)で求めた$V(t)$のtに2.5 ms，すなわち0.0025 sを代入します。計算すると，$V(0.0025) = 100\sqrt{2}\sin\left(100\pi \times 0.0025 + \frac{1}{2}\pi\right) = 100\sqrt{2}\sin\left(0.25\pi + \frac{1}{2}\pi\right) = 100\sqrt{2}\sin\frac{3}{4}\pi = 100\sqrt{2} \times \frac{1}{\sqrt{2}} =$ **100**〔**V**〕です。

模範解答

(1) $V(t) = 100\sqrt{2}\sin\left(100\pi t + \frac{1}{2}\pi\right)$〔V〕。**(2)** $V(0.0025) = 100\sqrt{2}\sin\left(100\pi \times 0.0025 + \frac{1}{2}\pi\right) = 100\sqrt{2}\sin\frac{3}{4}\pi = 100\sqrt{2} \times \frac{1}{\sqrt{2}} = 100$〔V〕。

練習問題 9.2.1

実効値20 V，周波数70 Hz，初期位相$-\frac{\pi}{4}$〔rad〕である正弦波交流電圧の，時刻t〔s〕における瞬時値$V(t)$〔V〕を表しなさい。

練習問題 9.2.2

正弦波交流電流$I(t)$は，最大値10 mA，周期0.01 sである。時刻$t = 0$〔s〕の瞬時値は5 mAで，そこから増加していくところであった。$I(t)$を表しなさい。ただし，初期位相は$-\pi$以上π未満で定めなさい。

練習問題 9.2.3

2つの200 Hzの正弦波交流電流I_1とI_2について，ある時刻にI_1が最大値になったあと，2 ms後に初めてI_2が最大値になった。I_1に対するI_2の位相の遅れを求めなさい。

例題 9.3：複素数の計算

2つの複素数$z_1 = 3 - j4$，$z_2 = 2\sqrt{2}\angle 45°$について答えなさい。

(1) $z_1 + z_2$を直交形式で求めなさい。

(2) $\frac{z_1}{z_2}$ を直交形式で求めなさい。ただし分母は実数化しなさい。

(3) $|z_1 z_2|$ を求めなさい。

解き方

複素数の計算です。

(1) 複素数の加算です。加減算は直交形式が適しており，問題も直交形式での解答を要求しているので，まず z_2 を直交形式に変換します。**オイラーの公式**（$e^{j\theta} = \cos\theta + j\sin\theta$）を用いて，$z_2 = 2\sqrt{2}\angle 45° = 2\sqrt{2}(\cos 45° + j\sin 45°) = 2\sqrt{2}\left(\frac{1}{\sqrt{2}} + j\frac{1}{\sqrt{2}}\right) = 2 + j2$。よって，$z_1 + z_2 = (3 - j4) + (2 + j2) = \mathbf{5 - j2}$。

(2) 複素数の除算です。除算は極形式・指数形式のほうが簡単ですが，本問の $z_1 = 3 - j4$ は極形式・指数形式での簡単な形に変換できません。また，直交形式で求めることを要求されているので，直交形式で計算します。(1) で $z_2 = 2 + j2$ であることがわかっていますから，$\frac{z_1}{z_2} = \frac{3-j4}{2+j2}$ です。ここで，**分母の実数化**の指示が出ていますから，分母の**共役複素数**（きょうやくふくそすう）$2 - j2$ を分母・分子にかけて，$\frac{z_1}{z_2} = \frac{(3-j4)(2-j2)}{(2+j2)(2-j2)} = \frac{6-j6-j8-8}{4-j4+j4+4} = \frac{-2-j14}{8} = \mathbf{\frac{-1-j7}{4}}$。

(3) 絶対値を求めます。$z_1 z_2$ を計算してから絶対値を求めてもよいですが，$|z_1 z_2| = |z_1||z_2|$ の性質を使うと簡単です。$|z_1 z_2| = |z_1||z_2| = \sqrt{3^2 + 4^2} \times 2\sqrt{2} = 5 \times 2\sqrt{2} = \mathbf{10\sqrt{2}}$。もちろん，$|z_1 z_2| = |(3 - j4)(2 + j2)| = |14 - j2| = \sqrt{14^2 + 2^2} = \sqrt{200} = 10\sqrt{2}$ と求めてもかまいません。

模範解答

(1) $z_1 + z_2 = (3 - j4) + 2\sqrt{2}\angle 45° = (3 - j4) + (2 + j2) = 5 - j2$。**(2)** $\frac{z_1}{z_2} = \frac{3-j4}{2+j2} = \frac{(3-j4)(2-j2)}{(2+j2)(2-j2)} = \frac{-2-j14}{8} = -\frac{1}{4} - j\frac{7}{4}$。**(3)** $|z_1 z_2| = |z_1||z_2| = 5 \times 2\sqrt{2} = 10\sqrt{2}$。

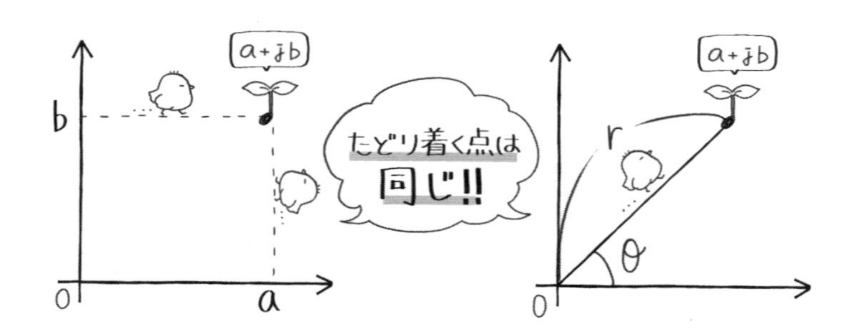

計算のポイント：オイラーの公式の証明

オイラーの公式 $e^{j\theta} = \cos\theta + j\sin\theta$ は，たとえば高校数学の範囲では次のように示せます。

$f(\theta) = (\cos\theta - j\sin\theta)\, e^{j\theta}$ とおきます。これを微分すると，$f'(\theta) = (\cos\theta - j\sin\theta)'\, e^{j\theta} + (\cos\theta - j\sin\theta)\left(je^{j\theta}\right) = (-\sin\theta - j\cos\theta)\, e^{j\theta} + (j\cos\theta + \sin\theta)\, e^{j\theta} = 0$。ここで，虚数単位 j は $j^2 = -1$ になること以外，文字と同じように扱ってかまいません。

さて，$f(\theta)$ を微分したら 0 ということは，$f(\theta)$ は実は定数だということです。ですので，適当なところで 0 を代入すると，$f(0) = (\cos 0 - j\sin 0)\, e^{j0} = (1 - j0)\times 1 = 1$ です。これより，$(\cos\theta - j\sin\theta)\, e^{j\theta} = 1$ がつねに成り立ちます。よって，$e^{j\theta} = \frac{1}{\cos\theta - j\sin\theta} = \frac{\cos\theta + j\sin\theta}{(\cos\theta - j\sin\theta)(\cos\theta + j\sin\theta)} = \cos\theta + j\sin\theta$ と示されます。

なぜこのような $f(\theta)$ を用意したのかという疑問が残りますが，「$\cos\theta + j\sin\theta$」と「$e^{j\theta}$」が両方出てくることを見越して定めたものだと理解してください。大学教養程度の数学を使えば，オイラーの公式はよりすっきりと証明できます。

計算のポイント：複素数の分母の実数化

複素数の除算では，分母が複素数になることがあり，これは必要に応じて実数化します。そのためには，分母の複素数に対して虚部の符号を入れ替えた**共役複素数**を分母・分子にかけます。たとえば，$a + jb$ の共役複素数は $a - jb$ です。

たとえば，$\frac{a+jb}{c+jd}$ の分母を実数化すると，分母・分子に $c + jd$ の共役複素数 $c - jd$ をかけて，$\frac{(a+jb)(c-jd)}{(c+jd)(c-jd)} = \frac{(ac+bd)+j(bc-ad)}{c^2+d^2}$ となります。分母から虚数単位 j がなくなっています。

計算のポイント：角度の換算

角度の計量におもに使われるのは，1 周を 360 度とする**度数法**（どすうほう）と，1 周を 2π とする**弧度法**（こどほう）です。互いの換算は，「何周分か」を介して行うとよいでしょう。

度数法から弧度法の換算は，まず 360 で割って何周分か求めます。たとえば，60 度は $\frac{60}{360}$ 周です。これを 1 周が 2π の弧度法に換算するのですから，2π をかけます。60 度の場合は $\frac{60}{360} \times 2\pi = \frac{1}{3}\pi$ となります。

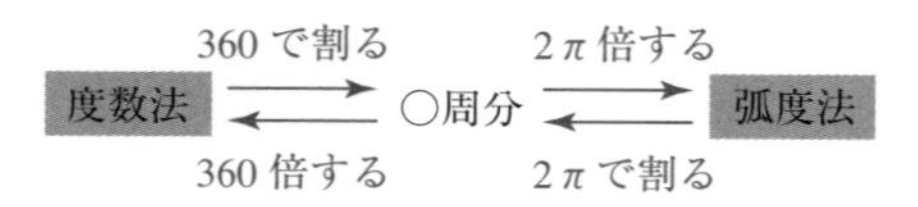

逆に，弧度法から度数法への換算は，2π で割れば何周分かわかりますから，それに 360 をかけます。

練習問題 9.3.1

2 つの複素数 $z_1 = 3 + j2$，$z_2 = 2 - j3$ について答えなさい。

(1) $z_1 - z_2$ を求めなさい。

(2) $|z_1 z_2|$ を求めなさい。

(3) $\frac{z_1}{z_2}$ を求めなさい。ただし，分母は実数化しなさい。

練習問題 9.3.2

2 つの複素数 $z_1 = 1 + j\sqrt{3}$，$z_2 = 2 - j2$ について答えなさい。

(1) z_1 を極形式に直しなさい。

(2) z_2 を極形式に直しなさい。

(3) $\frac{z_1}{z_2}$ を極形式で求めなさい。

練習問題 9.3.3

2 つの複素数 $z_1 = 6e^{j\frac{1}{6}\pi}$，$z_2 = 2\angle\frac{3}{4}\pi$ について答えなさい。

(1) z_1 を直交形式で表しなさい。

(2) $z_1 + z_2$ を直交形式で求めなさい。

(3) $z_1 z_2$ を指数形式で求めなさい。

練習問題 9.3.4

2 つの複素数 $z_1 = -3 + j3$，$z_2 = 4\angle 60°$ について答えなさい。

(1) z_1 を指数形式で表しなさい。

(2) $z_1 - z_2$ を直交形式で求めなさい。

(3) $z_1 z_2$ を極形式で求めなさい。

(4) $\left|\frac{z_1}{z_2}\right|$ を求めなさい。

例題 9.4：交流電圧・電流の複素数による表現（フェーザ）

$v = -2 + j2\sqrt{3}$〔V〕で表される正弦波交流電圧を考える。

(1) この電圧の最大値を求めなさい。

(2) この電圧の位相角を求めなさい。

(3) 周波数が 40 Hz であるとき，v の時刻 t〔s〕での瞬時値 $V(t)$ を表しなさい。ただし，円周率は π とする。

解き方

正弦波交流電圧・電流は，時間変化する部分を措(お)いておいて，実効値と位相角を用いて 1 つの複素数で表すことがあります。たとえば，実効値 10 V，位相角 45° の正弦波交流電圧は，（角周波数は措いておいて）$10\angle 45°$〔V〕と表せます。これは極形式ですが，$10e^{j\frac{1}{4}\pi}$〔V〕，$5\sqrt{2} + j5\sqrt{2}$〔V〕と表してもかまいません。

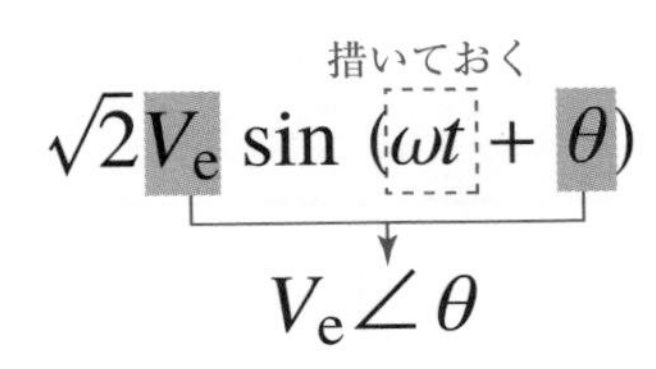

(1) v は実効値で表されていますから，その絶対値は実効値です。$|v| = \sqrt{4 + 12} = 4$〔V〕で，最大値はその $\sqrt{2}$ 倍ですから，$\mathbf{4\sqrt{2}}$ **V** です。

(2) 位相角は，偏角がわかる形に変形して求めます。v の絶対値をくくり出せば，$v = 4\left(-\frac{1}{2} + j\frac{\sqrt{3}}{2}\right) = 4\left(\cos\frac{2}{3}\pi + j\sin\frac{2}{3}\pi\right)$ ですから，位相角は $\mathbf{\frac{2}{3}\pi}$。

(3) (1) で最大値が $4\sqrt{2}$ V，位相角が $\frac{2}{3}\pi$ であることがわかりましたから，周波数 40 Hz を 2π 倍して角周波数 80π〔rad/s〕とし，$\mathbf{V(t) = 4\sqrt{2}\sin\left(80\pi t + \frac{2}{3}\pi\right)}$〔V〕。瞬時値形式では実効値ではなく最大値が現れることに注意します。

模範解答

(1) $|v| = 4$〔V〕より，$4\sqrt{2}$ V。**(2)** $v = 4\left(-\frac{1}{2} + j\frac{\sqrt{3}}{2}\right) = 4\left(\cos\frac{2}{3}\pi + j\sin\frac{2}{3}\pi\right)$ より，位相角は $\frac{2}{3}\pi$。**(3)** $V(t) = 4\sqrt{2}\sin\left(80\pi t + \frac{2}{3}\pi\right)$〔V〕。

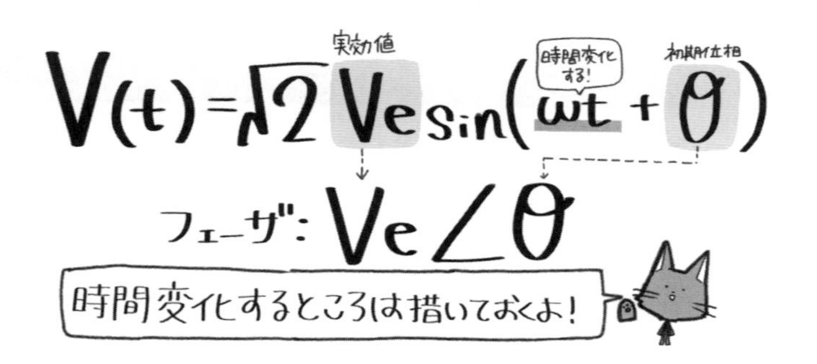

練習問題 9.4.1

複素数で表された正弦波交流電流 $0.1\sqrt{3} - j0.1$〔A〕について答えなさい。

(1) 最大値を求めなさい。

(2) 位相角を求めなさい。

(3) 角周波数が 500 rad/s のとき，時刻 t〔s〕における瞬時値 $I(t)$〔A〕を表しなさい。

練習問題 9.4.2

複素数で表された正弦波交流電圧 $-10 + j10$〔V〕について答えなさい。

(1) ピークピーク値を求めなさい。

(2) 位相角を求めなさい。

練習問題 9.4.3

最大値 160 V，周波数 60 Hz，初期位相 $-\frac{1}{3}\pi$ の正弦波交流電圧について答えなさい。

(1) この電圧について，時刻を t〔s〕としたときの瞬時値を表しなさい。

(2) この電圧を，指数形式の複素数で表しなさい。

(3) この電圧を，直交形式の複素数で表しなさい。

練習問題の解答

●練習問題 9.1.1（解答）●

(1) **60 V**。(2) $\mathbf{100\pi}$〔**rad/s**〕。(3) $\frac{100\pi}{2\pi} = \mathbf{50}$〔**Hz**〕。(4) $\frac{\pi}{2}$。

解　説　(2) 本問では円周率 π を 3.14 とする指示は出ていません。π のまま答えます。(3) 周波数 f と角周波数 ω の関係 $\omega = 2\pi f$ を使います。周波数の単位ヘルツ（Hz）にも注意してください。

●練習問題 9.1.2（解答）●

(1) $\frac{20}{\sqrt{2}} = 14.18\ldots$ より **14 mA**（0.014 A）。(2) $\frac{1000\pi}{2\pi} = \mathbf{500}$ **〔Hz〕**。(3) $\frac{1}{500} = \mathbf{0.002}$ **〔s〕**（2 ms）。(4) $1000\pi t + \frac{\pi}{4} = \frac{1}{2}\pi$ のときに $I(t)$ は初めて最大になる。このとき $1000\pi t = \frac{1}{4}\pi$ より $t = \frac{1}{4000} = 0.00025$〔s〕，よって **0.25 ms**。

解　説　(2) 周波数 f と角周波数 ω の関係 $\omega = 2\pi f$ を使います。(3) 周期は周波数の逆数です。(4) $y = \sin x$ について，$x > \frac{\pi}{4}$ で初めて y が最大になるのは $x = \frac{1}{2}\pi$ のときです。ですから，$1000\pi t + \frac{\pi}{4} = \frac{1}{2}\pi$ から t を求めます。単位をミリ秒で答える指示に注意してください。

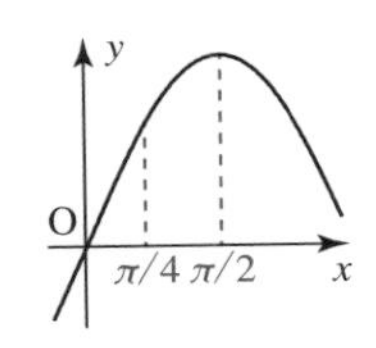

●練習問題 9.1.3（解答）●

周波数は，$\frac{1}{0.005} = 200$〔Hz〕なので，$200 \times 2\pi = 1256$ より，**1.3 krad/s**（1.3×10^3〔rad〕）。

解　説　周期 T と周波数 f の関係 $f = \frac{1}{T}$ と，周波数と角周波数 ω の関係 $\omega = 2\pi f$ を順に使って求めるのが確実です。

●練習問題 9.1.4（解答）●

$\frac{1}{2}\pi - \left(-\frac{1}{6}\pi\right) = \mathbf{\frac{2}{3}\pi}$。

解　説　位相差は，位相角の差です。角周波数（周波数）が同じでないと問題にできません。「V_2 を基準に」と指示されているので V_2 の位相角を引きます。位相差は，本問のように一方を基準にして進み・遅れを問題にすることもあるとともに，差だけを考えて進み・遅れを問題にしない場合もあります。

●練習問題 9.2.1（解答）●

$\mathbf{V(t) = 20\sqrt{2}\sin\left(140\pi t - \frac{\pi}{4}\right)}$ **〔V〕**。

解　説　実効値 20 V が与えられているので最大値は $\sqrt{2}$ 倍の $20\sqrt{2}$ V です。周波数 f と角周波数 ω の関係 $\omega = 2\pi f$ より，角周波数は $2\pi \times 70 = 140\pi$〔rad/s〕と求められます。

●練習問題 9.2.2（解答）●

周波数は $\frac{1}{0.01}=100$〔Hz〕なので位相角を θ とすると，$I(t)=10\sin(200\pi t+\theta)$〔mA〕と表せる。$I(0)=10\sin\theta$ で，これが 5 mA になる θ を $-\pi \leq \theta < \pi$ から定めると，$\theta=\frac{1}{6}\pi$，$\frac{5}{6}\pi$。このうち，$I(t)$ が $t=0$ から増加していくのは $\theta=\frac{1}{6}\pi$。よって，$\boldsymbol{I(t)=10\sin\left(200\pi t+\frac{1}{6}\pi\right)}$〔**mA**〕。

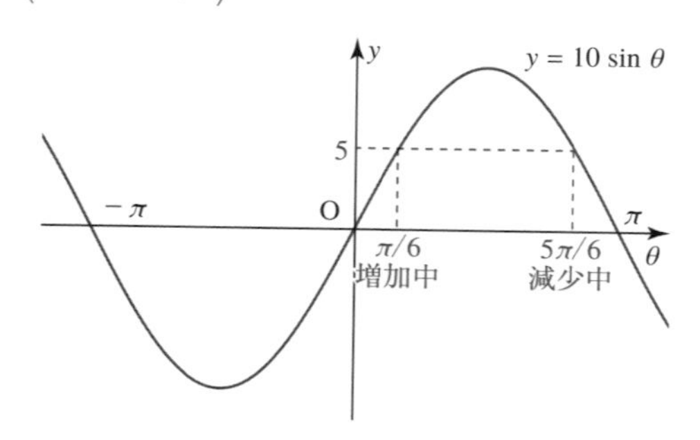

解　説　最大値は与えられています。与えられている周期から周波数（角周波数）を求めれば，$I(t)=10\sin(200\pi t+\theta)$〔mA〕まで求められます。初期位相は $I(0)=5$〔mA〕から求めますが，これだけからだと当てはまる θ が 2 つ得られます。このうち，「$t=0$ のとき増加する」の条件を使えば，$\frac{1}{6}\pi$ が適切な位相角とわかります。

●練習問題 9.2.3（解答）●

電流の周期は $\frac{1}{200}=0.005$〔s〕。この，周期 5 ms に対して 2 ms の遅れは $\frac{2}{5}$ 周期分にあたるので，$\frac{2}{5}\times 2\pi=\boldsymbol{\frac{4}{5}\pi}$。

解　説　位相差は，2 つの（角周波数が等しい）正弦波が与えられたらその位相角の差で求められます。それ以外にも，（角）周波数がわかれば，同じ位相に達する時間差からも求められます。このとき，時間差が何周期分にあたるかを求めれば（本問では $\frac{2}{5}$ 周期と求められています），1 周期分が 2π ですから 2π をかけて位相差を求められます。

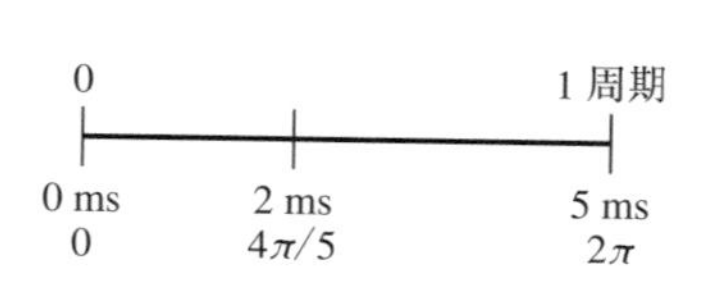

●練習問題 9.3.1（解答）●

(1) $z_1-z_2=(3+j2)-(2-j3)=\boldsymbol{1+j5}$。**(2)** $|z_1z_2|=|z_1||z_2|=\sqrt{3^2+2^2}\times\sqrt{3^2+2^2}=\sqrt{13}\times\sqrt{13}=\boldsymbol{13}$。**(3)** $\frac{z_1}{z_2}=\frac{3+j2}{2-j3}=\frac{(3+j2)(2+j3)}{(2-j3)(2+j3)}=\frac{j4+j9}{4+9}=\frac{j13}{13}=\boldsymbol{j}$。

解　説　**(2)** $|z_1z_2| = |z_1||z_2|$ の関係を用いると計算が簡単です。**(3)** 分母の共役複素数 $2 + j3$ を分母・分子にかけて分母を実数化します。

●練習問題 9.3.2（解答）●

(1) $|z_1| = 2$ より，$z_1 = 2\left(\frac{1}{2} + j\frac{\sqrt{3}}{2}\right) = 2\left(\cos\frac{1}{3}\pi + j\sin\frac{1}{3}\pi\right) = \mathbf{2\angle\frac{1}{3}\pi}$。

(2) $|z_2| = 2\sqrt{2}$ より，$z_2 = 2\sqrt{2}\left(\frac{1}{\sqrt{2}} - j\frac{1}{\sqrt{2}}\right) = 2\sqrt{2}\left\{\cos\left(-\frac{1}{4}\pi\right) + j\sin\left(-\frac{1}{4}\pi\right)\right\} = \mathbf{2\sqrt{2}\angle\left(-\frac{1}{4}\pi\right)}$。**(3)** $\frac{z_1}{z_2} = \frac{2}{2\sqrt{2}}\angle\left\{\frac{1}{3}\pi - \left(-\frac{1}{4}\pi\right)\right\} = \mathbf{\frac{1}{\sqrt{2}}\angle\frac{7}{12}\pi}$。

解　説　**(1)** 直交形式から極形式・指数形式への変換では，まず絶対値を求めます。本問では $|z_1| = \sqrt{1+3} = 2$ です。これをくくり出すように z_1 を変形すると $z_1 = 2\left(\frac{1}{2} + j\frac{\sqrt{3}}{2}\right)$ となります。ここで，$\cos\theta = \frac{1}{2}$，$\sin\theta = \frac{\sqrt{3}}{2}$ となる θ を見つけます。$\theta = \frac{1}{3}\pi$ が見つかりますから，これが偏角になります。**(2)** (1) と同様に，$|z| = \sqrt{2^2 + 2^2} = 2\sqrt{2}$ を求めてから偏角を見つけます。**(3)** 極形式・指数形式での除算は，$\frac{r_1\angle\theta_1}{r_2\angle\theta_2} = \frac{r_1}{r_2}\angle(\theta_1 - \theta_2)$（$\frac{r_1e^{j\theta_1}}{r_2r^{j\theta_2}} = \frac{r_1}{r_2}e^{j(\theta_1-\theta_2)}$）です。

●練習問題 9.3.3（解答）●

(1) $z_1 = 6e^{j\frac{1}{6}\pi} = 6\left(\cos\frac{1}{6}\pi + j\sin\frac{1}{6}\pi\right) = 6\left(\frac{\sqrt{3}}{2} + j\frac{1}{2}\right) = \mathbf{3\sqrt{3} + j3}$。

(2) $z_2 = 2\angle\frac{3}{4}\pi = 2\left(\cos\frac{3}{4}\pi + j\sin\frac{3}{4}\pi\right) = 2\left(-\frac{1}{\sqrt{2}} + j\frac{1}{\sqrt{2}}\right) = -\sqrt{2} + j\sqrt{2}$ だから，$z_1 + z_2 = \left(3\sqrt{3} + j3\right) + \left(-\sqrt{2} + j\sqrt{2}\right) = \mathbf{\left(3\sqrt{3} - \sqrt{2}\right) + j\left(3 + \sqrt{2}\right)}$。

(3) $z_1z_2 = (6 \times 2)\,e^{j\left(\frac{1}{6}\pi + \frac{3}{4}\pi\right)} = \mathbf{12e^{j\frac{11}{12}\pi}}$。

解　説　**(1)** 指数形式から直交形式への変換では，オイラーの公式を使います。**(2)** 加算するにあたり，z_2 も直交形式に直さないといけません。**(3)** 乗算は指数形式で行うのが簡単です。$r_1e^{j\theta_1} \times r_2e^{j\theta_2} = r_1r_2e^{j(\theta_1+\theta_2)}$ です。

●練習問題 9.3.4（解答）●

(1) $|z_1| = 3\sqrt{2}$ より，$z_1 = 3\sqrt{2}\left(-\frac{1}{\sqrt{2}} + j\frac{1}{\sqrt{2}}\right) = 3\sqrt{2}\left(\cos\frac{3}{4}\pi + j\sin\frac{3}{4}\pi\right) = \mathbf{3\sqrt{2}e^{j\frac{3}{4}\pi}}$。**(2)** $z_2 = 4\angle 60^\circ = 4(\cos 60^\circ + j\sin 60^\circ) = 4\left(\frac{1}{2} + j\frac{\sqrt{3}}{2}\right) = 2 + j2\sqrt{3}$ だから，$z_1 - z_2 = (-3 + j3) - \left(2 + j2\sqrt{3}\right) = \mathbf{-5 + j\left(3 - 2\sqrt{3}\right)}$。**(3)** $z_1z_2 = 3\sqrt{2}\angle\frac{3}{4}\pi \times 4\angle 60^\circ = 3\sqrt{2}\angle\frac{3}{4}\pi \times 4\angle\frac{1}{3}\pi = \left(3\sqrt{2} \times 4\right)\angle\left(\frac{3}{4}\pi + \frac{1}{3}\pi\right) = \mathbf{12\sqrt{2}\angle\frac{13}{12}\pi}$ $\left(12\sqrt{2}\angle\left(-\frac{11}{12}\pi\right)\right)$。

(4) $\left|\frac{z_1}{z_2}\right| = \frac{|z_1|}{|z_2|} = \mathbf{\frac{3\sqrt{2}}{4}}$。

9

交流とその表現

解　説　(1) 直交形式から指数形式への変換は，練習問題 9.3.2 と同じく，絶対値（$|z_1| = \sqrt{3^2+3^2} = 3\sqrt{2}$）を求めてから偏角の値を見つけます。(2) 減算にあたって，z_2 を直交形式に変換します。(3) 乗算は極形式で行うのがよいでしょう。(4) 極形式・指数形式の絶対値部分の商を求めます（偏角部分は無視してかまいません）。

●練習問題 9.4.1（解答）●

(1) 絶対値は $\sqrt{0.1^2 \times 3 + 0.1^2} = 0.2$〔A〕だから，$0.2 \times \sqrt{2} = \mathbf{0.2\sqrt{2}}$〔**A**〕。

(2) $0.1\sqrt{3} - j0.1 = 0.2\left(\frac{\sqrt{3}}{2} - j\frac{1}{2}\right) = 0.2\left\{\cos\left(-\frac{1}{6}\pi\right) + j\sin\left(-\frac{1}{6}\pi\right)\right\}$ より，$\boldsymbol{-\frac{1}{6}\pi}$。

(3) $\boldsymbol{I(t) = 0.2\sqrt{2}\sin\left(500t - \frac{1}{6}\pi\right)}$〔**A**〕。

解　説　(1) 複素数の電流は実効値で表されていますから，絶対値を $\sqrt{2}$ 倍して最大値を求めます。(2) 直交形式を極形式・指数形式に変換するときと同じ要領で偏角を求めれば，それが位相角です。(3) 最大値 $0.2\sqrt{2}$ A，角周波数 500 rad/s，位相角 $-\frac{1}{6}\pi$ から瞬時値形式を作ります。

●練習問題 9.4.2（解答）●

(1) 絶対値は $\sqrt{10^2 + 10^2} = 10\sqrt{2}$〔V〕。最大値は $10\sqrt{2} \times \sqrt{2} = 20$〔V〕で，ピークピーク値は $20 \times 2 = \mathbf{40}$〔**V**〕。(2) $-10 + j10 = 10\sqrt{2}\left(-\frac{1}{\sqrt{2}} + j\frac{1}{\sqrt{2}}\right) = 10\sqrt{2}\left(\cos\frac{3}{4}\pi + j\sin\frac{3}{4}\pi\right)$ より，$\boldsymbol{\frac{3}{4}\pi}$。

解　説　(1) ピークピーク値は最大値の 2 倍です。ですから，複素数で表された電圧の絶対値を $\sqrt{2}$ 倍し，さらに 2 倍します。(2) フェーザの偏角を求めれば，それが位相角です。

●練習問題 9.4.3（解答）●

(1) $\boldsymbol{V(t) = 160\sin\left(120\pi t - \frac{1}{3}\pi\right)}$〔**V**〕。(2) 実効値は $\frac{160}{\sqrt{2}} = 80\sqrt{2}$〔V〕より，$\boldsymbol{80\sqrt{2}e^{-j\frac{1}{3}\pi}}$〔**V**〕。

(3) $80\sqrt{2}e^{-j\frac{1}{3}\pi} = 80\sqrt{2}\left\{\cos\left(-\frac{1}{3}\pi\right) + j\sin\left(-\frac{1}{3}\pi\right)\right\} = 80\sqrt{2}\left(\frac{1}{2} - j\frac{\sqrt{3}}{2}\right) = \boldsymbol{40\sqrt{2} - j40\sqrt{6}}$〔**V**〕。

解　説　(1) 最大値，位相角は明示されていますから，角周波数が $60 \times 2\pi = 120\pi$〔rad/s〕になることに注意して瞬時値を表します。(2) 実効値と位相角を用いて表します（周波数は措いておきます）。実効値は最大値 160 V の $\frac{1}{\sqrt{2}}$ 倍で，$\frac{160}{\sqrt{2}} = 80\sqrt{2}$〔V〕です。(3) (2) の指数形式の電圧を直交形式に変換します。

第10章

交流素子

交流回路で登場するコイルとコンデンサは，電圧・電流の**周波数によって電流の流れにくさが変化します**。また，電圧と電流の位相は一致しません。これらを考慮した電流の流れにくさがインピーダンスです。これは複素数であることに注意すれば，**直流抵抗と同じように計算できます**。素子の値，交流の（角）周波数，リアクタンス・インピーダンスの関係を理解して計算できること，合成抵抗と同じ要領で合成インピーダンスを計算できるようになることを目指します。

本章の内容のまとめ

コイル（インダクタ）　導線を巻いたもの。電流が流れるとそのエネルギーを磁石のエネルギーとして蓄える。直流では「ただの導線（＝短絡）」だが，交流電流を流すと，磁石のエネルギーを放出したり蓄えたりするようになり，その作用で電流が流れにくくなる。コイルの，磁力の発生しやすさを**インダクタンス**といい，量記号は一般に L，その単位は**ヘンリー**（H）。

コンデンサ（キャパシタ）　極板を向かい合わせたもの。極板に電荷を溜め，静電気のエネルギーとして蓄える。直流では「つながっていない（＝開放）」だが，交流電圧を加えると，極板に溜まっていた電荷が移動し，電流が流れているように見える。コンデンサの，電荷の溜めやすさを**静電容量**（または単に**容量**）または**キャパシタンス**といい，量記号は一般に C，その単位は**ファラド**（F）。

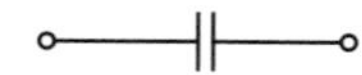

リアクタンス　コイル・コンデンサには，交流電圧が加わったときに電流を流れにくくする作用がある。これを**リアクタンス**という。電流を流れにくくする点では抵抗と同じだが，電力を消費しないので抵抗と区別する。リアクタンスの単位は抵抗と同じ**オーム**（Ω）。

誘導性リアクタンス　コイルのリアクタンスのこと。電圧・電流の角周波数 ω に対して誘導性リアクタンス $X_L = \omega L$。角周波数が大きいほど電流を流しにくくなる。

容量性リアクタンス　コンデンサのリアクタンスのこと。電圧・電流の角周波数 ω に対して容量性リアクタンス $X_C = \frac{1}{\omega C}$。角周波数が大きいほど電流を流しやすくなる。

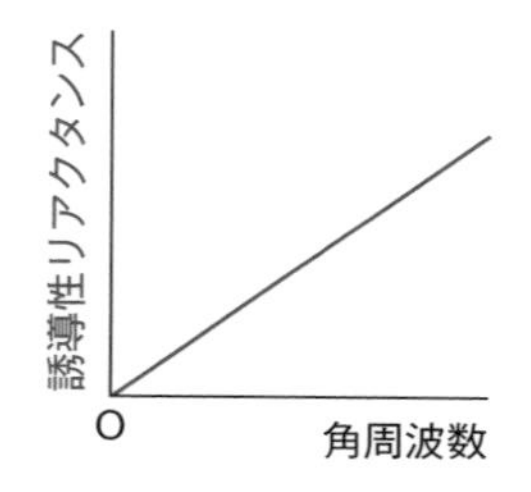

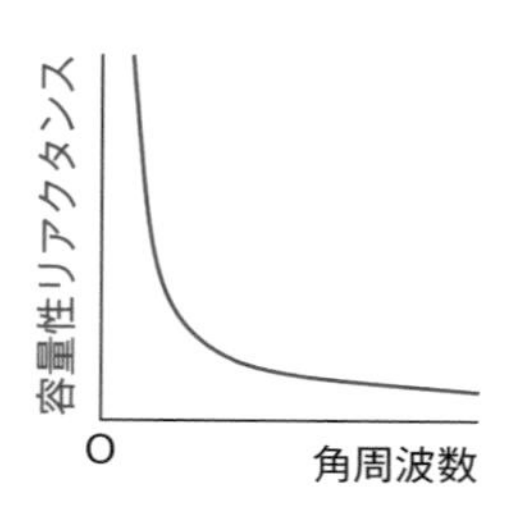

素子の交流での振る舞い　抵抗・コイル・コンデンサからなる回路に正弦波交流電源を接続したとき，各素子には電源と同じ周波数の電圧が加わり，電流が流れる。ただしそれらの振幅と位相は素子ごとに変わる。すなわち，正弦波交流では，**回路のどこかで電圧・電流が正弦波以外の波形になったり，周波数が電源のものから変化したりすることはない**（正弦波以外では波形が変わったりする）。このように簡単になることから，交流回路では正弦波の電圧・電流が基本として扱われる。

素子と電圧・電流の位相の関係　交流回路の各素子について，電圧と電流の位相の関係は次のようになることが知られている。

抵抗　電圧と電流の位相は同じ。

コイル　電圧に対して電流の位相が **90° 遅れる**（$\frac{\pi}{2}$ 遅れる）。

コンデンサ　電圧に対して電流の位相が **90° 進む**（$\frac{\pi}{2}$ 進む）。

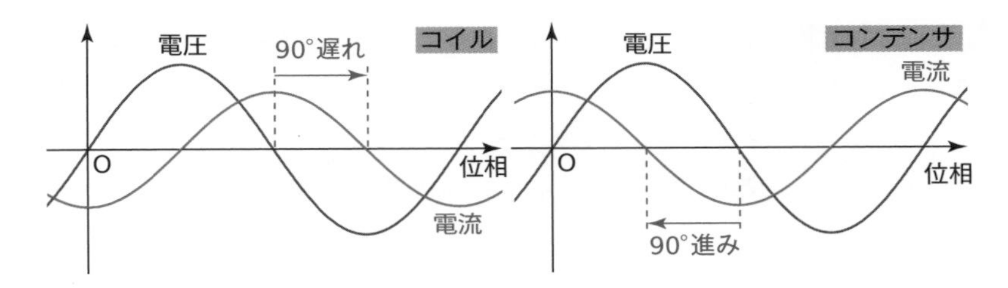

インピーダンス　交流回路での「電流の流れにくさ」。複素数で表された電圧 V と電流 I について，インピーダンス Z は $V = ZI$（$Z = \frac{V}{I}$，$I = \frac{V}{Z}$）。**インピーダンスも複素数**になる。電圧と電流で位相が異なることがあるため，それが反映されている。インピーダンスは直交形式では $R + jX$ と表され，R を**抵抗分**，X を**リアクタンス分**という。インピーダンスの単位は抵抗と同じ**オーム**（**Ω**）。

インピーダンスの大きさ　インピーダンスは複素数なので，その絶対値をもって大きさという。$Z = R + jX$ の大きさは，$|Z| = |R + jX| = \sqrt{R^2 + X^2}$。インピーダンスの大きさの単位も**オーム**（**Ω**）。

素子のインピーダンス　交流回路の各素子について，インピーダンスは次のようになることが知られている。正弦波交流の周波数を ω とする。

抵抗　抵抗値 R がそのままインピーダンスとなる。

コイル　インダクタンス L に対して誘導性リアクタンスは $X_L = \omega L$ であるが，電流が 90° 遅れることを加味して $I = \frac{V}{\omega L} \times e^{-j\frac{1}{2}\pi} = \frac{V}{j\omega L}$ よりイン

ピーダンスは $j\omega L$。純虚数（じゅんきょすう）になる。リアクタンスとの関係は jX_L。

コンデンサ　容量 C に対して容量性リアクタンスは $X_C = \frac{1}{\omega C}$ であるが，電流が 90° 進むことを加味して $I = V \times \omega C \times e^{j\frac{1}{2}\pi} = V \times j\omega C$ よりインピーダンスは $\frac{1}{j\omega C}$（または $-j\frac{1}{\omega C}$）。純虚数になる。リアクタンスとの関係は $-jX_C$。

	抵抗	コイル	コンデンサ
素子の値	抵抗値 R	インダクタンス L	静電容量 C
素子の値の単位	オーム（Ω）	ヘンリー（H）	ファラド（F）
リアクタンス	—	$X_L = \omega L$	$X_C = \frac{1}{\omega C}$
電流の位相	電圧と同じ	電圧から 90° 遅れ	電圧から 90° 進む
インピーダンス	R	$j\omega L = jX_L$	$\frac{1}{j\omega C} = -\frac{j}{\omega C} = -jX_C$

合成インピーダンス　インピーダンスは，抵抗と同じように合成できる。複素数の計算になることに注意。直列接続は $Z = Z_1 + Z_2 + Z_3 + \cdots$，並列接続は $\frac{1}{Z} = \frac{1}{Z_1} + \frac{1}{Z_2} + \frac{1}{Z_3} + \cdots$。

アドミタンス　交流回路における「電流の流れやすさ」で，**インピーダンスの逆数**。インピーダンスと同様，複素数になる。直交形式ではアドミタンスは $Y = G + jB$ と表され，G を**コンダクタンス分**，B を**サセプタンス分**という。単位は**ジーメンス**（S）。アドミタンスの大きさは，$|Y| = \sqrt{G^2 + B^2}$（この単位もジーメンス〈S〉）。

合成アドミタンス　アドミタンスは，コンダクタンスと同じように合成できる。複素数の計算になることに注意。直列接続は $\frac{1}{Y} = \frac{1}{Y_1} + \frac{1}{Y_2} + \frac{1}{Y_3} + \cdots$，並列接続は $Y = Y_1 + Y_2 + Y_3 + \cdots$。

例題 10.1：リアクタンス

0.50 μF のコンデンサの容量性リアクタンスが 1.0 kΩ のとき，加わっている正弦波交流電圧の周波数を求めなさい。ただし，円周率は 3.14 とし，上から 2 桁で求めなさい。

解き方

コイル・コンデンサの電流の流れにくさである**リアクタンス**は，同じ素子であっても電流・電圧の（角）周波数によって変化します。角周波数が ω であるとき，

- インダクタンス L のコイルの誘導性リアクタンスは $X_L = \omega L$
- 容量 C のコンデンサの容量性リアクタンスは $X_C = \frac{1}{\omega C}$

です。本問ではコンデンサのリアクタンスが問われています。

本問においては，コンデンサのリアクタンス $X_C = \frac{1}{\omega C}$ を使いますが，求めるのは角周波数でなく周波数なので，周波数 f との関係 $\omega = 2\pi f$ も使います。代入すると，$X_C = \frac{1}{2\pi f C}$ より，$f = \frac{1}{2\pi X_C C}$ です。問題の条件を代入すると，$f = \frac{1}{2\pi\times\left(1.0\times10^3\right)\times\left(0.50\times10^{-6}\right)} = \frac{1}{\pi\times1\times10^{-3}} = \frac{1}{3.14}\times10^3 = 0.318\ldots\times10^3$ より，**3.2×10^2〔Hz〕**。解答は「320 Hz」でもかまいませんが，「上から 2 桁」で求めたことがはっきりわかる「3.2×10^2〔Hz〕」の表記のほうがよりよいでしょう。

模範解答

求める周波数を f〔Hz〕とすると，$\frac{1}{2\pi f\times\left(0.50\times10^{-6}\right)} = 1.0\times10^3$ より，$f = 3.2\times10^2$〔Hz〕。

計算のポイント：SI 接頭語 (2)

コイルのインダクタンス，コンデンサの容量は，多くの場合 1 に比べて小さな値です。これを表すのに小さな倍率の SI 接頭語が使われます。**マイクロ**（**μ**）は 10^{-6} 倍（100 万分の 1 倍，0.000001 倍），**ナノ**（**n**）は 10^{-9} 倍（10 億分の 1 倍，0.000000001 倍），**ピコ**（**p**）は 10^{-12} 倍（1 兆分の 1 倍，0.000000000001 倍）です。

練習問題 10.1.1

5.0 mH のコイルに 10 kHz の正弦波交流電圧を加えたときの誘導性リアクタン

スを求めなさい。ただし，円周率は3.14とし，上から2桁で求めなさい。

練習問題 10.1.2

1 μFのコンデンサに1 krad/sの正弦波交流電圧を加えたときの容量性リアクタンスを求めなさい。

練習問題 10.1.3

0.1 mHのコイルの誘導性リアクタンスが10 Ωであるとき，加わっている正弦波交流電圧の角周波数を求めなさい。

練習問題 10.1.4

2.5 krad/sの正弦波交流電圧を加えたときの誘導性リアクタンスが5 Ωであるようなコイルのインダクタンスを求めなさい。

練習問題 10.1.5

50 krad/sの正弦波交流電圧を加えたときの容量性リアクタンスが200 Ωであるようなコンデンサの容量を求めなさい。

練習問題 10.1.6

図の回路の電流 I_1，I_2，I_3 を求めなさい。

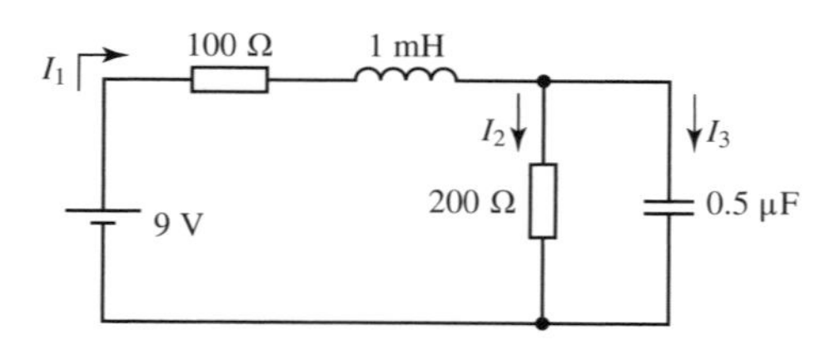

例題 10.2：インピーダンス

0.01 μFのコンデンサの，周波数 f〔Hz〕におけるインピーダンスを求めなさい。ただし，円周率は π とする。

解き方

インピーダンスは，位相の変化も込みで表された電流の流れにくさで，複素数の値です。角周波数を ω としたとき，コイル L 単独のインピーダンスは $j\omega L$，コンデンサ C 単独のインピーダンスは $\frac{1}{j\omega C}$ です。コンデンサのインピーダンスは，分母・分子に j をかけて，$\frac{1}{j\omega C} \times \frac{j}{j} = -j\frac{1}{\omega C}$ とも表せます。

本問では，コンデンサのインピーダンスの式のほかに，角周波数と周波数 f の

関係 $\omega = 2\pi f$ も使います。代入すると，$\frac{1}{j\omega C} = \frac{1}{j2\pi fC} = \frac{1}{j\times 2\pi f\times\left(0.01\times 10^{-6}\right)} = \frac{1}{j\pi f\times 0.02}\times 10^{6} = \frac{50}{j\pi f}\times 10^{6} = -j\frac{5\times 10^{7}}{\pi f}$〔Ω〕。分母は実数化して解答しました。

模範解答

$\frac{1}{j\times 2\pi f\times\left(0.01\times 10^{-6}\right)} = -j\frac{5\times 10^{7}}{\pi f}$〔Ω〕。

練習問題 10.2.1

5 mH のコイルの，角周波数 ω〔rad/s〕におけるインピーダンスを求めなさい。

練習問題 10.2.2

容量性リアクタンスが 10 kΩ であるコンデンサのインピーダンスを求めなさい。

練習問題 10.2.3

0.10 mH のコイルの，5.0 kHz におけるインピーダンスを求めなさい。ただし，円周率は 3.14 とし，上から 2 桁の概数で求めなさい。

練習問題 10.2.4

0.2 μF のコンデンサの，2 krad/s におけるインピーダンスを求めなさい。

例題 10.3：合成インピーダンス (1)

500 Ω の抵抗と 1.2 kΩ の容量性リアクタンスの直列合成インピーダンスを求めなさい。また，その大きさを求めなさい。

解き方

合成インピーダンスは，それぞれのインピーダンスが複素数になることに注意して，直流回路の抵抗と同じように合成します。本問では，抵抗と容量性リアクタンス（コンデンサ）の直列接続なので，それぞれのインピーダンスの和を求めます。

ここで，与えられているのは容量性リアクタンスです。これをインピーダンスに計算し直さないと合成できません。容量性リアクタンス X_C に対して，そのインピーダンスは $-jX_C$ です。ですから，1.2 kΩ の容量性リアクタンスに対応するインピーダンスは $-j1.2$〔kΩ〕です。

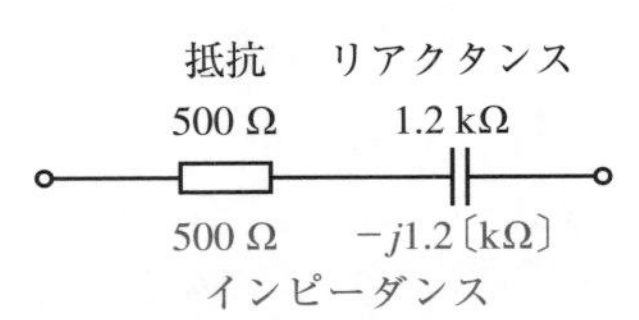

これと，抵抗の 500 Ω の和で直列合成インピーダンスになります。抵抗のインピーダンスは，抵抗値そのままです。$-j1.2$〔kΩ〕を $-j1200$〔Ω〕に単位をそろえて，合成インピーダンスは **500 − *j*1200〔Ω〕**（0.5 − $j1.2$〔kΩ〕）です。

次に，大きさを求めます。これは，**インピーダンスの絶対値**です。よって，$\sqrt{500^2 + 1200^2}$ = **1300〔Ω〕**（1.3 kΩ）です。**インピーダンスの大きさは負でない実数**になります。

ここで，単位にも注意してください。

- コイルについて，単位がヘンリー（H）ならばインダクタンス，オーム（Ω）ならばリアクタンス（値が実数のとき）またはインピーダンス（値が虚数のとき）
- コンデンサについて，単位がファラド（F）ならば容量，オーム（Ω）ならばリアクタンス（値が実数のとき）またはインピーダンス（値が虚数のとき）

です。

模範解答

合成インピーダンスは $500 - j1200$〔Ω〕。また，その大きさは，$\sqrt{500^2 + 1200^2}$ = 1300〔Ω〕。

練習問題 10.3.1

40 Ω の抵抗と 30 Ω の誘導性リアクタンスの直列合成インピーダンスを求めなさい。また，その大きさを求めなさい。

練習問題 10.3.2

40 Ω の抵抗と 20 Ω の誘導性リアクタンスの並列合成インピーダンスを求めなさい。ただし，分母は実数化して答えなさい。

練習問題 10.3.3

200 Ω の抵抗と，角周波数 ω〔rad/s〕における誘導性リアクタンスが 50 Ω のコイルを直列に接続した。

(1) 合成インピーダンスを求めなさい。

(2) 周波数を ω から 2ω に変更したときの合成インピーダンスを求めなさい。

練習問題 10.3.4

0.6 kΩ の抵抗と，周波数 f〔Hz〕において容量性リアクタンスが 0.8 kΩ のコンデンサを直列に接続した。

(1) 合成インピーダンスを求めなさい。

(2) 合成インピーダンスの大きさを求めなさい。

(3) 周波数を f から $4f$ に変更したときの合成インピーダンスを求めなさい。

例題 10.4：合成インピーダンス(2)

加える正弦波交流電圧の角周波数が ω のとき，抵抗 R とコイル L の並列接続の合成インピーダンスを求めなさい。また，その大きさを求めなさい。

解き方

合成インピーダンスについて，素子の値が文字式の場合の問題です。文字式の計算についていくつか注意しながら解いていきます。

コイルのインピーダンスは $j\omega L$ です。ですから，R との並列合成インピーダンスは $\frac{R\times j\omega L}{R+j\omega L}=\frac{j\omega LR}{R+j\omega L}$ です。分母を実数化して答えるなら，$\frac{j\omega LR}{R+j\omega L}\times\frac{R-j\omega L}{R-j\omega L}=\frac{j\omega LR(R-j\omega L)}{R^2+(\omega L)^2}=\frac{\omega LR(\omega L+jR)}{R^2+(\omega L)^2}$ です。

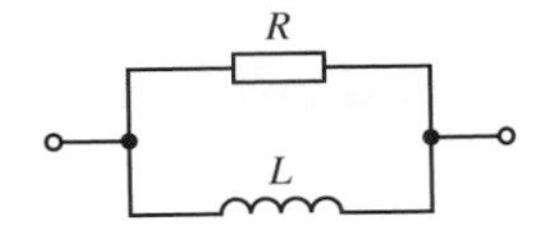

次に，インピーダンスの大きさです。絶対値を求めます。インピーダンス $R+jX$ に対してその大きさは $\sqrt{R^2+X^2}$ ですが，インピーダンスがこの形になっていないと直接は求められません。ここで，複素数 z_1，z_2 について，$|z_1z_2|=|z_1||z_2|$，$\left|\frac{z_1}{z_2}\right|=\frac{|z_1|}{|z_2|}$ の性質を使うと計算が円滑にできます。すなわち，$\left|\frac{j\omega LR}{R+j\omega L}\right|=\frac{|j\omega LR|}{|R+j\omega L|}=\frac{\omega LR}{\sqrt{R^2+(\omega L)^2}}$ と求められます。ここで，$|j\omega LR|$ は，ω，L，R いずれも負でないのでそのまま絶対値記号を外せます。インピーダンスを分母を実数化した形で求めていれば，$\left|\frac{\omega LR(\omega L+jR)}{R^2+(\omega L)^2}\right|=\left|\frac{(\omega L)^2R+j\omega LR^2}{R^2+(\omega L)^2}\right|=\sqrt{\frac{(\omega L)^4R^2+(\omega L)^2R^4}{\{R^2+(\omega L)^2\}^2}}=\sqrt{\frac{(\omega LR)^2\{(\omega L)^2+R^2\}}{\{R^2+(\omega L)^2\}^2}}=\frac{\omega LR}{\sqrt{R^2+(\omega L)^2}}$ と計算できます。

模範解答

インピーダンスは，$\frac{R\times j\omega L}{R+j\omega L}=\frac{j\omega LR}{R+j\omega L}$（または，$\frac{\omega LR(\omega L+jR)}{R^2+(\omega L)^2}$）。その大きさは，$\frac{|\omega LR|}{\sqrt{R^2+(\omega L)^2}}=\frac{\omega LR}{\sqrt{R^2+(\omega L)^2}}$。

練習問題 10.4.1

加える正弦波交流電圧の角周波数が ω のとき，抵抗 R とコンデンサ C の直列接続の合成インピーダンスを求めなさい。また，その大きさを求めなさい。

練習問題 10.4.2

加える正弦波交流電圧の角周波数が ω のとき，抵抗 R とコンデンサ C の並列接続の合成インピーダンスを求めなさい。また，その大きさを求めなさい。

練習問題 10.4.3

加える正弦波交流電圧の角周波数が ω のとき，コイル L とコンデンサ C の直列接続の合成インピーダンスを求めなさい。また，その大きさを求めなさい。

練習問題 10.4.4

加える正弦波交流電圧の角周波数が ω のとき，抵抗 R，コイル L，コンデンサ C の直列接続の合成インピーダンスを求めなさい。また，その大きさを求めなさい。

練習問題 10.4.5

加える正弦波交流電圧の角周波数が ω のとき，抵抗 R，コイル L，コンデンサ C の並列接続の合成インピーダンスを求めなさい。また，その大きさを求めなさい。

例題 10.5：複雑な合成インピーダンス

加える正弦波交流電圧の角周波数が ω のとき，図の端子間の合成インピーダンスを求めなさい。また，その大きさを求めなさい。

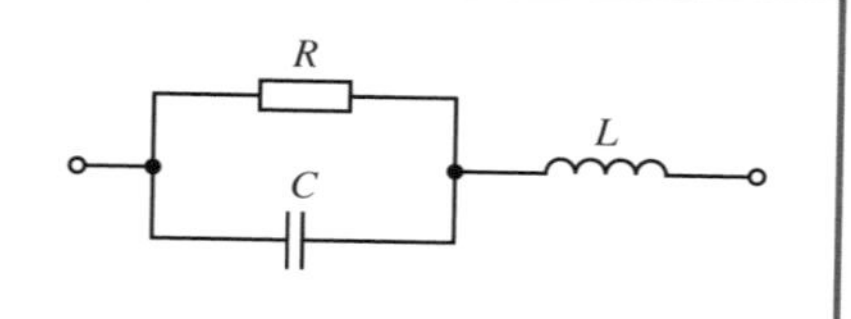

解き方

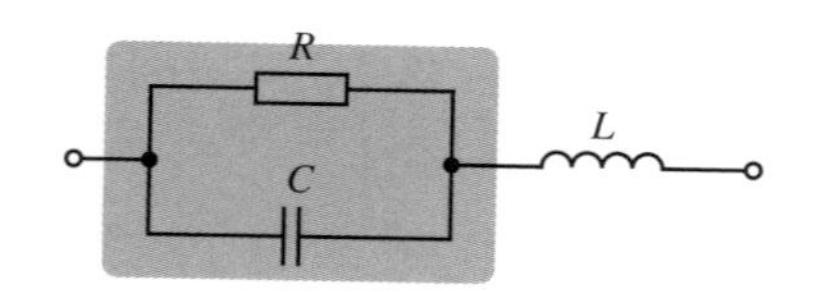

複雑な接続であっても，直流抵抗の場合と同じように，「ただちに求められる小さい部分」から合成を繰り返していきます。

本問では，「抵抗 R とコンデンサ C の並列部分」がまず求められます。それに，コイル L を直列合成します。

抵抗 R とコンデンサ C の並列部分の合成インピーダンスは，コンデンサのインピーダンスが $\frac{1}{j\omega C}$ ですから，$\frac{R\times\frac{1}{j\omega C}}{R+\frac{1}{j\omega C}} = \frac{R\times\frac{1}{j\omega C}}{R+\frac{1}{j\omega C}} \times \frac{j\omega C}{j\omega C} = \frac{R}{1+j\omega CR}$。これと，コイル L のインピーダンス $j\omega L$ を直列合成して，$\frac{R}{1+j\omega CR} + j\omega L$。

インピーダンスの大きさは，この式の形ではただちには求められません。これはたとえば通分して，$\frac{R}{1+j\omega CR} + j\omega L = \frac{R+j\omega L(1+j\omega CR)}{1+j\omega CR} = \frac{R(1-\omega^2 LC)+j\omega L}{1+j\omega CR}$ と整理して，$\sqrt{\frac{R^2(1-\omega^2 LC)^2+(\omega L)^2}{1+(\omega CR)^2}}$ と求められます。複素数 z_1，z_2 について，$\left|\frac{z_1}{z_2}\right| = \frac{|z_1|}{|z_2|}$ であ

ることを使って，分子「$R\left(1-\omega^2LC\right)+j\omega L$」の絶対値（$\sqrt{R^2\left(1-\omega^2LC\right)^2+(\omega L)^2}$）と分母「$1+j\omega CR$」の絶対値（$\sqrt{1+(\omega CR)^2}$）とに分けて求めています。

模範解答

まず，抵抗 R とコンデンサ C の並列部分は $\frac{R\times\frac{1}{j\omega C}}{R+\frac{1}{j\omega C}}=\frac{R}{1+j\omega CR}$。これにコイル L が直列接続されているから $\frac{R}{1+j\omega CR}+j\omega L$。その大きさは，$\frac{R}{1+j\omega CR}+j\omega L=\frac{R+j\omega L(1+j\omega CR)}{1+j\omega CR}=\frac{R(1-\omega^2LC)+j\omega L}{1+j\omega CR}$ より $\sqrt{\frac{R^2(1-\omega LC)^2+(\omega L)^2}{1+(\omega CR)^2}}$。

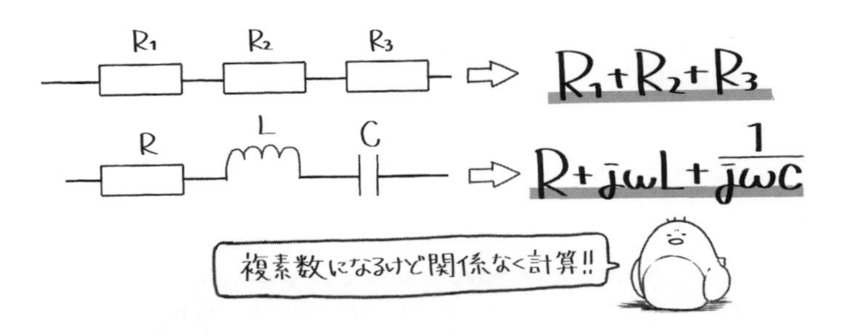

計算のポイント：繁分数の簡単化

分数の，分子・分母の一方または両方がさらに分数になっている**繁分数**（はんぶんすう）は，分母・分子に同じ数をかけることで簡単化します。一般に，$\frac{a}{\frac{b+c}{d}}$ のような場合，「なくしたい分母の値」をかけます。すなわち，$\frac{a}{\frac{b+c}{d}}=\frac{a\times d}{\frac{b+c}{d}\times d}=\frac{ad}{b+c}$ と簡単化します。

練習問題 10.5.1

加える正弦波交流電圧の角周波数が ω のとき，図の端子間の合成インピーダンスを求めなさい。また，その大きさを求めなさい。

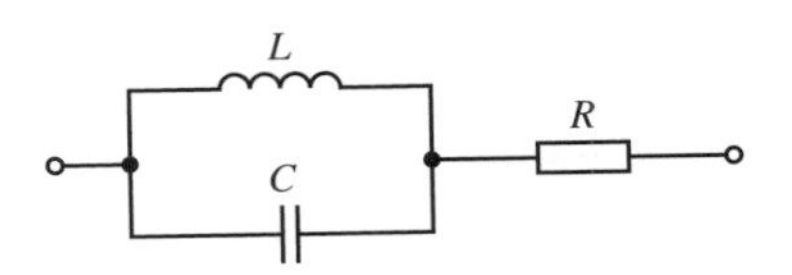

練習問題 10.5.2

加える正弦波交流電圧の角周波数が ω のとき，図の端子間の合成インピーダンスを求めなさい。また，その大きさを求めなさい。

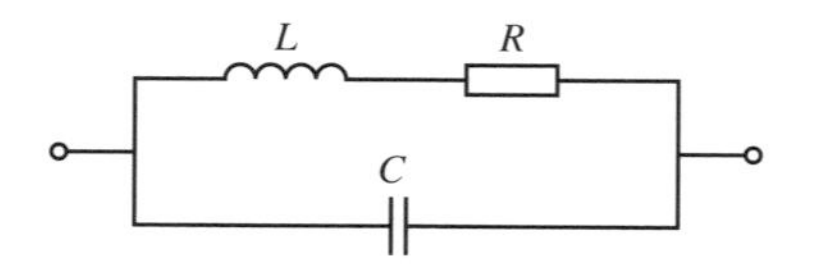

練習問題 10.5.3

加える正弦波交流電圧の角周波数が ω のとき，図の端子間の合成インピーダンスを求めなさい。また，その大きさを求めなさい。

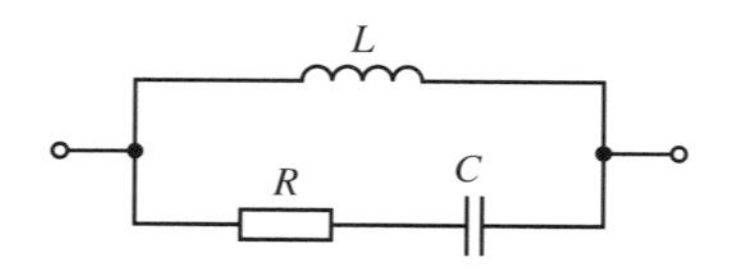

例題 10.6：アドミタンス

0.020 μF のコンデンサの，5.0 kHz におけるアドミタンスを求めなさい。ただし，円周率は 3.14 とし，上から 2 桁で求めなさい。

解き方

アドミタンスは，**インピーダンスの逆数**です。角周波数 ω に対して，

- 抵抗値 R の抵抗のアドミタンスは $\frac{1}{R}$
- インダクタンス L のコイルのアドミタンスは $\frac{1}{j\omega L}$
- 容量 C のコンデンサのアドミタンスは $j\omega C$

になります。本問では，コンデンサのアドミタンスを問われています。

角周波数 ω は，周波数 f に対して $\omega = 2\pi f$ の関係を使って $2\pi \times 5.0 \times 10^3 = 1.0\pi \times 10^4$〔rad/s〕とわかります。これを用いて，$j\omega C = j \times \left(1.0\pi \times 10^4\right) \times \left(0.020 \times 10^{-6}\right) = j0.020\pi \times 10^{-2} = j6.28 \times 10^{-4}$ より上から 2 桁で求めると，$\boldsymbol{j6.3 \times 10^{-4}}$〔**S**〕（$j0.63$〔mS〕）です。

模範解答

$j \times \left(2\pi \times 5.0 \times 10^3\right) \times \left(0.020\pi \times 10^{-6}\right) = j0.20\pi \times 10^{-3} = j6.3 \times 10^{-4}$〔S〕。

練習問題 10.6.1

0.1 mH のコイルの，2 krad/s におけるアドミタンスを求めなさい。

練習問題 10.6.2

10 Ω の誘導性リアクタンスのアドミタンスを求めなさい。

練習問題 10.6.3

$120 - j160$〔Ω〕のインピーダンスに対するアドミタンスを求めなさい。また，その大きさを求めなさい。ただし，分母は実数化して答えなさい。

練習問題 10.6.4

抵抗分が R，リアクタンス分が X であるインピーダンス $R + jX$ をアドミタンス $G + jB$ として表したとき，G と B を，R と X の式で表しなさい。

例題 10.7：合成アドミタンス

加える正弦波交流電圧の角周波数が ω のとき，抵抗 R とコンデンサ C の並列合成アドミタンスを求めなさい。また，その大きさを求めなさい。

解き方

アドミタンスは，コンダクタンス（抵抗の逆数で，電流の流れやすさ，p. 30 参照）と同じように合成できます。アドミタンス Y_1，Y_2，Y_3，$\cdots$，に対して，直列合成アドミタンス Y_S について，$\frac{1}{Y_S} = \frac{1}{Y_1} + \frac{1}{Y_2} + \frac{1}{Y_3} + \cdots$，並列合成アドミタンス Y_P について $Y_P = Y_1 + Y_2 + Y_3 + \cdots$ です。ここで，並列合成のときに単なる和として計算できるため，アドミタンスは並列回路を計算する際に重用されます。

本問においては，抵抗 R のアドミタンスは $\frac{1}{R}$，コンデンサのアドミタンスは $j\omega C$（インピーダンス $\frac{1}{j\omega C}$ の逆数）です。並列合成はそのまま加えて，$\boldsymbol{\frac{1}{R} + j\omega C}$ です。アドミタンスの大きさは，アドミタンスの絶対値を求めることですから，$\boldsymbol{\sqrt{\frac{1}{R^2} + (\omega C)^2}}$ です。

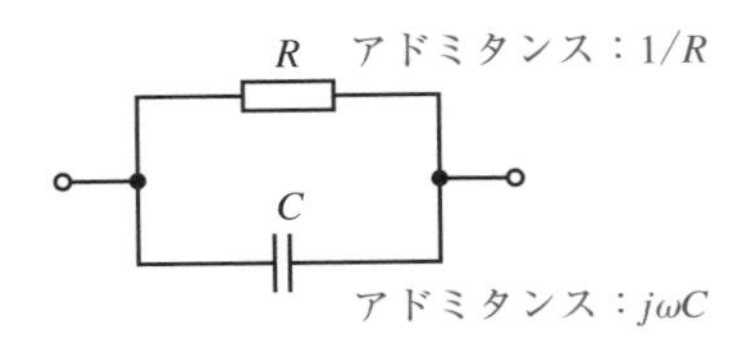

模範解答

合成アドミタンスは $\frac{1}{R}+j\omega C$。その大きさは，$\sqrt{\frac{1}{R^2}+(\omega C)^2}$。

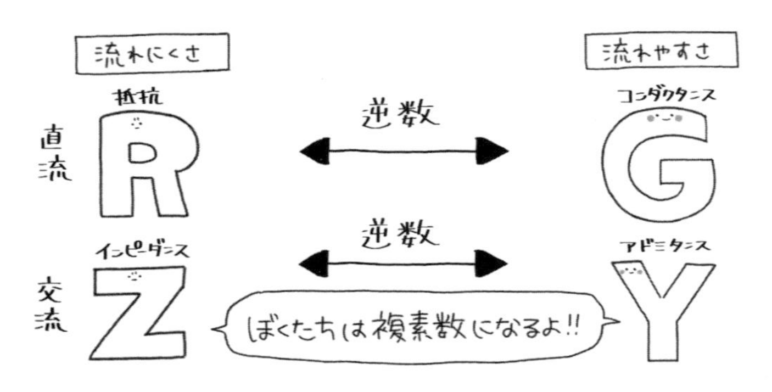

練習問題 10.7.1

加える正弦波交流電圧の角周波数が ω のとき，抵抗 R とコイル L の直列合成アドミタンスを求めなさい。また，その大きさを求めなさい。

練習問題 10.7.2

加える正弦波交流電圧の角周波数が ω のとき，コンダクタンス G とコイル L の並列合成アドミタンスを求めなさい。また，その大きさを求めなさい。

練習問題 10.7.3

加える正弦波交流電圧の角周波数が ω のとき，抵抗 R，コイル L，コンデンサ C の並列合成アドミタンスを求めなさい。また，その大きさを求めなさい。

練習問題 10.7.4

加える正弦波交流電圧の角周波数が ω のとき，抵抗 R，コイル L，コンデンサ C の直列合成アドミタンスを求めなさい。また，その大きさを求めなさい。

練習問題 10.7.5

加える正弦波交流電圧の角周波数が ω のとき，図の端子間の合成アドミタンスを求めなさい。また，その大きさを求めなさい。

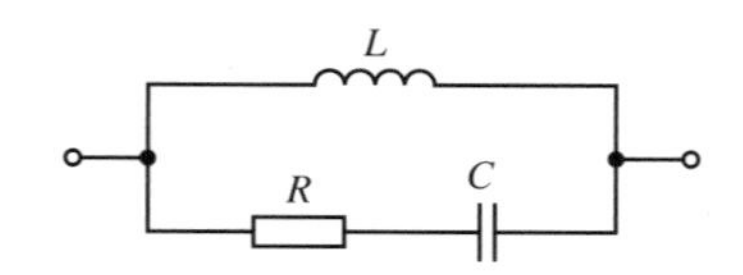

練習問題の解答

●練習問題 10.1.1（解答）●

$2\pi \times \left(10 \times 10^3\right) \times \left(5.0 \times 10^{-3}\right) = 100 \times 3.14 = 314$ より，$\mathbf{3.1 \times 10^2}$〔$\mathbf{\Omega}$〕。

解　説　コイルの誘導性リアクタンス X_L は，インダクタンス L と角周波数 ω を用いて $X_L = \omega L$ です。本問では，周波数が与えられているので $\omega = 2\pi f$ の関係も使います。

●練習問題 10.1.2（解答）●

$\frac{1}{\left(1\times10^3\right)\times\left(1\times10^{-6}\right)} = \mathbf{1 \times 10^3}$〔$\mathbf{\Omega}$〕（1 kΩ）。

解　説　コンデンサの容量性リアクタンス X_C は，容量 C と角周波数 ω を用いて $X_C = \frac{1}{\omega C}$ です。

●練習問題 10.1.3（解答）●

$X_L = \omega L$ より，$\omega = \frac{X_L}{L} = \frac{10}{0.1\times10^{-3}} = \mathbf{100 \times 10^3}$〔**rad/s**〕（100 krad/s, 1×10^5〔rad/s〕）。

解　説　角周波数を求めたいのですから，$X_L = \omega L$ の式を ω について解きます。

●練習問題 10.1.4（解答）●

$X_L = \omega L$ より，$L = \frac{X_L}{\omega} = \frac{5}{2.5\times10^3} = \mathbf{2 \times 10^{-3}}$〔**H**〕（0.002 H，2 mH）。

解　説　インダクタンスを求めたいのですから，$X_L = \omega L$ の式を L について解きます。

●練習問題 10.1.5（解答）●

$X_C = \frac{1}{\omega C}$ より，$C = \frac{1}{\omega X_C} = \frac{1}{\left(50\times10^3\right)\times200} = \mathbf{1 \times 10^{-7}}$〔**F**〕（0.1 μF）。

解　説　容量を求めたいのですから，$X_C = \frac{1}{\omega C}$ の式を C について解きます。

●練習問題 10.1.6（解答）●

直流ではコイルは短絡，コンデンサは開放として扱うから，オームの法則より，$I_1 = I_2 = \frac{9}{100+200} = \mathbf{0.03}$〔**A**〕（30 mA）。また，$I_3 = \mathbf{0}$〔**A**〕。

解　説　問題の回路は，**電源が直流**です。交流電源ではありません。ですので，コイルは短絡，コンデンサは開放に置き換えて考えます（リアクタンスで考えれば，角周波数 $\omega = 0$ のとき，コイルのリアクタンスは 0，コンデンサのリアクタンスは無限大であることとも符合します）。

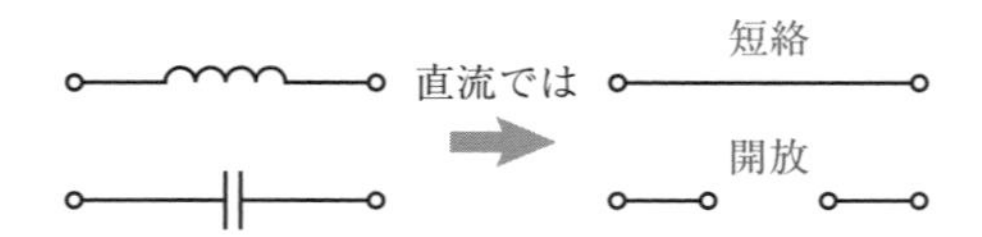

したがって回路は下図のように書き換えられます。9 V の電源に，100 Ω と 200 Ω の抵抗が直列に接続されている回路です。$I_3 = 0$ になることに注意して，I_1 と I_2 はオームの法則で求められます。

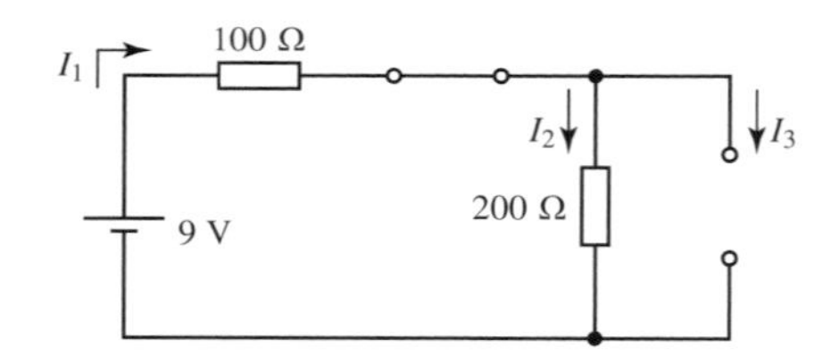

復習しよう　直列合成抵抗（p. 30）

●練習問題 10.2.1（解答）●

$\boldsymbol{j0.005\omega}$〔**Ω**〕。

解　説　コイルのインピーダンス $j\omega L$ を用いて求めます。虚数になることに注意します。

●練習問題 10.2.2（解答）●

$\boldsymbol{-j10}$〔**kΩ**〕。

解　説　コンデンサの容量性リアクタンスを X_C とすると，インピーダンスは $-jX_C$ です。

●練習問題 10.2.3（解答）●

$j \times 2\pi \times \left(5.0 \times 10^3\right) \times \left(0.10 \times 10^{-3}\right) = j\pi = j3.14$ より，$\boldsymbol{j3.1}$〔**Ω**〕。

解　説　コイルのインピーダンス $j\omega L$ とともに，角周波数と周波数の関係 $\omega = 2\pi f$ も用います。

●練習問題 10.2.4（解答）●

$\dfrac{1}{j\times\left(2\times10^3\right)\times\left(0.2\times10^{-6}\right)} = \boldsymbol{-j2.5\times10^3}$〔**Ω**〕（$-j2.5$〔kΩ〕）。

解　説　コンデンサのインピーダンス $\frac{1}{j\omega C}$ を用います。分母の実数化は容易なので，これを実行して答える方がよいでしょう。

●練習問題 10.3.1（解答）●

合成インピーダンスは $\boldsymbol{40 + j30}$〔**Ω**〕，その大きさは $\sqrt{40^2+30^2} = \boldsymbol{50}$〔**Ω**〕。

解　説

コイルの誘導性リアクタンス X_L に対して，インピーダンスは jX_L です。本問では 30 Ω の誘導性リアクタンスに対して，インピーダンスは $j30$〔Ω〕です。

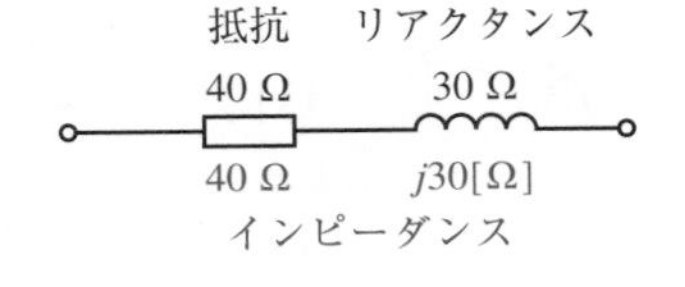

復習しよう　複素数の絶対値（p. 147）

●練習問題 10.3.2（解答）●

$\dfrac{40\times j20}{40+j20} = \dfrac{j800}{40+j20} \times \dfrac{40-j20}{40-j20} = \dfrac{16000+j32000}{2000} = \boldsymbol{8 + j16}$〔**Ω**〕。

解　説　本問では並列合成インピーダンスを問われています。まず，20 Ω の誘導性リアクタンスに対するインピーダンスは $j20$〔Ω〕です。これと 40 Ω を並列合成します。やり方は直流抵抗と変わりません。インピーダンス Z_1，Z_2，Z_3，…，に対して，並列合成インピーダンス Z について $\frac{1}{Z} = \frac{1}{Z_1} + \frac{1}{Z_2} + \frac{1}{Z_3} + \cdots$ です。特に 2 個の場合は $Z = \frac{Z_1 Z_2}{Z_1+Z_2}$ です。ですから $\frac{40\times j20}{40+j20}$〔Ω〕，分母を実数化する指示がありますから，分母の共役複素数 $40 - j20$ を分母・分子にかけて，計算して整理します。

10

交流素子

●練習問題 10.3.3（解答）●

(1) $\mathbf{200+j50}$〔Ω〕。(2) コイルのインダクタンスを L〔H〕とすると，角周波数 ω，2ω のときのインピーダンスはそれぞれ $200+j\omega L$〔Ω〕，$200+j2\omega L$〔Ω〕と表せる。前者が $200+j50$〔Ω〕であるから，後者は虚部が 2 倍になって $\mathbf{200+j100}$〔Ω〕。

解　説　(2) (1) のインピーダンスは，コイルのインダクタンスを L〔H〕とおけば，$200+j\omega L$〔Ω〕と表せるはずです。この状態で角周波数を 2 倍にすれば，インピーダンスは $200+j2\omega L$〔Ω〕に変化します。すなわち，虚部だけが 2 倍になります。ですから，$200+j100$〔Ω〕になるわけです。

$$200+j50$$
$$200+j\omega L$$

角周波数 2 倍で
この部分だけ 2 倍になる

●練習問題 10.3.4（解答）●

(1) $\mathbf{0.6-j0.8}$〔kΩ〕。(2) $\sqrt{0.6^2+0.8^2}=\mathbf{1}$〔kΩ〕。(3) コンデンサの容量を C〔F〕とすると，周波数 f，$4f$ のときのインピーダンスはそれぞれ $0.6-j\frac{1}{2\pi fC}$〔kΩ〕，$0.6-j\frac{1}{2\pi\times 4fC}$〔kΩ〕と表せる。前者が $0.6-j0.8$〔kΩ〕であるから，後者は虚部が 4 分の 1 になって，$\mathbf{0.6-j0.2}$〔kΩ〕。

解　説　(1) まず，コンデンサのインピーダンスが $-j0.8$〔kΩ〕であることを求め，0.6 kΩ の抵抗と直列合成します。(3) (1) のインピーダンスは，コンデンサの容量を C〔F〕とおけば，$0.6-j\frac{1}{2\pi fC}$〔kΩ〕と表せるはずです（コンデンサのインピーダンス $\frac{1}{j\omega C}$ に $\omega=2\pi f$ を代入，分母を実数化）。ここで f を 4 倍にすると，虚部のみが 4 分の 1 になりますから，すなわち，$0.6-j0.2$〔kΩ〕と求められます。

$$0.6-j0.8$$
$$0.6-j\frac{1}{2\pi fC}$$

周波数 4 倍で
この部分だけ 1/4 倍になる

●練習問題 10.4.1（解答）●

インピーダンスは，$\boldsymbol{R+\frac{1}{j\omega C}}$（または，$\boldsymbol{R-\frac{j}{\omega C}}$）。その大きさは，$\boldsymbol{\sqrt{R^2+\frac{1}{(\omega C)^2}}}$。

解　説　容量 C のコンデンサのインピーダンスは $\frac{1}{j\omega C}$ です。直列合成インピーダンスはこれと R との和を求めます。大きさは，$R-j\frac{1}{\omega C}$ と実部と虚部が分かれた形ですからただちに求められるでしょう。

R　C

復習しよう　複素数の絶対値（p. 147）

●練習問題 10.4.2（解答）●

インピーダンスは，$\frac{R\times\frac{1}{j\omega C}}{R+\frac{1}{j\omega C}}=\frac{R\times\frac{1}{j\omega C}}{R+\frac{1}{j\omega C}}\times\frac{j\omega C}{j\omega C}=\frac{R}{1+j\omega CR}$（または，$\frac{R(1-\omega CR)}{1+(\omega CR)^2}$）。その大きさは，$\frac{R}{\sqrt{1+(\omega CR)^2}}$。

解　説　コンデンサのインピーダンス $\frac{1}{j\omega C}$ を求めておいて並列合成します。繁分数は分母・分子に $j\omega C$ をかけて簡単化しましょう。また，インピーダンスの大きさは分母・分子に分けて絶対値を求めるのがよいでしょう（$\left|\frac{z_1}{z_2}\right|=\frac{|z_1|}{|z_2|}$）。

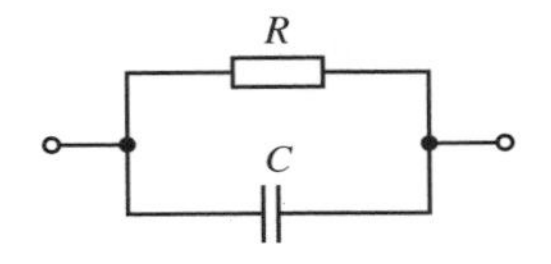

復習しよう　複素数の絶対値（p. 147），複素数の絶対値の計算（p. 147）

●練習問題 10.4.3（解答）●

インピーダンスは，$j\omega L+\frac{1}{j\omega C}$（または，$j\left(\omega L-\frac{1}{\omega C}\right)$）。その大きさは，$\left|\omega L-\frac{1}{\omega C}\right|$。

解　説　コイル，コンデンサのインピーダンス，$j\omega L$ と $\frac{1}{j\omega C}$ を直列合成します。大きさについては，（正負が決まらないので）絶対値記号が残る（単なる $\omega L-\frac{1}{\omega C}$ ではない）ことに注意します。

復習しよう　複素数の絶対値（p. 147）

●練習問題 10.4.4（解答）●

インピーダンスは，$R+j\omega L+\frac{1}{j\omega C}$（または，$R+j\left(\omega L-\frac{1}{\omega C}\right)$）。その大きさは，$\sqrt{R^2+\left(\omega L-\frac{1}{\omega C}\right)^2}$。

解　説　直列合成ですから，抵抗，コイル，コンデンサのインピーダンス R，$j\omega L$，$\frac{1}{j\omega C}$ をそのまま加えます。大きさは，$R+j\omega L+\frac{1}{j\omega C}=R+j\omega L-j\frac{1}{\omega C}=R+j\left(\omega L-\frac{1}{\omega C}\right)$ に直して「$R+jX$」の形にしてから求めましょう。

復習しよう　複素数の絶対値（p. 147）

●練習問題 10.4.5（解答）●

合成インピーダンスを Z とすると，$\frac{1}{Z}=\frac{1}{R}+\frac{1}{j\omega L}+j\omega C$。$Z=\frac{1}{\frac{1}{R}+\frac{1}{j\omega L}+j\omega C}=\frac{1}{\frac{1}{R}+\frac{1}{j\omega L}+j\omega C}\times\frac{j\omega LR}{j\omega LR}=\frac{j\omega LR}{j\omega L+R(1-\omega^2 LC)}$。その大きさは，$\frac{\omega LR}{\sqrt{R^2(1-\omega^2 LC)^2+(\omega L)^2}}$。

解　説　3つの素子の合成インピーダンスですから，ただちには求められず，まずはその逆数を求めます。そしてその逆数が合成インピーダンスで，$\frac{1}{\frac{1}{R}+\frac{1}{j\omega L}+j\omega C}$ となりますから，分母・分子に $j\omega LR$ をかけて繁分数を解消します。大きさも，分母と分子それぞれで絶対値を求めましょう（$\left|\frac{z_1}{z_2}\right|=\frac{|z_1|}{|z_2|}$）。

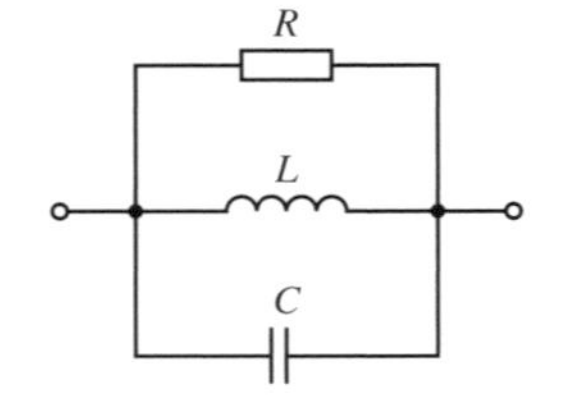

復習しよう　複素数の絶対値の計算（p. 147）

●練習問題 10.5.1（解答）●

コイル L とコンデンサ C の並列部分の合成インピーダンスは $\frac{j\omega L\times\frac{1}{j\omega C}}{j\omega L+\frac{1}{j\omega C}}=\frac{j\omega L\times\frac{1}{j\omega C}}{j\omega L+\frac{1}{j\omega C}}\times\frac{j\omega C}{j\omega C}=\frac{j\omega L}{1-\omega^2 LC}$。これに抵抗 R が直列接続されているから，求めるインピーダンスは $\frac{j\omega L}{1-\omega^2 LC}+R$。その大きさは，$\sqrt{R^2+\left(\frac{\omega L}{1-\omega^2 LC}\right)^2}$。

解　説　まず，ただちに求められるコイル L とコンデンサ C の並列部分の合成インピーダンスを求めます。これに，抵抗 R を直列合成します。インピーダンスの大きさは，インピーダンスについて，「R」が実部，「$\frac{j\omega L}{1-\omega^2 LC}$」が虚部であることからただちに求められるでしょう。

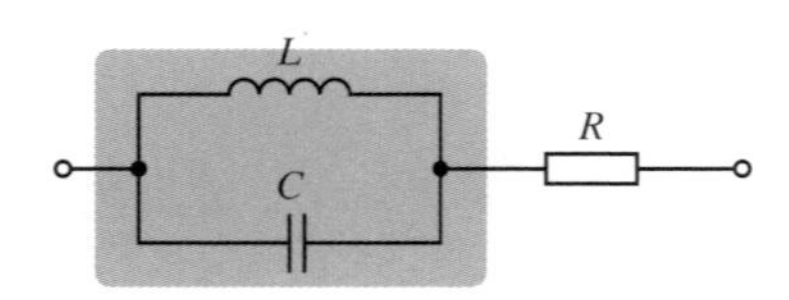

復習しよう　複雑な合成抵抗（p. 30），複素数の絶対値の計算（p. 147）

●練習問題 10.5.2（解答）●

コイル L と抵抗 R の直列部分の合成インピーダンスは $R+j\omega L$。これにコンデンサ C が並列接続されているから，$\frac{(R+j\omega L)\times\frac{1}{j\omega C}}{(R+j\omega L)+\frac{1}{j\omega C}}=\frac{(R+j\omega L)\times\frac{1}{j\omega C}}{(R+j\omega L)+\frac{1}{j\omega C}}\times\frac{j\omega C}{j\omega C}=$

$\dfrac{R+j\omega L}{1-\omega^2 LC+j\omega CR}$。その大きさは，$\sqrt{\dfrac{R^2+(\omega L)^2}{(1-\omega^2 LC)^2+(\omega CR)^2}}$。

解　説　まず，ただちに求められるコイル L と抵抗 R の直列部分の合成インピーダンスを求めます。これに，コンデンサ C を並列合成します。インピーダンスの大きさは，分母と分子を $a+jb$ の形にそれぞれ整理して，分母・分子で分けて（$\left|\dfrac{z_1}{z_2}\right| = \dfrac{|z_1|}{|z_2|}$ を用いて）求めればよいでしょう。

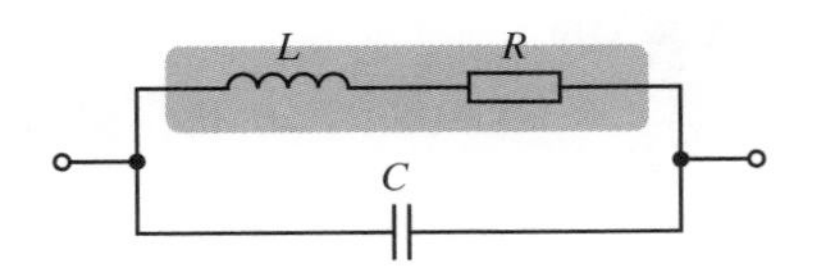

復習しよう　複雑な合成抵抗（p. 30），複素数の絶対値の計算（p. 147）

●練習問題 10.5.3（解答）●

抵抗 R とコンデンサ C の直列部分の合成インピーダンスは $R+\dfrac{1}{j\omega C}$。これにコイル L が並列接続されているから，$\dfrac{\left(R+\frac{1}{j\omega C}\right)\times j\omega L}{\left(R+\frac{1}{j\omega C}\right)+j\omega L} = \dfrac{\left(R+\frac{1}{j\omega C}\right)\times j\omega L}{\left(R+\frac{1}{j\omega C}\right)+j\omega L} \times \dfrac{j\omega C}{j\omega C} =$

$\dfrac{j\omega L(1+j\omega CR)}{1-\omega^2 LC+j\omega CR} = \dfrac{\omega L(j-\omega CR)}{1-\omega^2 LC+j\omega CR}$。その大きさは，$\omega L\sqrt{\dfrac{1+(\omega CR)^2}{(1-\omega^2 LC)^2+(\omega CR)^2}}$。

解　説　まず，ただちに求められる抵抗 R とコンデンサ C の直列部分の合成インピーダンスを求めます。これに，コイル L を並列合成します。

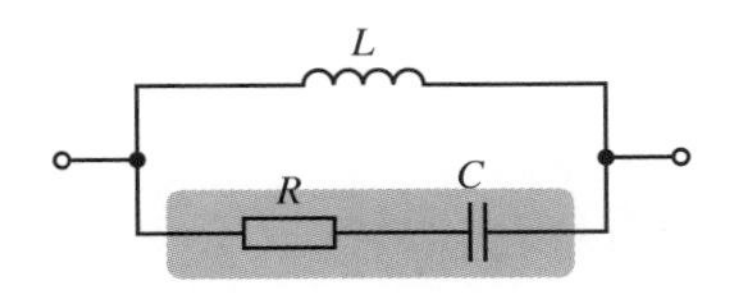

復習しよう　複雑な合成抵抗（p. 30），複素数の絶対値の計算（p. 147）

●練習問題 10.6.1（解答）●

$\dfrac{1}{j\times\left(2.0\times10^3\right)\times\left(0.1\times10^{-3}\right)} = -j5$〔S〕。

解　説　コイル L は，角周波数 ω に対して，インピーダンスが $j\omega L$ ですから，アドミタンスはその逆数で $\dfrac{1}{j\omega L} = -\dfrac{j}{\omega L}$ です。

10

交流素子

●練習問題 10.6.2（解答）●

インピーダンスは $j10$〔Ω〕だから，$\frac{1}{j10} = \boldsymbol{-j0.1}$〔**S**〕。

解　説　まずはリアクタンスからインピーダンスを求めましょう。10 Ω の誘導性リアクタンスに対するインピーダンスは $j10$〔Ω〕です。この逆数をとってアドミタンスを求めます。

●練習問題 10.6.3（解答）●

$\frac{1}{120-j160} = \frac{1}{120-j160} \times \frac{120+j160}{120+j160} = \mathbf{0.003} + \boldsymbol{j}\mathbf{0.004}$〔**S**〕（$3 + j4$〔mS〕）。その大きさは，**0.005 S**（5 mS）。

解　説　与えられたインピーダンスの逆数を求めてアドミタンスとします。分母の共役複素数 $120 + j160$ を分母・分子にかけて分母を実数化しましょう。ここで，$\frac{1}{120-j160} = \frac{1}{40(3-j4)}$ としておくと分母の実数化が $\frac{1}{40(3-j4)} \times \frac{3+j4}{3+j4} = \frac{3+j4}{40\times25}$ のように簡単になります。

●練習問題 10.6.4（解答）●

$G + jB = \frac{1}{R+jX} = \frac{1}{R+jX} \times \frac{R-jX}{R-jX} = \frac{R}{R^2+X^2} - j\frac{X}{R^2+X^2}$ より，$\boldsymbol{G = \frac{R}{R^2+X^2}}$，$\boldsymbol{B = -\frac{X}{R^2+X^2}}$。

解　説　$R+jX$ に対するアドミタンスを求めるのに，まず逆数を $\frac{1}{R+jX}$ と求めます。ここで，「$R+jX$」全体で逆数を求めることに注意してください。$\frac{1}{R} + j\frac{1}{X}$ と計算を誤らないように注意しましょう。$\frac{1}{R+jX}$ の分母を実数化すると $\frac{R-jX}{R^2+X^2}$，これを $G + jB$ と比較します。$B = -\frac{X}{R^2+X^2}$ と，負号がつくので注意します。

●練習問題 10.7.1（解答）●

合成アドミタンスは $\frac{\frac{1}{R}\times\frac{1}{j\omega L}}{\frac{1}{R}+\frac{1}{j\omega L}} = \frac{\frac{1}{R}\times\frac{1}{j\omega L}}{\frac{1}{R}+\frac{1}{j\omega L}} \times \frac{j\omega LR}{j\omega LR} = \boldsymbol{\frac{1}{R+j\omega L}}$。その大きさは，$\boldsymbol{\frac{1}{\sqrt{R^2+(\omega L)^2}}}$。

別　解　合成インピーダンスは $R + j\omega L$ なので，アドミタンスはその逆数で $\frac{1}{R+j\omega L}$。その大きさは，$\frac{1}{\sqrt{R^2+(\omega L)^2}}$。

解　説　抵抗 R のアドミタンス $\frac{1}{R}$，コイルのアドミタンス $\frac{1}{j\omega L}$ を求めて直列合成します。原則はこの逆数の和を求め，さらに逆数をとることですが，2つの場合に限ってはアドミタンス Y_1，Y_2 に対して $\frac{Y_1Y_2}{Y_1+Y_2}$ で求められます（解答ではこれで求めています）。なお，別解ではアドミタンスはインピーダンスの逆数であることと，インピーダンスでは直列合成が単なる和になることを用いて合成アドミタンスを求めています。

復習しよう　複素数の絶対値の計算（p. 147）

●練習問題 10.7.2（解答）●

合成アドミタンスは，$\boldsymbol{G+\frac{1}{j\omega L}}$。その大きさは，$\boldsymbol{\sqrt{G^2+\frac{1}{(\omega L)^2}}}$。

解　説　コンダクタンスは抵抗の逆数なので，その値はそのままアドミタンスになります（コンダクタンス G のインピーダンスは $\frac{1}{G}$，アドミタンスは G）。並列合成なので，コイルのインピーダンス $\frac{1}{j\omega L}$ とそのまま足し合わせます。

復習しよう　複素数の絶対値（p. 147）

●練習問題 10.7.3（解答）●

合成アドミタンスは，$\boldsymbol{\frac{1}{R}+\frac{1}{j\omega L}+j\omega C}$（または，$\boldsymbol{\frac{1}{R}+j\left(\omega C-\frac{1}{\omega L}\right)}$）。その大きさは，$\boldsymbol{\sqrt{\frac{1}{R^2}+\left(\omega C-\frac{1}{\omega L}\right)^2}}$。

解　説　並列合成なので，抵抗，コイル，コンデンサのアドミタンス $\frac{1}{R}$，$\frac{1}{j\omega L}$，$j\omega C$ をそのまま足し合わせます。アドミタンスの大きさについては，絶対値を求めるために実部と虚部がはっきり分かれている $\frac{1}{R}+j\left(\omega C-\frac{1}{\omega L}\right)$ の形にしておきましょう。

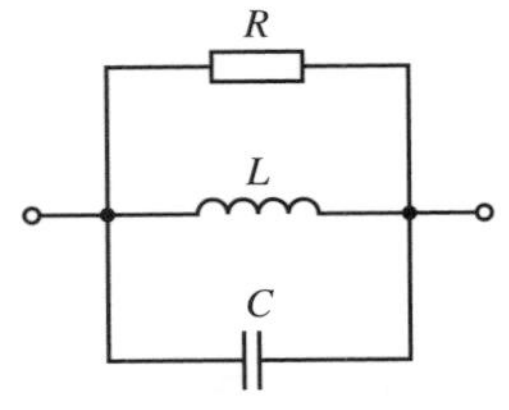

復習しよう　複素数の絶対値（p. 147）

●練習問題 10.7.4（解答）●

合成アドミタンスの逆数は，$\boldsymbol{R+j\omega L+\frac{1}{j\omega C}}$。よって合成アドミタンスは $\boldsymbol{\frac{1}{R+j\omega L+\frac{1}{j\omega C}}=\frac{1}{R+j\omega L+\frac{1}{j\omega C}}\times\frac{j\omega C}{j\omega C}=\frac{j\omega C}{1-\omega^2LC+j\omega CR}}$。その大きさは，$\boldsymbol{\frac{\omega C}{\sqrt{(1-\omega^2LC)^2+(\omega CR)^2}}}$。

解　説　3つ素子の直列合成アドミタンスなので，ただちに求めることはできません。まず，アドミタンスの逆数の和を求めます。これが合成アドミタンスの逆数になります（実はこれは合成インピーダンスです）。この逆数を求めて合成アドミタンスとします。分母・分子に $j\omega C$ をかけて繁分数を解消して答えましょう。アドミタンスの大きさは，分母・分子それぞれの絶対値から求めましょう（$\left|\frac{z_1}{z_2}\right| = \frac{|z_1|}{|z_2|}$）。

復習しよう　複素数の絶対値の計算（p. 147）

●練習問題 10.7.5（解答）●

抵抗 R とコンデンサ C の直列部分の合成アドミタンスは，$\frac{\frac{1}{R}\times j\omega C}{\frac{1}{R}+j\omega C} = \frac{\frac{1}{R}\times j\omega C}{\frac{1}{R}+j\omega C} \times \frac{R}{R} = \frac{j\omega C}{1+j\omega CR}$。これとコイル L の並列接続で，$\frac{j\omega C}{1+j\omega CR} + \frac{1}{j\omega L}$。その大きさは，$\left|\frac{j\omega C}{1+j\omega CR} + \frac{1}{j\omega L}\right| = \left|\frac{1-\omega^2 LC+j\omega CR}{j\omega L(1+j\omega CR)}\right| = \frac{1}{\omega L}\sqrt{\frac{(1-\omega^2 LC)^2+(\omega CR)^2}{1+(\omega CR)^2}}$。

解　説　合成アドミタンスの場合も，合成インピーダンスのときと同じく，ただちに求められる小さな部分から合成していきます。まず，抵抗 R とコンデンサ C の直列部分の合成アドミタンスを求めます。これに，コイル L を並列合成します。アドミタンスの大きさは，通分して分母・分子ともに絶対値を求めやすい $a + jb$ の形にして，分母・分子それぞれの絶対値から求めます。

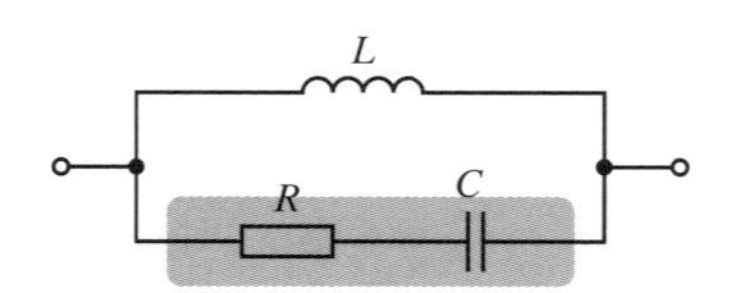

復習しよう　複素数の絶対値の計算（p. 147）

簡単な交流回路

交流回路の計算は，複素数の電圧・電流・インピーダンス（アドミタンス）を使って**直流の場合と同じように計算する**のが原則です。これらの**大きさ**が問題になることもありますが，**複素数で計算する場合とは成立する関係が異なる**ので混同してはいけません。また，**電流と電圧の位相差**が問題になることもあります。これは，複素数の偏角から計算します。電圧・電流の角周波数が変わると，インピーダンスも変わって，回路の振る舞いが変わることにも注意しましょう。

本章の内容のまとめ

交流回路の計算法　交流回路は，複素数が現れること以外は**直流回路と同じように計算してよい。**

- オームの法則は，（複素数の）電圧 V，電流 I について，抵抗をインピーダンス Z に置き換えた $V = ZI$（$I = \frac{V}{Z}$，$Z = \frac{V}{I}$）が対応する
- 分圧・分流も，複素数のまま計算できる

交流電源　交流回路では，回路に交流電圧を加えたり，交流電流を流したりする電源が現れる。正弦波交流電圧源は，円の中に正弦波が描かれた図記号。

素子の電圧・電流の位相　各素子に着目すると，加わっている電圧と流れている電流の位相が異なるものがある。

- 抵抗は，加わる電圧と流れる電流の位相は**同じ**
- コイルは，加わる電圧に対して電流は **90° 遅れている**
- コンデンサは，加わる電圧に対して電流は **90° 進んでいる**

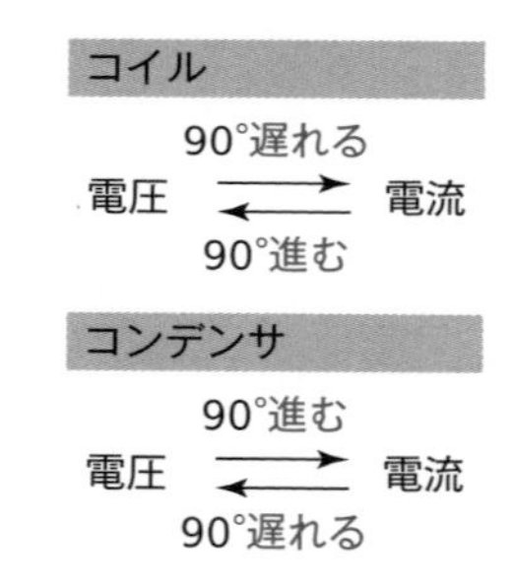

電圧・電流・インピーダンスの大きさ　電圧・電流・インピーダンスの**大きさ**は，その**絶対値**を求める。複素数 z_1，z_2 について $|z_1 z_2| = |z_1|\,|z_2|$，$\left|\frac{z_1}{z_2}\right| = \frac{|z_1|}{|z_2|}$ が成り立つから，$V = ZI$ に対しても $|V| = |Z|\,|I|$（$|I| = \frac{|V|}{|Z|}$，$|Z| = \frac{|V|}{|I|}$）が成り立つ。

電圧の性質　回路の３点 a，b，c について $V_{ac} = V_{ab} + V_{bc}$（電圧の２点が決まればどの経路で計算してもよい）は**複素数で**成り立つ。しかし，大きさについて $|V_{ac}| = |V_{ab}| + |V_{bc}|$ は成り立たない。

電流の性質　1点に流れ込む電流について，$I_1 + I_2 + I_3 = 0$ は**複素数で**成り立つ。しかし，大きさについて $|I_1| + |I_2| + |I_3| = 0$ は成り立たない。

直列接続と電流　**直列接続**では，それぞれに**同じ電流**が流れる。素子ごとに，電圧の大きさと位相が異なる。電流に対して電圧は，

- 抵抗で同じ位相。
- コイルで 90° 進む（電流は電圧に対して 90° 遅れる）。
- コンデンサで 90° 遅れる（電流は電圧に対して 90° 進む）。

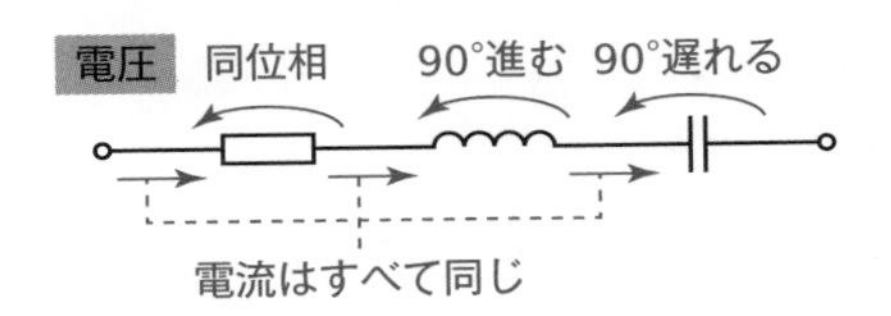

並列接続と電圧　**並列接続**では，それぞれに**同じ電圧**が加わる。素子ごとに，電流の大きさと位相が異なる。電圧に対して電流は，

- 抵抗で同じ位相。
- コイルで 90° 遅れる。
- コンデンサで 90° 進む。

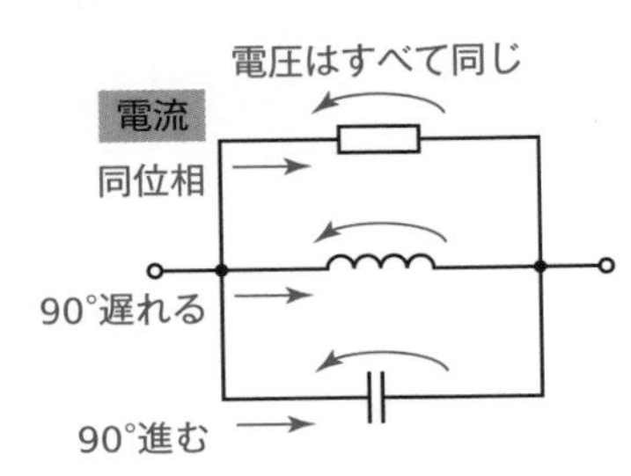

周波数による変化　交流回路では，周波数によって，次のような事項が問題にされる。

- 電圧・電流・インピーダンスの大きさがどう変化するか。
- 電圧・電流・インピーダンスの偏角（位相角）がどう変化するか。

例題 11.1：電圧・電流・インピーダンス

図の回路について答えなさい。ただし，電源の角周波数を ω とする。

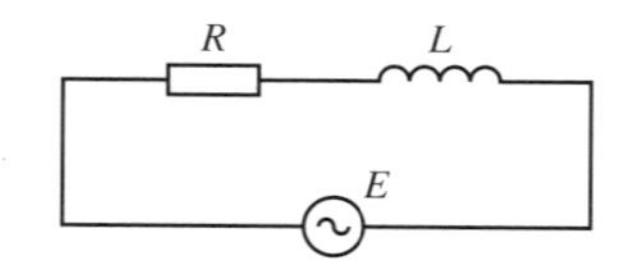

(1) 合成インピーダンス Z を求めなさい。

(2) Z の大きさを求めなさい。

(3) 流れる電流を求めなさい。

(4) 抵抗に加わっている電圧を求めなさい。

(5) コイルに加わっている電圧を求めなさい。

(6) 抵抗に加わっている電圧に対する，コイルに加わっている電圧の位相差を求めなさい。

解き方

交流回路は，複素数で表された電圧・電流，およびインピーダンス（アドミタンス）を使えば，**直流回路と同じように計算できます**。

(1) インピーダンス Z は，抵抗が R，コイルが $j\omega L$ で直列接続ですから，$\boldsymbol{R+j\omega L}$。

(2) インピーダンスの大きさは，Z の絶対値ですから，$|Z| = |R+j\omega L| = \boldsymbol{\sqrt{R^2+(\omega L)^2}}$。

(3) 流れる電流は，電圧 E とインピーダンス $R+j\omega L$ を用いてオームの法則と同じように，$\boldsymbol{\frac{E}{R+j\omega L}}$。

(4) 流れる電流がわかっていますから，オームの法則と同様にして $R\times\frac{E}{R+j\omega L} = \boldsymbol{\frac{R}{R+j\omega L}E}$。ここで，この電圧は**分圧**を使っても求められます。複素数であってもかまわず計算します。電源電圧 E を，$R:j\omega L$ に配分しますから，$\frac{R}{R+j\omega L}E$ です。

(5) (4) と同様に，$j\omega L\times\frac{E}{R+j\omega L} = \boldsymbol{\frac{j\omega L}{R+j\omega L}E}$。これも分圧を使って求められます。

(6) コイルでは電流が電圧に対して 90° 遅れます。言い換えると，電圧は電流より 90° 進んでいます。抵抗の電圧は電流と同位相なので，コイルの電圧の位相は，抵抗の電圧の位相より **90°** 進んでいることがわかります。ここで，(4)(5) の電圧は $\frac{R}{R+j\omega L}E$ と $\frac{j\omega L}{R+j\omega L}E = \frac{\omega L}{R+j\omega L}E\times j$ なので，j がかけられているコイルの電圧のほうが 90° 進んでいることがこれからもわかります。

模範解答

(1) $R + j\omega L$。(2) $|R + j\omega L| = \sqrt{R^2 + (\omega L)^2}$。(3) $\frac{E}{R+j\omega L}$。(4) $R \times \frac{E}{R+j\omega L} = \frac{R}{R+j\omega L}E$。(5) $j\omega L \times \frac{E}{R+j\omega L} = \frac{j\omega L}{R+j\omega L}E$。(6) $+\frac{1}{2}\pi$。

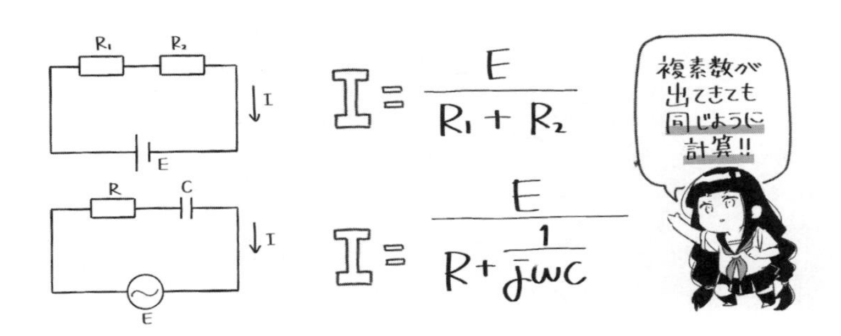

練習問題 11.1.1

図の回路について答えなさい。ただし，電源の角周波数を ω とする。

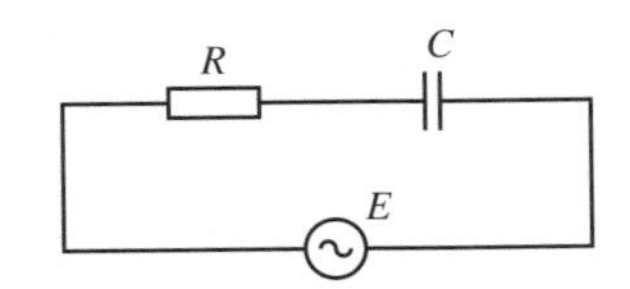

(1) 合成インピーダンスを求めなさい。

(2) 回路に流れる電流を求めなさい。

(3) コンデンサに加わる電圧を求めなさい。

(4) 抵抗に加わる電圧に対する，コンデンサに加わる電圧の位相差を求めなさい。

練習問題 11.1.2

図の回路について答えなさい。ただし，電源の角周波数を ω とする。

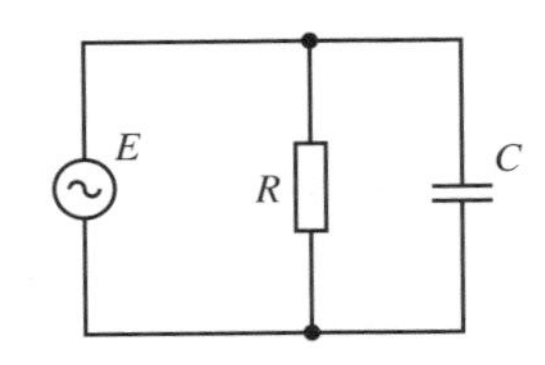

(1) 合成インピーダンスを求めなさい。

(2) 合成アドミタンスを求めなさい。

(3) 抵抗に流れる電流を求めなさい。

(4) コンデンサに流れる電流を求めなさい。

(5) コンデンサにおける，電圧に対する電流の位相差を求めなさい。

練習問題 11.1.3

図の回路について答えなさい。ただし，電源の角周波数を ω とする。

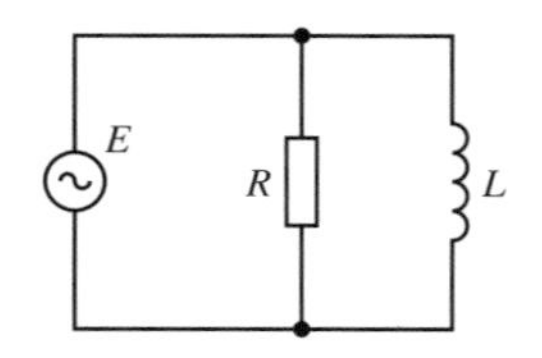

(1) 合成アドミタンスを求めなさい。

(2) 抵抗に流れる電流を求めなさい。

(3) コイルに流れる電流を求めなさい。

(4) 抵抗に流れる電流に対する，コイルに流れる電流の位相差を求めなさい。

練習問題 11.1.4

図の回路について答えなさい。ただし，電源の角周波数を ω とする。

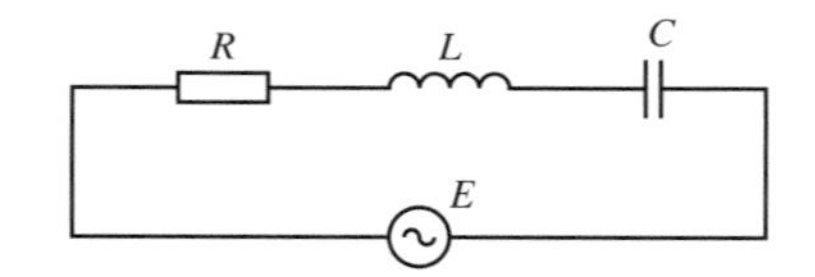

(1) 合成インピーダンスを求めなさい。

(2) 回路に流れる電流を求めなさい。

(3) コイルに加わっている電圧を求めなさい。

(4) コンデンサに加わっている電圧を求めなさい。

(5) コイルに加わっている電圧に対する，コンデンサに加わっている電圧の位相差を求めなさい。

例題 11.2：電圧・電流の大きさ

図の回路について答えなさい。ただし，電源の角周波数を ω とする。

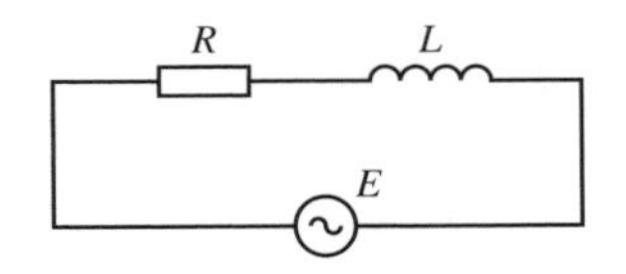

(1) 合成インピーダンス Z を求めなさい。

(2) Z の大きさを求めなさい。

(3) 流れる電流の大きさを求めなさい。

(4) 抵抗に加わる電圧の大きさを求めなさい。

(5) コイルに加わる電圧の大きさを求めなさい。

解き方

電圧・電流の**大きさ**についておもに問うている問題です。交流回路の計算は**複素数で行う**のが基本です。一方で，電圧 V・電流 I・インピーダンス Z の関係については，$V = ZI$ の絶対値より，$|V| = |ZI| = |Z|\,|I|$ が成り立つので，大きさのまま計算できます。しかし，一般に，交流回路では**電圧・電流の大きさは加減算してはいけません**（一般に，$|z_1 + z_2|$ と $|z_1| + |z_2|$ は一致しません）。

(1) 抵抗のインピーダンスは R，コイルのインピーダンスは $j\omega L$ ですから，その直列接続で $\boldsymbol{R + j\omega L}$ です。

(2) インピーダンスの大きさは，その絶対値です。ですから，$|R + j\omega L| = \boldsymbol{\sqrt{R^2 + (\omega L)^2}}$。

(3) 電流は，電圧をインピーダンスで割って，$\frac{E}{R+j\omega L}$，その大きさは，$\left|\frac{E}{R+j\omega L}\right| = \frac{|E|}{|R+j\omega L|} = \boldsymbol{\frac{|E|}{\sqrt{R^2+(\omega L)^2}}}$。ここで，$\left|\frac{z_1}{z_2}\right| = \frac{|z_1|}{|z_2|}$ を用いて分母・分子別々に絶対値を求めています。また，電圧 E は複素数ですから（負でない実数とは限りませんから），$|E|$ となり，絶対値記号は外してはいけません。本問の電流の大きさは，絶対値の性質より，電圧の大きさ $|E|$ をインピーダンスの大きさ $\sqrt{R^2 + (\omega L)^2}$ で割って，$\frac{|E|}{\sqrt{R^2+(\omega L)^2}}$ とただちに求めることもできます。

(4) 電流が $\frac{E}{R+j\omega L}$ と求められていますから，抵抗のインピーダンス R をかけて $\frac{E}{R+j\omega L} \times R$ の絶対値を求めて $\boldsymbol{\frac{R}{\sqrt{R^2+(\omega L)^2}}|E|}$ です。R は負でない実数なので，絶対値記号はそのまま外せます。本問も，電流の大きさ $\frac{|E|}{\sqrt{R^2+(\omega L)^2}}$ に抵抗のイン

ピーダンスの大きさ $|R| = R$ をかけて電圧の大きさを $\frac{R}{\sqrt{R^2+(\omega L)^2}}|E|$ と求められます。

(5) (4) と同じく，電流 $\frac{E}{R+j\omega L}$ にコイルのインピーダンス $j\omega L$ をかけて $\frac{E}{R+j\omega L}\times j\omega L$，絶対値を求めて $\frac{\omega L}{\sqrt{R^2+(\omega L)^2}}|E|$ です。本問も，電流の大きさ $\frac{|E|}{\sqrt{R^2+(\omega L)^2}}$ にコイルのインピーダンスの大きさ $|j\omega L| = \omega L$ をかけて電圧の大きさを $\frac{\omega L}{\sqrt{R^2+(\omega L)^2}}|E|$ と求められます。

ここで，直流回路の場合と同じように，抵抗・コイルそれぞれに加わる電圧を加えると電源電圧に一致します。確かに，$\frac{R}{R+j\omega L}E + \frac{j\omega L}{R+j\omega L}E = \frac{R+j\omega L}{R+j\omega L}E = E$ となります。しかし，電圧の大きさを加えても，$\frac{R}{\sqrt{R^2+(\omega L)^2}}|E| + \frac{\omega L}{\sqrt{R^2+(\omega L)^2}}|E| = \frac{R+\omega L}{\sqrt{R^2+(\omega L)^2}}|E|$ となり，電源電圧には一致しません。このことからも，交流回路では，電圧・電流を複素数で扱わないと正しく計算できないことがわかります。

模範解答

(1) $R + j\omega L$。**(2)** $|R + j\omega L| = \sqrt{R^2 + (\omega L)^2}$。**(3)** $\left|\frac{E}{R+j\omega L}\right| = \frac{|E|}{\sqrt{R^2+(\omega L)^2}}$。

(4) $\left|\frac{E}{R+j\omega L} \times R\right| = \frac{R}{\sqrt{R^2+(\omega L)^2}}|E|$。**(5)** $\left|\frac{E}{R+j\omega L} \times j\omega L\right| = \frac{\omega L}{\sqrt{R^2+(\omega L)^2}}|E|$。

練習問題 11.2.1

図の回路について答えなさい。ただし，電源の角周波数を ω とする。

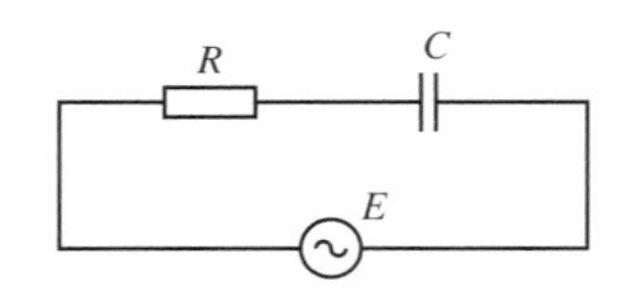

(1) 合成インピーダンス Z を求めなさい。

(2) Z の大きさを求めなさい。

(3) 回路に流れる電流の大きさを求めなさい。

(4) コンデンサに加わっている電圧の大きさを求めなさい。

練習問題 11.2.2

図の回路について答えなさい。ただし，電源の角周波数を ω とする。

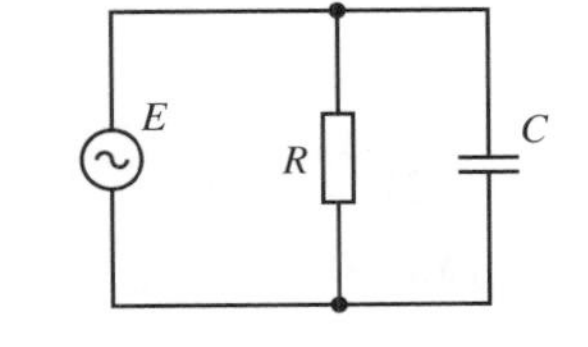

(1) 抵抗に流れる電流 I_R を求めなさい。

(2) I_R の大きさを求めなさい。

(3) コンデンサに流れる電流 I_C を求めなさい。

(4) I_C の大きさを求めなさい。

(5) 電源から供給されている電流 I を求めなさい。

(6) I の大きさを求めなさい。

練習問題 11.2.3

図の回路について答えなさい。ただし，電源の角周波数を ω とする。

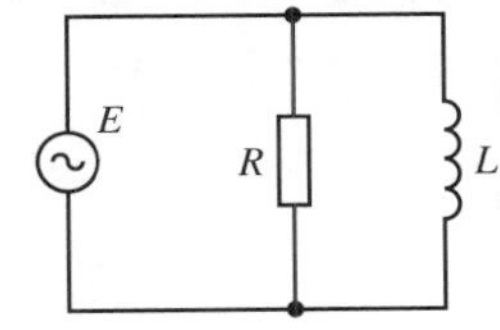

(1) 合成アドミタンス Y を求めなさい。

(2) Y の大きさを求めなさい。

(3) 抵抗に流れる電流の大きさを求めなさい。

(4) コイルに流れる電流の大きさを求めなさい。

(5) 電源から供給されている電流の大きさを求めなさい。

練習問題 11.2.4

図の回路について答えなさい。ただし，電源の角周波数を ω とする。

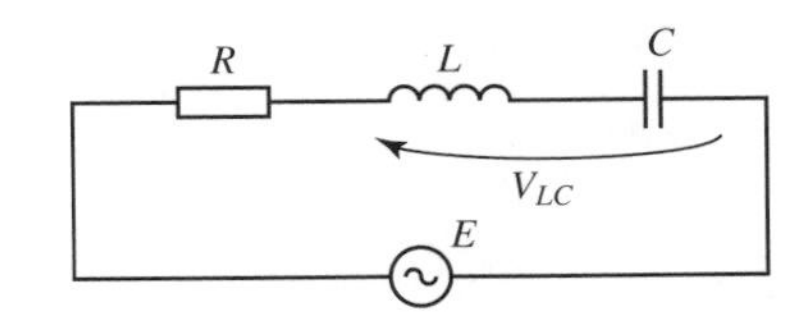

(1) 合成インピーダンス Z を求めなさい。

(2) Z の大きさを求めなさい。

(3) 回路に流れる電流 I を求めなさい。

(4) I の大きさを求めなさい。

(5) コイルに加わる電圧の大きさを求めなさい。

(6) コンデンサに加わる電圧の大きさを求めなさい。

(7) 電圧 V_{LC} を求めなさい。

(8) V_{LC} の大きさを求めなさい。

練習問題 11.2.5

図の回路の端子間に 6 V の直流電圧を加えたところ 50 mA の電流が流れた。また，端子間に大きさ 13 V，角周波数 10 krad/s の正弦波交流電源を接続したところ，大きさ 100 mA の電流が流れた。

(1) 抵抗 R の大きさを求めなさい。

(2) 端子間の合成インピーダンスの大きさを求めなさい。

(3) コイル L の誘導性リアクタンスを求めなさい。

(4) コイル L のインダクタンスを求めなさい。

例題 11.3：電圧・電流の位相のずれ

図の回路について，$V_R = 12$〔V〕，$|V_L| = 3$〔V〕，$|V_C| = 8$〔V〕である。

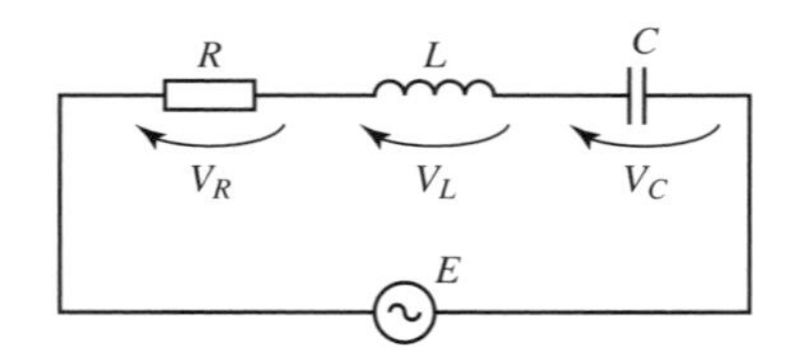

(1) 電圧 V_L を複素数で求めなさい。

(2) 電圧 V_C を複素数で求めなさい。

(3) 電源電圧 E を求めなさい。

(4) E の大きさを求めなさい。

解き方

交流回路では，**素子に加わる電圧と流れる電流の位相が異なる**ことがあります。

- 抵抗では，電流と電圧の位相は同じ
- コイルでは，電流が電圧に対して 90° 遅れる（電圧が電流に対して 90° 進む）
- コンデンサでは，電流が電圧に対して 90° 進む（電圧が電流に対して 90° 遅れる）

という性質があります（次ページの上の図参照）。

本問では，抵抗に加わる電圧と，コイルに加わる電圧の大きさ，コンデンサに加わる電圧の大きさが与えられています。3 つの素子に流れる電流は（直列回路ですから）共通なので，コイル・コンデンサに加わっている電圧は，上記の性質を考慮すれば位相が異なっています（複素数で表して $V_L = 3$〔V〕，$V_C = 8$〔V〕にはなりません）。

本問を解くにあたり，まず，**抵抗では電圧と電流の位相は同じ**ことを念頭に入れましょう。

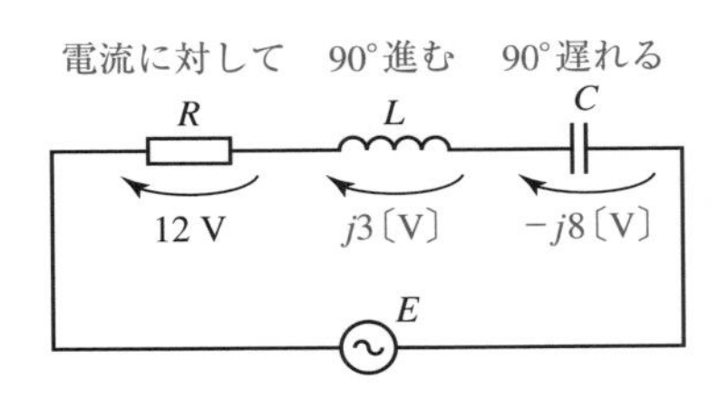

(1) コイルの電圧は，電流より 90° 位相が進んでいます。抵抗の（複素数の）電圧が実数（$12 + j0$〔V〕）なので，電流も実数（位相角が 0）です。したがって電圧は「90° 進む」に対応する $e^{j\frac{1}{2}\pi} = j$ をかけて，**$j3$〔V〕**。

(2) コンデンサの電圧は，電流より 90° 遅れています。(1) と同様に，「90° 遅れる」に対応する $e^{-j\frac{1}{2}\pi} = -j$ をかけて，**$-j8$〔V〕**。

(3) 電源電圧 E は，抵抗・コイル・コンデンサに加わる複素数の電圧の和です。大きさの和ではありません。したがって，$12 + j3 + (-j8) = $ **$12 - j5$〔V〕**。

(4) $|E| = |12 - j5| = \sqrt{12^2 + 5^2} = $ **13〔V〕**。

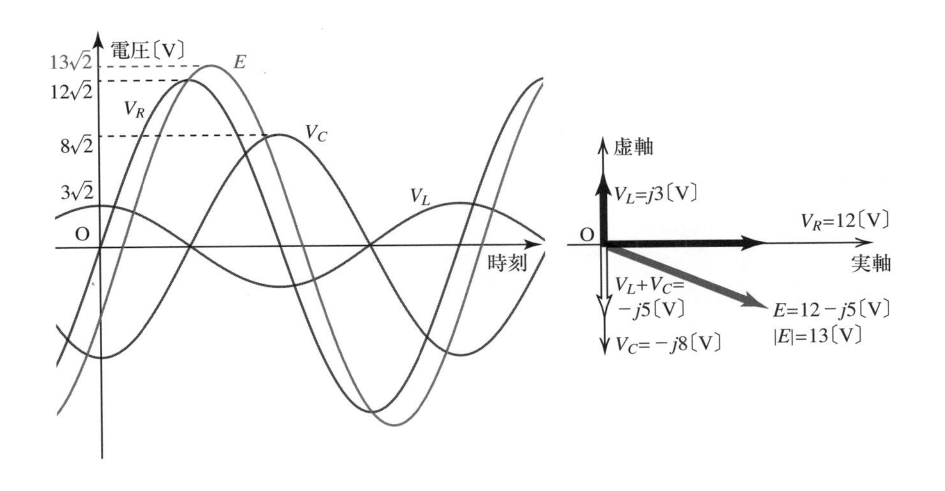

11
簡単な交流回路

ここで，本問において，各素子の電圧の大きさの和は 12 + 3 + 8 = 23〔V〕になるのに，電源電圧の大きさは 13 V です。これはつまり，抵抗・コイル・コンデンサに加わる電圧がすべて同時に最大値や最小値になることはなく，位相が（時間が）ずれて最大と最小の間を変化するので，合計しての大きさは 13 V（最大値としては $13\sqrt{2}$ V）にしかならないということです。

模範解答

(1) 電流の位相角は，抵抗の電圧の位相角と同じなので 0。コイルの電圧は，電流に対して 90° 進むから，$V_L = j3$〔V〕。**(2)** コンデンサの電圧は，電流に対して 90° 遅れるから，$V_C = -j8$〔V〕。**(3)** $E = 12 + j3 + (-j8) = 12 - j5$〔V〕。**(4)** $|E| = \sqrt{12^2 + 5^2} = 13$〔V〕。

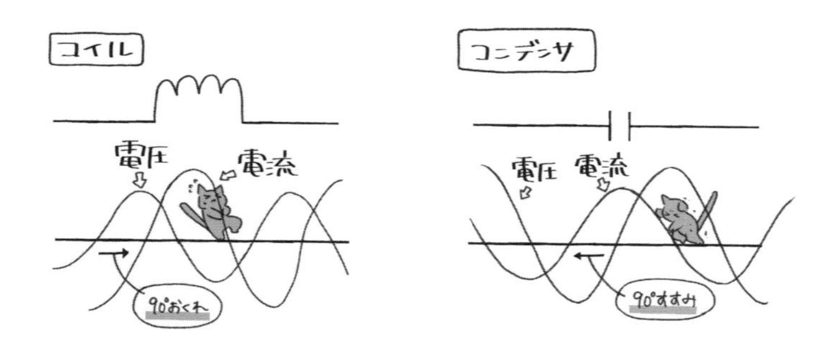

練習問題 11.3.1

図の回路において，抵抗 R の大きさは 300 Ω である。また，抵抗 R に加わっている電圧の大きさは 6 V，コンデンサ C に加わっている電圧の大きさは 8 V である。

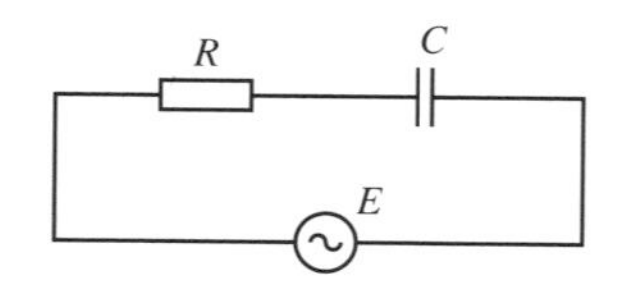

(1) 流れている電流に対する，コンデンサ C に加わっている電圧の位相差を求めなさい。

(2) 回路を流れる電流の大きさを求めなさい。

(3) 電源電圧 E の大きさを求めなさい。

(4) コンデンサ C の容量性リアクタンスを求めなさい。

(5) 合成インピーダンスを求めなさい。

練習問題 11.3.2

図の回路について答えなさい。$E = 10$〔V〕, $|I| = 130$〔mA〕, $|I_L| = 110$〔mA〕, $|I_C| = 60$〔mA〕とする。

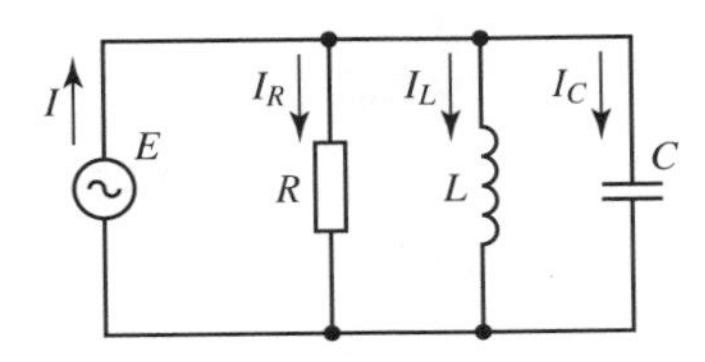

(1) 電源電圧 E の位相に対する，I_L の位相差を求めなさい。

(2) 電源電圧 E の位相に対する，I_C の位相差を求めなさい。

(3) $|I_L + I_C|$ を求めなさい。

(4) $|I_R|$ を求めなさい。

(5) I を複素数で求めなさい

(6) 回路の合成アドミタンスの大きさを求めなさい。

(7) 回路の合成アドミタンスを求めなさい。

例題 11.4：周波数・角周波数との関係

図の回路について答えなさい。ただし，電源の角周波数を ω とする。

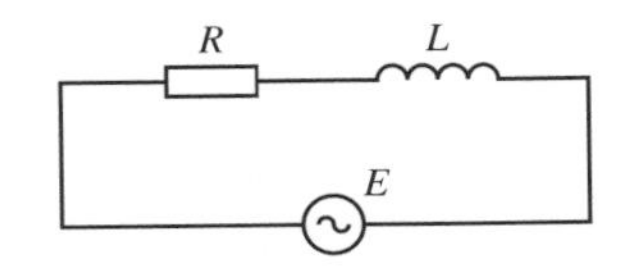

(1) 合成インピーダンス Z を求めなさい。

(2) Z の大きさを求めなさい。

(3) 角周波数 ω が大きくなっていくと，Z の大きさはどうなるか。次の**ア**～**ウ**から 1 つ選び，記号で答えなさい。

ア　大きくなる　　**イ**　変わらない　　**ウ**　小さくなる

(4) 流れる電流を求めなさい。ただし，分母は実数化しなさい。

(5) 角周波数 ω を大きくしていったとき，流れる電流の，電源電圧に対しての位相差についてもっとも適切に述べたものを次の**ア**～**エ**から 1 つ選び，記号で答えなさい。

ア　$-90°$ から進んでいき，同位相に近づいていく

イ　同位相から進んでいき，$+90°$ に近づいていく

ウ　同位相から遅れていき，$-90°$ に近づいていく

エ　$+90°$ から遅れていき，同位相に近づいていく

(6) 流れる電流の大きさを求めなさい。

(7) 角周波数 ω が大きくなっていくと，流れる電流の大きさはどうなるか。次の**ア**～**ウ**から 1 つ選び，記号で答えなさい。

ア　大きくなる　**イ**　変わらない　**ウ**　小さくなる

(8) コイルに加わる電圧の大きさを求めなさい。

(9) 角周波数 ω が大きくなっていくと，コイルに加わる電圧の大きさはどうなるか。次の**ア**～**ウ**から 1 つ選び，記号で答えなさい。

ア　大きくなる　**イ**　変わらない　**ウ**　小さくなる

解き方

交流回路は，周波数・角周波数によって，インピーダンス（アドミタンス），素子の電圧・電流が変化します。これは，コイル・コンデンサのインピーダンス（リアクタンス）が周波数・角周波数によることに起因しています。詳しくは高度な電気回路で**周波数特性**として分析されますが，ここでは周波数・角周波数で変化する交流回路の振る舞いの概要を見てみます。

(1) 抵抗のインピーダンスは R，コイルのインピーダンスは $j\omega L$ ですから，直列合成はそのまま足し合わせて $\boldsymbol{R + j\omega L}$。

(2) $|R + j\omega L| = \boldsymbol{\sqrt{R^2 + (\omega L)^2}}$。

(3) $\sqrt{R^2 + (\omega L)^2}$ を ω の関数として見ると，これは ω の増加に伴って増加しています。よって，**ア**。ここで，複素数そのものには大小関係がありませんから，「大きさ」でないと議論できないことに注意してください。

(4) 電流は，電圧をインピーダンスで割って，$\frac{E}{R+j\omega L} = \frac{E}{R+j\omega L} \times \frac{R-j\omega L}{R-j\omega L} = \boldsymbol{\frac{R-j\omega L}{R^2+(\omega L)^2}E}$。指示がありますから，分母・分子に $R - j\omega L$ をかけて分母を実数化します。

(5) (4) で求めた電流は，実部と虚部を分けると，$\frac{R-j\omega L}{R^2+(\omega L^2)}E = \left\{\frac{R}{R^2+(\omega L)^2} -j\frac{\omega L}{R^2+(\omega L)^2}\right\}E$。ここで，中かっこ内が電圧に対して位相差をもたらしている部分です。この虚部と実部の比を求めると，$-\frac{\omega L}{R}$。これは，電流の位相差の正接で

す（複素数が $r(\cos\theta + j\sin\theta)$ と表せるとき，虚部と実部の比は $\frac{r\sin\theta}{r\cos\theta} = \tan\theta$ です)。これは，ω が大きくなると，0から負の無限大へ小さくなっていきます。すなわち，位相差は，0° から −90° へと遅れていきます。よって答えは**ウ**。これは直感的には，周波数が大きくなるとコイルのインピーダンスが大きくなって，コイルの影響が強くなって，コイルの「電流が電圧より 90° 遅れる」性質がより濃く出てくるととらえてもよいでしょう。

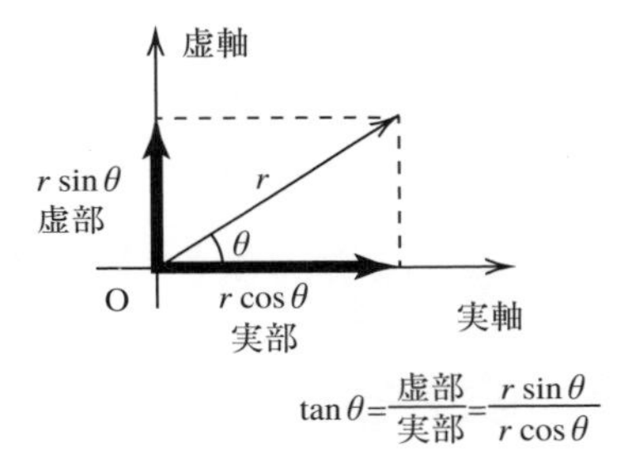

$\tan\theta = \frac{虚部}{実部} = \frac{r\sin\theta}{r\cos\theta}$

(6) (4) より $\left|\frac{E}{R+j\omega L}\right| = \frac{|E|}{\sqrt{R^2+(\omega L)^2}}$。

(7) $\frac{|E|}{\sqrt{R^2+(\omega L)^2}}$ を ω の関数と見ると，ω が増加すると分母の $\sqrt{R^2+(\omega L)^2}$ が大きくなり，電流の大きさは小さくなっていきます。よって**ウ**です。ここで，(3) の解答より，電流の流れにくさであるインピーダンスの大きさが大きくなっているのですから，電流の大きさは小さくなっていく，と考えることもできます。

(8) 電流にコイルのインピーダンスをかけて大きさを求めると，$\left|\frac{E}{R+j\omega L} \times j\omega L\right| = \frac{\omega L}{\sqrt{R^2+(\omega L)^2}}|E|$。

(9) (8) で求めた電圧の大きさを $\frac{\omega L}{\sqrt{R^2+(\omega L)^2}} \times \frac{\frac{1}{\omega L}}{\frac{1}{\omega L}} \times |E| = \frac{1}{\sqrt{\left(\frac{R}{\omega L}\right)^2+1}}|E|$ と書き直して ω の関数として見ると，ω が大きくなると $\frac{R}{\omega L}$ は小さくなり，分母の $\sqrt{\left(\frac{R}{\omega L}\right)^2+1}$ が小さくなりますから，電圧の大きさは大きくなっていきます。よって，**ア**。増加・減少を調べるには，このように ω を分母または分子の一方に集めるのが簡単ですが，これに考え至らなかったら微分して符号を調べてもよいでしょう。

模範解答

(1) $R + j\omega L$。**(2)** $|R + j\omega L| = \sqrt{R^2+(\omega L)^2}$。**(3)** $\sqrt{R^2+(\omega L)^2}$ は ω の増加に伴って大きくなるので，**ア**。**(4)** $\frac{E}{R+j\omega L} = \frac{R-j\omega L}{R^2+(\omega L)^2}E$。**(5)** 電流の位相差を θ とすると，$\tan\theta = -\frac{\omega L}{R}$。これは ω が大きくなると0から小さくなっていくので，θ は0° から −90° に近づいていく。よって，**ウ**。**(6)** $\left|\frac{E}{R+j\omega L}\right| = \frac{|E|}{\sqrt{R^2+(\omega L)^2}}$。**(7)** $\frac{|E|}{\sqrt{R^2+(\omega L)^2}}$

は ω の増加に伴って小さくなる。よって**ウ**。**(8)** $\left|\frac{E}{R+j\omega L}\times j\omega L\right| = \frac{\omega L}{\sqrt{R^2+(\omega L)^2}}|E|$。

(9) $\frac{\omega L}{\sqrt{R^2+(\omega L)^2}}|E| = \frac{1}{\sqrt{\left(\frac{R}{\omega L}\right)^2+1}}|E|$。$\sqrt{\left(\frac{R}{\omega L}\right)^2+1}$ は ω が増加すると小さくなるから，$\frac{1}{\sqrt{\left(\frac{R}{\omega L}\right)^2+1}}|E|$ は ω の増加に伴い大きくなる。よって**ア**。

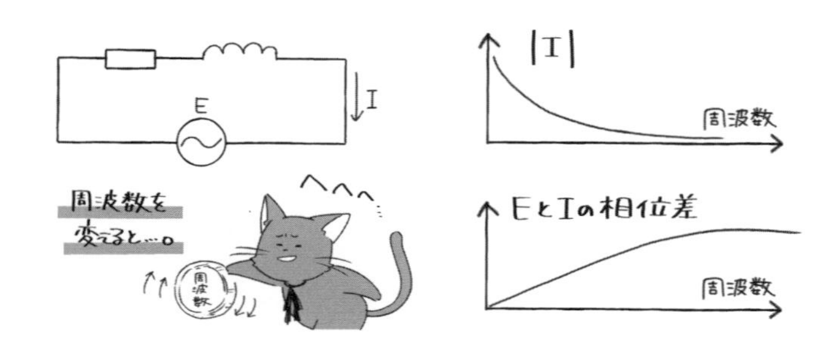

練習問題 11.4.1

図の回路について答えなさい。ただし，電源の角周波数を ω とする。

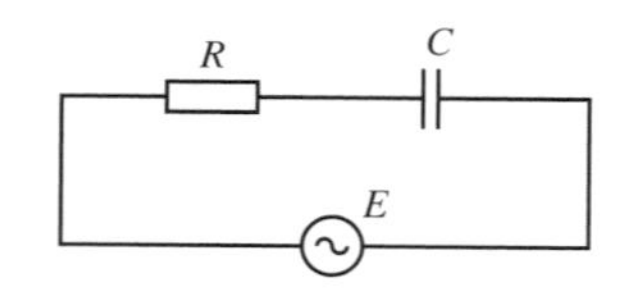

(1) 合成インピーダンス Z を求めなさい。

(2) Z の大きさを求めなさい。

(3) 角周波数 ω が大きくなっていくと，Z の大きさはどうなるか。次の**ア**～**ウ**から 1 つ選び，記号で答えなさい。

ア　大きくなる　　**イ**　変わらない　　**ウ**　小さくなる

(4) 流れる電流を求めなさい。ただし，分母は実数化しなさい。

(5) 角周波数 ω を大きくしていったとき，流れる電流の，電源電圧に対しての位相差についてもっとも適切に述べたものを次の**ア**～**エ**から 1 つ選び，記号で答えなさい。

ア　$-90°$ から進んでいき，同位相に近づいていく

イ　同位相から進んでいき，$+90°$ に近づいていく

ウ　同位相から遅れていき，$-90°$ に近づいていく

エ　+90° から遅れていき，同位相に近づいていく

(6) 流れる電流の大きさを求めなさい。

(7) 角周波数 ω が大きくなっていくと，流れる電流の大きさはどうなるか。次の**ア**～**ウ**から 1 つ選び，記号で答えなさい。

ア　大きくなる　　**イ**　変わらない　　**ウ**　小さくなる

(8) コンデンサに加わる電圧の大きさを求めなさい。

(9) 角周波数 ω が大きくなっていくと，コンデンサに加わる電圧の大きさはどうなるか。次の**ア**～**ウ**から 1 つ選び，記号で答えなさい。

ア　大きくなる　　**イ**　変わらない　　**ウ**　小さくなる

練習問題 11.4.2

図の回路について答えなさい。ただし，電源の角周波数を ω とする。

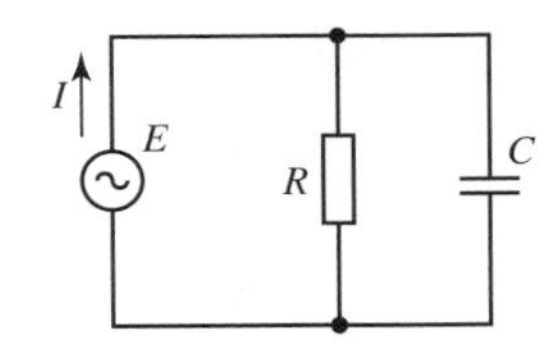

(1) 合成アドミタンス Y を求めなさい。

(2) Y の大きさを求めなさい。

(3) 角周波数 ω が大きくなっていくと，Y の大きさはどうなるか。次の**ア**～**ウ**から 1 つ選び，記号で答えなさい。

ア　大きくなる　　**イ**　変わらない　　**ウ**　小さくなる

(4) 電流 I を求めなさい。ただし，分母は実数化しなさい。

(5) 角周波数 ω を大きくしていったとき，電流 I の，電源電圧に対しての位相差についてもっとも適切に述べたものを次の**ア**～**エ**から 1 つ選び，記号で答えなさい。

ア　−90° から進んでいき，同位相に近づいていく

イ　同位相から進んでいき，+90° に近づいていく

ウ　同位相から遅れていき，−90° に近づいていく

エ　+90° から遅れていき，同位相に近づいていく

(6) I の大きさを求めなさい。

(7) 角周波数 ω が大きくなっていくと，電流 I の大きさはどうなるか。次の**ア**～**ウ**から 1 つ選び，記号で答えなさい。

ア　大きくなる　　**イ**　変わらない　　**ウ**　小さくなる

練習問題 11.4.3

図の回路について答えなさい。ただし，電源の角周波数を ω とする。

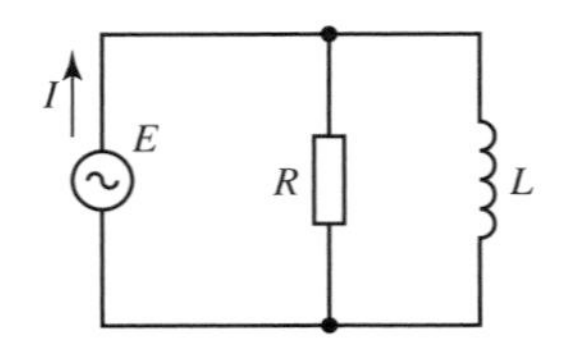

(1) 合成アドミタンス Y を求めなさい。

(2) Y の大きさを求めなさい。

(3) 角周波数 ω が大きくなっていくと，Y の大きさはどうなるか。次の**ア**～**ウ**から 1 つ選び，記号で答えなさい。

ア　大きくなる　　**イ**　変わらない　　**ウ**　小さくなる

(4) 電流 I を求めなさい。ただし，分母は実数化しなさい。

(5) 角周波数 ω を大きくしていったとき，電流 I の，電源電圧に対しての位相差についてもっとも適切に述べたものを次の**ア**～**エ**から 1 つ選び，記号で答えなさい。

ア　$-90°$ から進んでいき，同位相に近づいていく

イ　同位相から進んでいき，$+90°$ に近づいていく

ウ　同位相から遅れていき，$-90°$ に近づいていく

エ　$+90°$ から遅れていき，同位相に近づいていく

(6) I の大きさを求めなさい。

(7) 角周波数 ω が大きくなっていくと，電流 I の大きさはどうなるか。次の**ア**～**ウ**から 1 つ選び，記号で答えなさい。

ア　大きくなる　　**イ**　変わらない　　**ウ**　小さくなる

練習問題の解答

●練習問題 11.1.1（解答）●

(1) $R+\frac{1}{j\omega C}$。(2) $\frac{E}{R+\frac{1}{j\omega C}}=\frac{E}{R+\frac{1}{j\omega C}}\times\frac{j\omega C}{j\omega C}=\frac{j\omega C}{1+j\omega CR}E$。(3) $\frac{j\omega CE}{1+j\omega CR}\times\frac{1}{j\omega C}=\frac{E}{1+j\omega CR}$。(4) 抵抗に加わる電圧は $\frac{j\omega CR}{1+j\omega CR}E$ だから，コンデンサに加わる電圧 $\frac{1}{1+j\omega CR}E$ と比較すると，$-\frac{1}{2}\pi$（$-90°$）。

解　説　(1) コンデンサのインピーダンスは $\frac{1}{j\omega C}$ で，R と直列接続です。(2) オームの法則に準じて，電圧をインピーダンスで割って電流を求めます。(3) 電流がわかっていますから，コンデンサのインピーダンス $\frac{1}{j\omega C}$ をかけて加わる電圧を求めます。分圧を使って，$\frac{\frac{1}{j\omega C}}{R+\frac{1}{j\omega C}}\times E=\frac{1}{1+j\omega CR}E$ とも求められます。(4) 抵抗の電圧の位相は電流と同じで，コンデンサの電圧の位相は電流から 90° 遅れるので，「90° 遅れる」がただちに求められます。解答では，抵抗に加わる電圧を $\frac{j\omega CE}{1+j\omega CR}\times R$ と求め，これとコンデンサに加わる電圧 $\frac{1}{1+j\omega CR}E$ に比べれば，後者は j で割られて 90° 遅れている関係になっていることを使って求めています。

復習しよう　合成インピーダンス（p. 164），素子と電圧・電流の位相の関係（p. 163）

●練習問題 11.1.2（解答）●

(1) $\frac{R\times\frac{1}{j\omega C}}{R+\frac{1}{j\omega C}}=\frac{R\times\frac{1}{j\omega C}}{R+\frac{1}{j\omega C}}\times\frac{j\omega C}{j\omega C}=\frac{R}{1+j\omega CR}$。(2) $\frac{1}{R}+j\omega C$。(3) $\frac{E}{R}$。(4) $\frac{E}{\frac{1}{j\omega C}}=\frac{E}{\frac{1}{j\omega C}}\times\frac{j\omega C}{j\omega C}=j\omega CE$。(5) $+\frac{1}{2}\pi$（$+90°$）。

解　説　(1) コンデンサのインピーダンスは $\frac{1}{j\omega C}$ で，R と並列合成です。(2) 並列の合成アドミタンスですから，抵抗のアドミタンス $\frac{1}{R}$，コンデンサのアドミタンス $j\omega C$ をそのまま加えます。(1) で求めたインピーダンスの逆数を求めてもかまいません。(3) 抵抗に加わっている電圧は E ですから，抵抗のインピーダンス R で割れば電流が求められます。(4) (3) と同様に，コンデンサのインピーダンス $\frac{1}{j\omega C}$ で割って電流を求めます。(5) コンデンサでは，電流は電圧より 90° 進みます。電圧 E と電流 $j\omega CE$ を比べて，j がかけられて 90° 進んでいることからもわかります。

復習しよう　合成インピーダンス（p. 164），合成アドミタンス（p. 164），素子と電圧・電流の位相の関係（p. 163）

●練習問題 11.1.3（解答）●

(1) $\frac{1}{R}+\frac{1}{j\omega L}$。(2) $\frac{E}{R}$。(3) $\frac{E}{j\omega L}$。(4) $-\frac{1}{2}\pi$（−90°）。

解　説　(1) 抵抗のアドミタンス $\frac{1}{R}$ とコイルのアドミタンス $\frac{1}{j\omega L}$ を，並列接続なのでそのまま加えます。(4) 抵抗では電流と電圧の位相は同じで，コイルでは電流の位相は電圧から 90° 遅れます。抵抗とコイルで加わっている電圧は同じなので，コイルの電流は抵抗の電流に対して位相が 90° 遅れます。または，(2)(3) の解答を比べて，コイルの電流は j で割られた形をしているので 90° 遅れていることを指摘してもよいでしょう。

復習しよう　合成アドミタンス（p. 164），素子と電圧・電流の位相の関係（p. 163）

●練習問題 11.1.4（解答）●

(1) $R+j\omega L+\frac{1}{j\omega C}$。(2) $\frac{E}{R+j\omega L+\frac{1}{j\omega C}}=\frac{E}{R+j\omega L+\frac{1}{j\omega C}}\times\frac{j\omega C}{j\omega C}=\frac{j\omega C}{1-\omega^2LC+j\omega CR}E$。

(3) $\frac{j\omega C}{1-\omega^2LC+j\omega CR}E\times j\omega L=-\frac{\omega^2LC}{1-\omega^2LC+j\omega CR}E$。(4) $\frac{j\omega C}{1-\omega^2LC+j\omega CR}E\times\frac{1}{j\omega C}=\frac{1}{1-\omega^2LC+j\omega CR}E$。(5) π（180°）。

解　説　(1) 直列接続ですから，抵抗，コイル，コンデンサのインピーダンス R，$j\omega L$，$\frac{1}{j\omega C}$ を足し合わせます。(3)(4) 電流が (2) で求められていますから，インピーダンスをかければ電圧が求められます。(5) コイルでは，電流に対する電圧の位相は 90° 進んでいます（電圧に対して電流が 90° 遅れています）。コンデンサでは，電流に対する電圧の位相は 90° 遅れています（電圧に対して電流が 90° 進んでいます）。このことから，コイルとコンデンサの電圧の位相差は 180° です。180° の差は遅れているのか進んでいるのか区別がつきませんから，指示がなければ正負どちらで解答してもかまいません。(3)(4) の解答を比べてみても，符号が逆になっているので 180° の差であることがわかります。

復習しよう　合成インピーダンス（p. 164），素子と電圧・電流の位相の関係（p. 163）

●練習問題 11.2.1（解答）●

(1) $R+\frac{1}{j\omega C}$。(2) $\left|R+\frac{1}{j\omega C}\right|=\sqrt{R^2+\frac{1}{(\omega C)^2}}$。

(3) $\left|\frac{E}{R+\frac{1}{j\omega C}}\right|=\left|\frac{E}{R+\frac{1}{j\omega C}}\times\frac{j\omega C}{j\omega C}\right|=\left|\frac{j\omega CE}{j\omega CR+1}\right|=\frac{\omega C}{\sqrt{1+(\omega CR)^2}}|E|$。

(4) $\left|\frac{j\omega CE}{j\omega CR+1}\times\frac{1}{j\omega C}\right|=\frac{|E|}{\sqrt{1+(\omega CR)^2}}$。

解　説　**(3)** 電圧 E を合成インピーダンス $R+\frac{1}{j\omega C}$ で割って電流を求め，さらにその絶対値を求めます。本問においても，電圧の大きさ $|E|$ をインピーダンスの大きさ $\sqrt{R^2+\frac{1}{(\omega C)^2}}$ で割って電流の大きさを求められますが，$\frac{|E|}{\sqrt{R^2+\frac{1}{(\omega C)^2}}}$ と根号を含む繁分数が現れるので計算が煩雑になります。繁分数を解消してから絶対値を求めるほうがよいでしょう。**(4)** 電流 $\frac{j\omega C}{j\omega CR+1}E$ にインピーダンス $\frac{1}{j\omega C}$ をかけてから絶対値を求めます。または，(3) で求めた電流の大きさ $\frac{\omega C}{\sqrt{1+(\omega CR)^2}}|E|$ にインピーダンスの大きさ $\left|\frac{1}{j\omega C}\right|=\frac{1}{\omega C}$ をかけて電圧の大きさを求めてもかまいません。

復習しよう　合成インピーダンス（p. 164），複素数の絶対値の計算（p. 147）

●練習問題 11.2.2（解答）●

(1) $\frac{E}{R}$。**(2)** $\frac{|E|}{R}$。**(3)** $\frac{E}{\frac{1}{j\omega C}}=j\omega CE$。**(4)** $|j\omega CE|=\omega C\,|E|$。**(5)** $\frac{E}{R}+j\omega CE=\left(\frac{1}{R}+j\omega C\right)E$。**(6)** $\left|\left(\frac{1}{R}+j\omega C\right)E\right|=|E|\sqrt{\frac{1}{R^2}+(\omega C)^2}$。

別　解　**(5)** 合成インピーダンスが $\frac{R\times\frac{1}{j\omega C}}{R+\frac{1}{j\omega C}}=\frac{R\times\frac{1}{j\omega C}}{R+\frac{1}{j\omega C}}\times\frac{j\omega C}{j\omega C}=\frac{R}{1+j\omega CR}$ だから，$\frac{E}{\frac{R}{1+j\omega CR}}=\frac{1+j\omega CR}{R}E$。

解　説　**(1)** 加わっている電圧は E ですから，抵抗のインピーダンス R で割って電流を求めます。**(2)(4)** 絶対値を求めるにあたって，電源電圧 E は負でない実数とは限らない（複素数である）ので絶対値記号は外せません。**(5)** 電源から供給される電流は，抵抗に流れる電流とコンデンサに流れる電流の和です。**複素数の電流で和を求める**ことに注意します。別解のように，合成インピーダンス（または合成アドミタンス）から電源からの電流を求めてもかまいません。**(6)** この答えは，$|I_C|+|I_R|=\left(\frac{1}{R}+\omega C\right)|E|$ とは一致しません。電流の性質は（大きさではなく）**複素数の電流で成り立っている**ことに注意します。

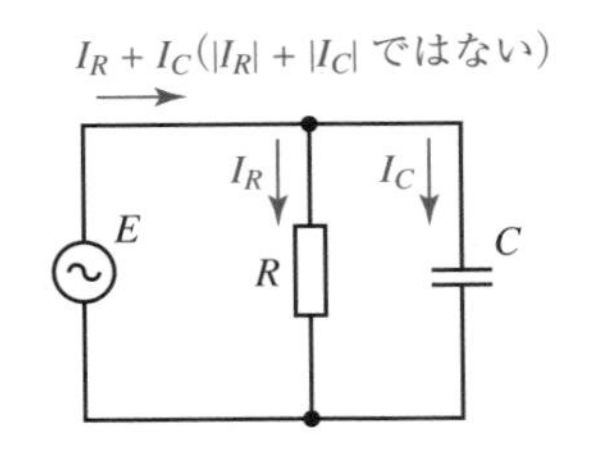

11
簡単な交流回路

復習しよう　合成インピーダンス（p. 164），複素数の絶対値の計算（p. 147）

●練習問題 11.2.3（解答）●

(1) $\frac{1}{R}+\frac{1}{j\omega L}$。(2) $\left|\frac{1}{R}+\frac{1}{j\omega L}\right|=\sqrt{\frac{1}{R^2}+\frac{1}{(\omega L)^2}}$。(3) $\left|\frac{E}{R}\right|=\frac{|E|}{R}$。(4) $\left|\frac{E}{j\omega L}\right|=\frac{|E|}{\omega L}$。

(5) $|E|\times\sqrt{\frac{1}{R^2}+\frac{1}{(\omega L)^2}}=|E|\sqrt{\frac{1}{R^2}+\frac{1}{(\omega L)^2}}$。

別　解　(5) 抵抗に流れる電流は $\frac{E}{R}$，コイルに流れる電流は $\frac{E}{j\omega L}$ なので，$\left|\frac{E}{R}+\frac{E}{j\omega L}\right|=\left|E\left(\frac{1}{R}-j\frac{1}{\omega L}\right)\right|=|E|\sqrt{\frac{1}{R^2}+\frac{1}{(\omega L)^2}}$。

解　説　(1) 並列合成アドミタンスですから，抵抗のアドミタンス $\frac{1}{R}$，コイルのアドミタンス $\frac{1}{j\omega L}$ をそのまま加えます。(2) 絶対値を求めるにあたって，$\frac{1}{R}$ が実部，$-\frac{1}{\omega L}$ が虚部です。(3)(4) 電源電圧 E は負でない実数とは限らないので，絶対値記号は外せません。(5) 電源電圧の大きさと，合成アドミタンスの大きさをかけることで，電流の大きさはただちに求められます（$I=\frac{V}{Z}$ に $Y=\frac{1}{Z}$ を代入して $I=YV$，これより $|I|=|YV|=|Y|\,|V|$）。(3)(4) の解答を受けて大きさを加算してしまうと誤りです。別解のように，抵抗・コイルに流れる電流をそれぞれ複素数で求めて加えたあと，絶対値を求めるのも確実でしょう。

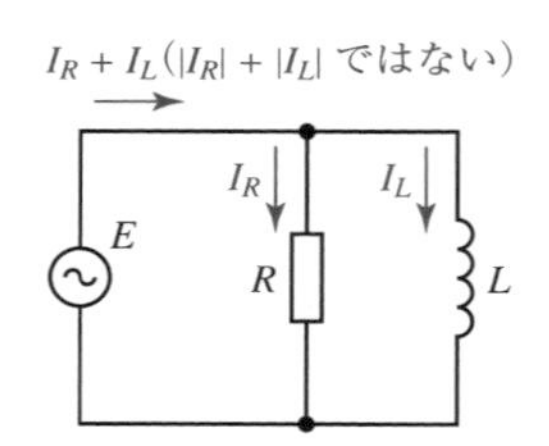

復習しよう　合成アドミタンス（p. 164），複素数の絶対値の計算（p. 147）

●練習問題 11.2.4（解答）●

(1) $R+j\omega L+\frac{1}{j\omega C}$（または，$R+j\left(\omega L-\frac{1}{\omega C}\right)$）。

(2) $\left|R+j\omega L+\frac{1}{j\omega C}\right|=\sqrt{R^2+\left(\omega L-\frac{1}{\omega C}\right)^2}$。

(3) $\frac{E}{R+j\omega L+\frac{1}{j\omega C}}=\frac{E}{R+j\omega L+\frac{1}{j\omega C}}\times\frac{j\omega C}{j\omega C}=\frac{j\omega C}{1-\omega^2LC+j\omega CR}E$。

(4) $\frac{\omega C}{\sqrt{(1-\omega^2LC)^2+(\omega CR)^2}}|E|$。

(5) $\left|\frac{j\omega C}{1-\omega^2LC+j\omega CR}E\times j\omega L\right|=\frac{\omega^2LC}{\sqrt{(1-\omega^2LC)^2+(\omega CR)^2}}|E|$。

(6) $\left|\frac{j\omega C}{1-\omega^2LC+j\omega CR}E\times\frac{1}{j\omega C}\right|=\frac{1}{\sqrt{(1-\omega^2LC)^2+(\omega CR)^2}}|E|$。

(7) 分圧より，$\dfrac{j\omega L+\frac{1}{j\omega C}}{R+j\omega L+\frac{1}{j\omega C}}\times E=\dfrac{j\omega L+\frac{1}{j\omega C}}{R+j\omega L+\frac{1}{j\omega C}}\times\dfrac{j\omega C}{j\omega C}\times E=\dfrac{1-\omega^2 LC}{1-\omega^2 LC+j\omega CR}E$。

(8) $\left|\dfrac{1-\omega^2 LC}{1-\omega^2 LC+j\omega CR}E\right|=\dfrac{|1-\omega^2 LC|}{\sqrt{(1-\omega^2 LC)^2+(\omega CR)^2}}|E|$。

別　解　**(5)** 分圧より，$\left|\dfrac{j\omega L}{R+j\omega L+\frac{1}{j\omega C}}\times E\right|=\left|\dfrac{j\omega L}{R+j\omega L+\frac{1}{j\omega C}}\times\dfrac{j\omega C}{j\omega C}\times E\right|=$ $\left|\dfrac{-\omega^2 LC}{j\omega CR-\omega^2 LC+1}\times E\right|=\dfrac{\omega^2 LC}{\sqrt{(1-\omega^2 LC)^2+(\omega CR)^2}}|E|$。

(6) 分圧より，$\left|\dfrac{\frac{1}{j\omega C}}{R+j\omega L+\frac{1}{j\omega C}}\times E\right|=\left|\dfrac{\frac{1}{j\omega C}}{R+j\omega L+\frac{1}{j\omega C}}\times\dfrac{j\omega C}{j\omega C}\times E\right|=\left|\dfrac{1}{j\omega CR-\omega^2 LC+1}\times E\right|=\dfrac{1}{\sqrt{(1-\omega^2 LC)^2+(\omega CR)^2}}|E|$。

(7) V_{LC} は，E から抵抗 R に加わる電圧を減じたものに等しいから，
$E-\dfrac{j\omega C}{1-\omega^2 LC+j\omega CR}E\times R=\dfrac{1-\omega^2 LC}{1-\omega^2 LC+j\omega CR}E$。

また，**(7)** は次のようにも解けます。コイルに加わる電圧とコンデンサに加わる電圧を加えて，$\dfrac{j\omega C}{1-\omega^2 LC+j\omega CR}E\times j\omega L+\dfrac{j\omega C}{1-\omega^2 LC+j\omega CR}E\times\dfrac{1}{j\omega C}=\dfrac{j\omega C}{1-\omega^2 LC+j\omega CR}\left(j\omega L+\dfrac{1}{j\omega C}\right)E=\dfrac{1-\omega^2 LC}{1-\omega^2 LC+j\omega CR}E$。

解　説　**(1)** 直列接続ですから，抵抗・コイル・コンデンサのインピーダンス R，$j\omega L$，$\dfrac{1}{j\omega C}$ をそのまま加えます。**(2)** 絶対値を求めるにあたって，$a+jb$ の形である $R+j\left(\omega L-\dfrac{1}{\omega C}\right)$ の形に直しておくとよいでしょう。**(4)** 電源電圧 E は負でない実数とは限らないので絶対値記号は外れません。**(5)(6)** 電流にインピーダンスをかけて電圧を求めたあと，絶対値を計算します。別解のように分圧を使ってもよいでしょう。**(7)** 解答では，分圧を使って電圧を求めています。別解のように，電源電圧から R に加わる電圧を減じても，または，(5)(6) の途中で求められる，コイル・コンデンサの電圧を素直に加えても求められます。**(8)** 分母と分子それぞれについて絶対値を求めますが，分子の「$1-\omega^2 LC$」は，問題の条件からは正負が決まりません。したがって，絶対値記号は外れません。

復習しよう　合成インピーダンス（p. 164），複素数の絶対値の計算（p. 147），分圧（p. 42）

●練習問題 11.2.5（解答）●

(1) 直流においてはコイルは短絡（0 Ω）と同じだから，オームの法則より $\frac{6}{0.05}=$ **120**〔**Ω**〕。**(2)** 電圧の大きさが 13 V，電流の大きさが 100 mA だから，インピーダンスの大きさは $\frac{13}{0.1}=$ **130**〔**Ω**〕。**(3)** 端子間の合成インピーダンスは，角周波数を ω として $R+j\omega L$ と表せ，その大きさ $\sqrt{R^2+(\omega L)^2}=130$〔Ω〕だから，$R=120$〔Ω〕

を代入，両辺を2乗して，$120^2 + (\omega L)^2 = 130^2$ より $(\omega L)^2 = 50^2$，よって，$\omega L = 50$〔Ω〕。誘導性リアクタンスは **50 Ω**。**(4)** $\omega L = 50$〔Ω〕において，$\omega = 10 \times 10^3$〔rad/s〕だから，$L = \frac{50}{10 \times 10^3} = \mathbf{5 \times 10^{-3}}$〔**H**〕（5 mH）。

解　説　**(1)** 本問の状況は下図のようになります。

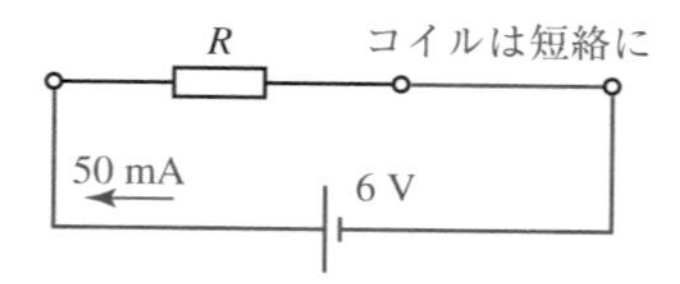

コイルは直流では短絡扱いなので，6 V の電圧，50 mA の電流から R の大きさが求められます。**(2)** 次に，加えたのは交流電圧で，その大きさは 13 V，流れた電流の大きさが 100 mA ですから，$V = ZI$ の両辺の絶対値をとった $|V| = |Z|\,|I|$ よりインピーダンスの大きさが求められます。**(3)** (2) で求めたインピーダンスの大きさは $\sqrt{R^2 + (\omega L)^2}$ とも表せるはずです。これが 130 Ω で，抵抗が 120 Ω だったのですから，代入して ωL，すなわち誘導性リアクタンスが求められます。

(4) $\omega L = 50$〔Ω〕とわかりましたから，ω を代入して L を求めます。インダクタンスの単位ヘンリー（H）に注意してください。

復習しよう　合成インピーダンス（p. 164），素子のインピーダンス（p. 163）

●練習問題 11.3.1（解答）●

(1) $-\frac{1}{2}\pi$（−90°）。**(2)** $\frac{6}{300} = \mathbf{0.02}$〔**A**〕（20 mA）。**(3)** $|E| = \sqrt{6^2 + 8^2} = \mathbf{10}$〔**V**〕。**(4)** コンデンサのインピーダンスの大きさは，$\frac{8}{0.02} = 400$〔Ω〕で，これはコンデンサの容量性リアクタンス X_C に対して $|-jX_C| = X_C$ だから，**400 Ω** がそのまま容量性リアクタンスとなる。**(5)** $\mathbf{300 - j400}$〔**Ω**〕。

解　説　**(1)** コンデンサでは，電流に対して電圧が 90° 遅れます。**(2)** 電流の大きさは，電圧の大きさとインピーダンスの大きさで求められますから，抵抗に着目して $\frac{6}{300} = 0.02$〔A〕です。

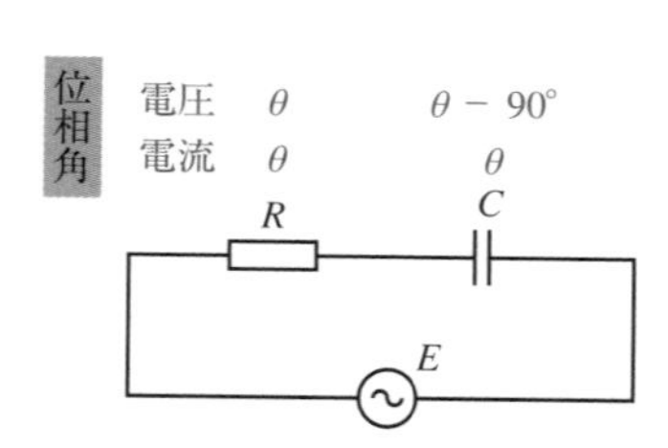

(3) 抵抗に加わる電圧の位相角を 0 と仮定すると，抵抗・コンデンサに加わる（複素）電圧は，それぞれ 6 V，$-j8$〔V〕です（抵抗に流れる電流は抵抗に加わる電圧と同位相ですから，(1) とあわせてコンデンサの電圧は抵抗の電圧より 90° 遅れます）。これより大きさは，$\sqrt{6^2+8^2}=10$〔V〕です。ここで，大きさを求めるとき仮定していた位相角の情報はなくなることに注意してください。**(4)** コンデンサについて，電圧の大きさと電流の大きさがわかっていますから，インピーダンスの大きさが求められます。コンデンサの容量性リアクタンス X_C に対してインピーダンスは $-jX_C$ なので，コンデンサのインピーダンスの大きさは $|-jX_C|=X_C$ よりそのまま容量性リアクタンスになります。**(5)** コンデンサの容量性リアクタンスが 400 Ω ですから，インピーダンス $-j400$〔Ω〕に直して抵抗の 300 Ω と直列合成します。なお，本問では，与えられている電圧はすべて大きさです。したがって，必要に応じて位相角を仮定します。問題では電圧・電流を複素数で問われていませんので，勝手に仮定した位相角は解答に影響しません。

復習しよう　素子と電圧・電流の位相の関係（p. 163），素子のインピーダンス（p. 163），合成インピーダンス（p. 164）

●練習問題 11.3.2（解答）●

(1) $-\frac{1}{2}\pi$ （−90°）。**(2)** $+\frac{1}{2}\pi$ （+90°）。**(3)** (1) より $I_L=-j110$〔mA〕，(2) より $I_C=j60$〔mA〕だから，$|I_L+I_C|=|-j110+j60|=\mathbf{50}$〔**mA**〕。**(4)** $I=I_R+I_L+I_C=I_R-j110+j60=I_R-j50$〔mA〕であり，また条件より I_R の位相角は 0 で（E と同位相で）実数になり，$|I|=130=\sqrt{I_R^2+50^2}$ なので，$I_R^2=130^2-50^2$，$|I_R|=\mathbf{120}$〔**mA**〕。**(5)** $I_R=120$〔mA〕より $I=\mathbf{120-j50}$〔**mA**〕。**(6)** $\frac{0.13}{10}=\mathbf{0.013}$〔**S**〕（13 mS）。**(7)** $\frac{0.12-j0.05}{10}=\mathbf{0.012-j0.005}$〔**S**〕（$12-j5$〔mS〕）。

解　説　本問では $E=10$〔V〕，すなわち $10+j0$〔V〕なので，電源電圧が位相角 0 として与えられています。

(3) (1)(2) で答えた，I_L と I_C の位相差を考慮すれば，$I_L=-j110$〔mA〕，$I_C=j60$〔mA〕と複素数での電流がわかります。この状態で加算して，絶対値を求めます。位相角が異なるので，大きさのまま加算してはいけません。

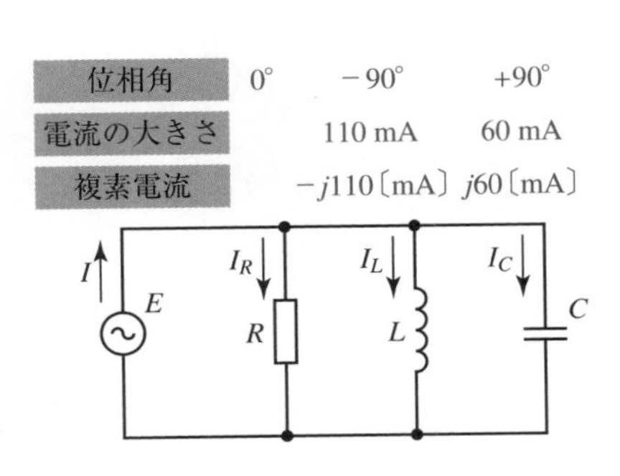

位相角	0°	−90°	+90°
電流の大きさ		110 mA	60 mA
複素電流		$-j110$〔mA〕	$j60$〔mA〕

(4) 電流の性質から，$I = I_R + I_L + I_C$ です。これに，(3) までで求めた I_L，I_C を代入し，$I = I_R - j110 + j60 = I_R - j50$〔mA〕としてから両辺の大きさを求めます。$I_R$ は一般の場合では複素数ですが，本問では E と同位相で（E が虚部を持たない位相角 0 であることにより）実数になることがわかっていますから，大きさは $\sqrt{I_R^2 + 50^2}$〔mA〕で，これが 130 mA に等しくなります。

(5) (4) より $|I_R| = 120$〔mA〕で，位相角は 0 なので $I_R = 120$〔mA〕。I は $I = I_R + I_L + I_C$ で求められます。**(6)** 電流の大きさと，電圧がわかっていますから，アドミタンスの大きさはただちに求められます。アドミタンス Y は，電圧 V と電流 I に対して $I = YV$ の関係です（アドミタンスはインピーダンスの逆数です）。**(7)** (5) から $I = 120 - j50$〔mA〕とわかっていますから，これを電圧で割ればアドミタンスが求められます。

復習しよう　素子と電圧・電流の位相の関係（p. 163）

●練習問題 11.4.1（解答）●

(1) $R + \frac{1}{j\omega C}$。**(2)** $\left|R + \frac{1}{j\omega C}\right| = \sqrt{R^2 + \frac{1}{(\omega C)^2}}$。**(3)** ω が大きくなると $\sqrt{R^2 + \frac{1}{(\omega C)^2}}$ の $\frac{1}{(\omega C)^2}$ 部分が小さくなっていくので，インピーダンスの大きさは小さくなっていく。よって，**ウ**。

(4) $\frac{E}{R+\frac{1}{j\omega C}} = \frac{E}{R+\frac{1}{j\omega C}} \times \frac{j\omega C}{j\omega C} = \frac{j\omega CE}{1+j\omega CR} = \frac{j\omega CE}{1+j\omega CR} \times \frac{1-j\omega CR}{1-j\omega CR} = \frac{(\omega C)^2R+j\omega C}{1+(\omega CR)^2}E$。

(5) 電源電圧を基準にした電流の位相角の正接は $\frac{\omega C}{(\omega C)^2 R} = \frac{1}{\omega CR}$。これは ω が大きくなると正の無限大から 0 へ小さくなっていく。したがって位相角は +90° から 0° に向かって小さくなる。よって，**エ**。**(6)** $\left|\frac{j\omega CE}{1+j\omega CR}\right| = \frac{\omega CE}{\sqrt{1+(\omega CR)^2}}$。

(7) $\left|\frac{E}{R+\frac{1}{j\omega C}}\right| = \frac{|E|}{\sqrt{R^2+\frac{1}{(\omega C)^2}}}$ の形で考える。ω が大きくなると $\sqrt{R^2 + \frac{1}{(\omega C)^2}}$ 部分が小さくなっていくので，電流の大きさは大きくなっていく。よって，**ア**。**(8)** $\left|\frac{j\omega CE}{1+j\omega CR} \times \frac{1}{j\omega C}\right| = \frac{|E|}{\sqrt{1+(\omega CR)^2}}$。**(9)** ω が大きくなると $\frac{|E|}{\sqrt{1+(\omega CR)^2}}$ の $\sqrt{1 + (\omega CR)^2}$ 部分が大きくなるので，コンデンサに加わる電圧は小さくなる。よって，**ウ**。

解　説　**(3)** ω が大きくなると，$(\omega C)^2$ も大きくなります。$\frac{1}{(\omega C)^2}$ は小さくなりますから，全体（インピーダンスの大きさ）は小さくなります。**(5)** 電流を $\frac{(\omega C)^2R+j\omega C}{1+(\omega CR)^2}E = \left\{\frac{(\omega C)^2R}{1+(\omega CR)^2} + j\frac{\omega C}{1+(\omega CR)^2}\right\}E$ と整理すると，例題 11.4 の (5) と同様に，電源電圧に対する電流の位相角（θ とする）の正接が，電流の実部と虚部から $\tan\theta = \frac{\omega C}{(\omega C)^2 R} = \frac{1}{\omega CR}$ と求められます。これは ω が 0 から大きくなると正の無限大から 0 へと小さくなっていくので，位相差は +90° から 0° へ遅れていき

ます。(7) ω を 1 か所に集めて，電流の大きさの変化がわかりやすい形にしています。この式の変形に考え至らなかったら微分して求めましょう。

復習しよう　合成インピーダンス（p. 164），複素数の絶対値の計算（p. 147）

●練習問題 11.4.2（解答）●

(1) $\frac{1}{R}+j\omega C$。(2) $\left|\frac{1}{R}+j\omega C\right|=\sqrt{\frac{1}{R^2}+(\omega C)^2}$。(3) ω が大きくなると，$(\omega C)^2$ も大きくなるから，アドミタンスの大きさ $\sqrt{\frac{1}{R^2}+(\omega C)^2}$ は大きくなる。よって，**ア**。(4) $\left(\frac{1}{R}+j\omega C\right)E$。(5) 位相差をもたらす $\frac{1}{R}+j\omega C$ について，ω が大きくなると虚部が大きくなっていくので，偏角（位相差）は 0° から +90° へ大きくなっていく。よって，**イ**。(6) $|E|\sqrt{\frac{1}{R^2}+(\omega C)^2}$。(7) ω が大きくなると $(\omega C)^2$ も大きくなるから，電流 I の大きさ $|E|\sqrt{\frac{1}{R^2}+(\omega C)^2}$ は大きくなる。よって，**ア**。

別　解　(5) 電源電圧を基準にした電流 I の位相角の正接は $\frac{\omega C}{\frac{1}{R}}=\omega CR$。これは ω が大きくなると 0 から無限大へと大きくなっていくので，位相角は 0° から +90° へ進んでいく。よって，**イ**。

解　説　(1) 抵抗のアドミタンス $\frac{1}{R}$，コンデンサのアドミタンス $j\omega C$ を，並列合成なのでそのまま加えます。(4) 電圧 V，電流 I，アドミタンス Y について，$I=YV$ です。インピーダンス Z が $\frac{1}{Y}$ で，$V=ZI$ ですから，これから $I=YV$ が導けるでしょう。(5) 電流の虚部が，0 から大きくなっていくことに注目します。$\omega=0$ では偏角は 0，ω が大きくなると +90° に近づきます。もちろん，例題 11.4，練習問題 11.4.1 のように電流の位相差の正接を求めてもかまいません（別解）。

復習しよう　合成アドミタンス（p. 164）

●練習問題 11.4.3（解答）●

(1) $\frac{1}{R}+\frac{1}{j\omega L}$。(2) $\left|\frac{1}{R}+\frac{1}{j\omega L}\right|=\sqrt{\frac{1}{R^2}+\frac{1}{(\omega L)^2}}$。(3) ω が大きくなると，$\frac{1}{(\omega L)^2}$ は小さくなるから，アドミタンスの大きさ $\sqrt{\frac{1}{R^2}+\frac{1}{(\omega L)^2}}$ は小さくなる。よって，**ウ**。(4) $\left(\frac{1}{R}+\frac{1}{j\omega L}\right)E=\left(\frac{1}{R}-j\frac{1}{\omega L}\right)E$。(5) 位相差をもたらす $\frac{1}{R}+\frac{1}{j\omega L}=\frac{1}{R}-j\frac{1}{\omega L}$ について，ω が大きくなると虚部が負の無限大から 0 へ大きくなっていくので，偏角（位相差）は −90° から 0° へ大きくなっていく。よって，**ア**。(6) $|E|\sqrt{\frac{1}{R^2}+\frac{1}{(\omega L)^2}}$。(7) ω が大きくなると，$\frac{1}{(\omega L)^2}$ は小さくなるから，電流の大きさ $|E|\sqrt{\frac{1}{R^2}+\frac{1}{(\omega L)^2}}$ は小さくなる。よって，**ウ**。

別　解　**(5)** 電源電圧を基準にした電流 $I = \left(\frac{1}{R} + \frac{1}{j\omega L}\right)E = \left(\frac{1}{R} - j\frac{1}{\omega L}\right)E$ の位相角の正接は $\frac{-\frac{1}{\omega L}}{\frac{1}{R}} = -\frac{R}{\omega L}$。これは ω が大きくなると負の無限大から 0 へと大きくなっていくので，位相角は $-90°$ から $0°$ へ進んでいく。よって，**ア**。

解　説　**(1)** 抵抗のアドミタンス $\frac{1}{R}$，コイルのアドミタンス $\frac{1}{j\omega L}$ を，並列合成なのでそのまま加えます。**(3)** ω が大きくなると，$(\omega L)^2$ は大きくなるから，$\frac{1}{(\omega L)^2}$ は小さくなり，全体（アドミタンスの大きさ）は小さくなります。**(4)** 電圧 V，電流 I，アドミタンス Y の関係 $I = YV$ から求めます。**(5)** 本問も，実部と虚部の変化がわかりやすので，位相角の正接を求めなくてもその変化がわかります。$\frac{1}{R} + \frac{1}{j\omega L} = \frac{1}{R} - j\frac{1}{\omega L}$ のように分母を実数化しておかないと符号を誤ります。虚部が，ω が 0 から大きくなると，負の無限大から 0 へ大きくなっていきます。

復習しよう　合成アドミタンス（p. 164），複素数の絶対値の計算（p. 147）

索引

欧文・ギリシャ文字

ア行

カ行

サ行

タ行

ナ行

ハ行

マ行

ヤ行

ラ行

ワ行

■著者略歴

牛田　啓太（うしだ　けいた）

1977年，群馬県生まれ。2000年，東京大学工学部電子情報工学科卒業。2005年，東京大学大学院情報理工学系研究科電子情報学専攻博士課程修了。博士（情報理工学）。
群馬工業高等専門学校電子情報工学科講師を経て，現在，工学院大学情報学部情報通信工学科准教授。
著書に，『電気回路 実力・得点力アップ問題集』（技術評論社）など。

〔執筆協力者〕

大豆生田　利章（おおまめうだ　としあき）

群馬工業高等専門学校電子情報工学科教授。博士（工学）。
著書に，『半導体デバイス入門』『電子工学入門』（電気書院）など。

〔編集・校正協力〕

高橋　泰樹（たかはし　たいじゅ）

工学院大学情報学部情報通信工学科教授。博士（工学）。

カバーデザイン●轟木 亜紀子（トップスタジオデザイン室）
本文デザイン，DTP ●三美印刷株式会社
本文イラスト●タダノ タクヤ

入門 電気回路 基礎力アップ問題集

2024年 3月 8日　初版　第1刷発行

著　者　牛田　啓太
発行者　片岡　巌
発行所　株式会社技術評論社
東京都新宿区市谷左内町 21-13
電話　03-3513-6150　販売促進部
03-3267-2270　書籍編集部
印刷／製本　日経印刷株式会社

定価はカバーに表示してあります。

ISBN978-4-297-13987-2　C3054
Printed in Japan

■お願い

本書に関するご質問については，本書に記載されている内容に関するもののみとさせていただきます。本書の内容と関係のないご質問につきましては，一切お答えできませんので，あらかじめご了承ください。また，電話でのご質問は受け付けておりませんので，FAX か書面にて下記までお送りください。

なお，ご質問の際には，書名と該当ページ，返信先を明記してくださいますよう，お願いいたします。

宛先：〒162-0846
東京都新宿区市谷左内町 21-13
株式会社技術評論社 書籍編集部
「入門 電気回路 基礎力アップ問題集」係
FAX：03-3267-2271

ご質問の際に記載いただいた個人情報は，質問の返答以外の目的には使用いたしません。また，質問の返答後は速やかに削除させていただきます。